西安邮电大学学术专
著出版基金资助出版

图像语义分析算法与实现
——基于多示例学习

李大湘　李　娜　著

科学出版社

北　京

内 容 简 介

本书以培养读者在多示例学习(MIL)框架下实现图像语义分析为目标,采用理论与实践相融合的方式,详细地介绍了 MIL 的基础知识、算法原理、编程步骤与试验结果等内容,使读者不仅能够掌握 MIL 算法的原理,而且能够掌握 MATLAB 中的编程方法,培养实践动手能力,激发学习兴趣。

本书内容丰富新颖,所举实例具有代表性与典型性,对 MIL 算法原理及 MATLAB 编程方法讲解透彻,具有较强的实用性与指导性,可作为高等院校计算机科学、信号与信息处理、通信工程等相关专业研究生的教材,也可作为广大从事图像语义分析、视频内容分析、机器学习等研究或应用开发的科技工作者和高等院校师生的科研参考书。

图书在版编目(CIP)数据

图像语义分析算法与实现:基于多示例学习/李大湘,李娜著. —北京:科学出版社,2016.10

ISBN 978-7-03-050210-0

Ⅰ. 图… Ⅱ. ①李…②李… Ⅲ. ①图象分析-语义分析-研究 Ⅳ. ①TP391.41

中国版本图书馆 CIP 数据核字(2016)第 246305 号

责任编辑:杨向萍　宋无汗　纪四稳 / 责任校对:郭瑞芝
责任印制:徐晓晨 / 封面设计:迷底书装

科 学 出 版 社 出版
北京东黄城根北街 16 号
邮政编码:100717
http://www.sciencep.com

北京九州迅驰传媒文化有限公司 印刷
科学出版社发行　各地新华书店经销
*
2016 年 10 月第 一 版　开本:720×1000 B5
2018 年 1 月第三次印刷　印张:14 1/2
字数:293 000

定价:98.00 元
(如有印装质量问题,我社负责调换)

前　　言

图像语义分析（image semantic analysis）就是以图像底层视觉特征为输入数据，分析图像中包含哪些主要对象（object）或属于哪种场景类型，并采用高层语义（semantics）对图像的内容进行描述，从而实现图像的语义理解，其主要研究方向有语义图像检索、语义图像分类、图像标注与对象识别等。近年来，随着多媒体、计算机、通信、互联网技术的迅速发展以及数码成像产品的普及与应用，在互联网和企事业单位的信息中心（如电视台、博物馆、数字图书馆等），图像数量呈爆炸式增长。如何顺应图像资源的发展趋势，对海量图像资源实现有效管理和合理利用，已经成为信息检索领域一个极具挑战性且亟待解决的问题，是当今图像语义分析领域的一个研究热点。

针对上述应用需求，本书将整幅图像当做包（bag），局部区域的视觉特征当做包中的示例（instance），如果用户对某个图像感兴趣，则该图像所对应的包标为正包，否则标为负包，在多示例学习（multi-instance learning，MIL）框架下对图像语义分析问题进行研究，原因如下：

（1）MIL 与传统的有监督单示例学习不同，它的训练样本称为包，每个包中含有数量不等的示例，因此包中的多个示例比单个示例，更能表达图像所包含的各种高层语义及相互关系。

（2）在样本手工标注过程中，只给每一个包（图像）标定一个标号，而不必给图像的每一个分块区域进行手工标号，因此它能简化训练样本的标注过程。

（3）MIL 是一种新颖的学习框架，特别适合处理训练样本标注信息不完整、图像语义模糊与训练样本存在歧义等情况的模糊学习问题。

本书力求理论与实践相结合，采用通俗的语言，循序渐进、由浅入深地讲述 MIL 的起源、基本概念、算法原理及其 MATLAB 编程实现方法，案例丰富，便于阅读与仿真试验，从而培养读者基于 MIL 实现图像语义分析的编程能力。本书的主要内容可分为三大部分，如下所述。

第一部分：包括第 1 章和第 2 章，主要介绍图像语义分析与 MIL 的基础知识、研究现状、应用领域与测试标准数据集。

第二部分：包括第 3～9 章，每章都介绍一种 MIL 算法，由算法引入、基本原理、算法步骤与对比试验结果等内容组成。通过对 MIL 原理的学习，读者能够掌握基于 MIL 的图像检索、图像分类、对象图像检索、图像标注以及运动目标跟踪等具体应用实例。

第三部分:包括第 10~12 章,该部分主要基于第二部分的研究成果,对图像检索、图像分类与人脸识别等具体应用进行说明,在讲解 MIL 算法原理的基础上,给出详细的 MATLAB 仿真程序,帮助读者掌握 MATLAB 编程方法,达到理论与实践相结合的学习目的,从而培养读者的动手能力,激发读者的学习兴趣。

本书的数据资料主要来源于作者的科研项目和科研论文,在所提到的 MIL 算法原理与对比试验中,参考了同一领域的其他研究人员的研究成果,在此表示衷心的感谢。本书第 1~7 章、第 9~13 章由李大湘撰写,第 8 章由李娜撰写,全书由李大湘统稿。本书的出版得到范九伦教授、卢光跃教授、陕西省"百人计划"刘颖博士、赵小强教授的大力支持,在此对各位专家表示感谢。同时也得到课题组白本督、王殿伟、高梓铭、刘卫华、毕萍、王倩、朱婷鸽、吴倩、邱鑫、朱志宇、胡丹与杨洋等老师和研究生的支持,在此表示感谢。本书的出版得到西安邮电大学学术专著出版基金、国家自然科学基金(F0115、D0410)、陕西省自然科学基金(2013JM8031、2015KW-014、2015KW-005、2015JM6350)、公安部科技强警基础工作科研基金(2014GABJC022、2015GABJC51)、博士后科研基金(2013M542386)以及陕西省教育厅自然科学基金(15JK1660、15JK1661、14JF022)的支持,在此一并表示感谢。

由于作者掌握的资料与水平有限,书中难免存在疏漏或不足之处,敬请广大读者批评指正。

李大湘

2016 年 5 月 28 日

目　　录

第1章 绪 论

随着多媒体、计算机、通信、互联网技术的迅速发展,以及近年来数码成像电子产品(如数码照相机、数码摄像机、带摄像头的手机等)的普及,无论在个人计算机还是国际互联网领域,存在的图像数量都在飞速增长。如何对这些海量图像进行管理与分类,从中准确而高效地寻找到用户所需要的图像,已成为信息检索领域中迫切需要解决的问题。各种图像分类与检索技术正是在这种背景下提出的,并成为近二十年的研究热点之一[1]。

本章首先对本书研究的背景与意义进行介绍,并且指出其中存在的主要问题,然后总结主要研究工作与创新性,最后给出本书的结构。

1.1 图像语义分析研究的背景

中外谚语"百闻不如一见""A picture is worth a thousand words"等都说明视觉是人类认识世界、获取信息的主要途径。现代心理学研究也表明,人类在日常生活中大约有 83% 的信息是靠视觉来获取的[2]。视觉信息的常用载体是图像,因为它不但形象直观,而且还包含丰富的内容,所以图像是构成多媒体信息的基础元素。随着数字图像数量的爆炸式增长,人们苦恼的问题已经不再是缺少图像信息,而是如何从浩如烟海的图像信息中寻找到自己真正想要的图像。

为了从数量众多的图像集中找到所需要的图像,早期采用基于文本(或关键字)的图像检索(text-based image retrieval, TBIR)[3-5]方式进行检索,在文献[6]中进行了较为全面的综述,其基本思路是:首先对图像进行文本标注,然后通过对输入的文本进行匹配得到检索结果,即把图像检索问题转化为成熟的文本检索问题。该图像检索方法的优点是:算法思路简单直观,并且图像标注的关键词可以简洁、准确地描述图像所包含的高层语义概念,因此,当前互联网上的多数图像搜索引擎,如 Google、百度、Yahoo 等,普遍采用此种基于文本的方式进行图像检索。但是,基于文本的图像检索方法也存在很大的局限性[7,8]:一是对图像进行文本标注需要人工来完成,这是一个非常费时费力的过程,尤其是面对海量的图像库时,对所有的图像进行人工文本标注因工作量巨大而变得无法实现;二是由于图像本身往往包含着非常丰富的内容,不同人或在不同的情况下对同一幅图像进行标注时,因理解方式的差异,给出的标注文本也会各不相同,也就是说,人工对图像进行文本标注时存在主观歧义性问题,会直接影响图像检索结果的准确性。

　　于是自 20 世纪 90 年代,直接利用图像底层视觉特征的基于内容的图像检索(content-based image retrieval, CBIR)[9]方法被提出,并成为图像检索领域中的主流算法。由于基于内容的图像检索方法不需要人工对图像进行文本标注,而是直接利用图像的底层视觉特征(包括颜色、纹理、形状等)来进行图像相似性匹配,输出特征相似的图像作为检索结果。通常情况下,这些视觉特征可以利用计算机自动地从图像中客观地提取出来,则有效地避免了文本人工标注所产生的主观歧义性,因此基于内容的图像检索方法有望成为解决海量图像信息检索问题的关键技术一直得到相关研究者的普遍关注[10,11]。

　　自 1992 年起,基于内容的图像检索方法就开始得到应用,并在之后的十几年中得到了很大的发展[12]。由于图像的视觉特征是实现基于内容的图像检索方法的基础,因此图像的特征提取方式非常重要,基于内容的图像检索系统对图像特征的要求是:它不但要准确地描述图像所包含的各种高层语义概念,当环境发生改变时,还要具有较强的鲁棒性与稳定性。其原因在于:优秀的图像特征不但能够简化分类器的设计,还能够帮助提高分类器的预测精度;而不好的图像特征则会导致图像在特征空间的分布杂乱无序,使分类器无法对图像进行分类预测。当前基于内容的图像检索系统中,提取的图像特征主要用于描述图像的颜色、形状、纹理和空间关系等性质[13,14],并且针对不同的应用场合,采用不同的特征或特征组合。通常,基于内容的图像检索系统中提取特征的方式分为以下三种类型。第一,图像的全局特征,这种方式就是对整幅图像提取颜色[15-17]、纹理[18-20]或形状[21,22]等特征,用于图像检索。第二,图像的局部区域特征,因为图像的区域特征能够利用图像局部的语义信息,能在一定程度上简化图像特征,并且具有较好的解释性。常见的方法就是采用图像分割技术,把图像分割成几个不同的区域,分别提取每个区域的颜色和纹理等特征,实现图像检索。例如,Carson 等[23]提出的 Blobworld 系统和美国宾州大学的 Wang 等[24]提出的 SIMPLIcity 系统,都采用了典型的基于区域的图像检索方法。就目前的技术条件,图像分割还是一个开放性问题,通常所得的分割结果并不理想,因此,Vogel 和 Schiele[25]采用网格分块的方法,将图像分成多个子块,并且提取每个子块的色彩和纹理特征,用来构建区域语义模型,最后利用概念共现矢量(concept occurrence vector, COV)来表示图像,作为图像的特征向量用于机器学习。第三,图像的关键点特征,为了进一步提高基于内容的图像检索系统检索的准确性,研究发现局部显著性特征与人对图像的理解更为一致,更能体现图像的语义,因此越来越多的图像检索方法利用图像的显著点特征,如小波显著点[26]、Harris 角点[27]、SIFT 点[28]等。与此同时,各大研究机构和公司也都相继推出自己的基于内容的图像检索系统,典型的图像检索系统主要有 IBM 公司的QBIC[29,30]、麻省理工学院的 Photobook 系统[31,32]、Virage 公司的 Virage 系统[33]、哥伦比亚大学开发的 VisualSeek[34,35]和 Webseek[36],以及伊利诺伊大学开发的

MARS 系统[37,38]等。

现实应用中,人在判断两幅图像的相似性时,往往并不完全依赖于"视觉相似",而是"语义相似",即是否包含相同的主要目标对象或属于相同的场景类型,但是因为"语义鸿沟"(semantic gap)的存在,即图像的底层视觉特征所代表图像的视觉信息与图像的高层语义之间存在着较大的差异[38,39],所以,基于内容的图像检索技术往往难以获得用户满意的检索或分类结果[40]。因此,如何利用计算机按照用户理解的方式将图像划分到不同的语义类别之中,并实现图像的语义分类或检索,已成为当今一个新的研究热点,并且是一个机遇与挑战同时存在的研究领域[41-45]。

1.2 图像语义分析研究的意义

要按照人类理解或认知的方式对图像进行分类或检索,其关键点在于如何利用计算机来自动获取图像的高层语义概念,则"语义清晰"已经成为构建大规模图像数据管理系统的重要前提[46]。如何利用计算机自动获取图像的语义内容,实现基于语义的图像分类或检索,涉及机器学习、模式识别、数据挖掘、计算机视觉和图像处理等多个研究领域的理论与知识,是一个颇具生命力的研究方向,不但具有重大的理论研究价值,而且在如下方面具有广阔的应用前景[2]。

(1) 数字化图书馆的建立与管理。随着数字化成像技术的发展与广泛应用,越来越多的图书馆开始把已有的馆藏资料扫描成图像,对这些图像数据进行存储和检索,这一过程可以利用本书的研究成果。

(2) 家庭数字照片的自动管理[47-49]。近些年,随着数码技术的发展,数字相机、摄像头与拍照手机得到迅速普及与应用,在家庭个人计算机上,存储的数字照片在不断增多,本书研究的方法可以用于这些照片的自动分类和管理。

(3) 网络图像检索[2]。随着互联网技术的发展与普及,个人或各种组织在网络中发布与共享的数字图像数量呈爆炸式增长,在网络信息海洋中,如何帮助用户检索到其真正想要的图像,是信息检索面临的一个主要问题。目前,常用的图像搜索引擎有百度、Google、Live Search 、Yahoo 等,在一定程度上帮助了广大用户对图像进行检索,但是,由于这些图像搜索引擎利用的不是图像的语义信息,而是基于网页中的文本内容,因此,很可能会检索到与用户要求完全无关的垃圾图像。本书的研究成果能一定程度上提高互联网图像检索的精度。

(4) 视频分析与检索[50]。在信息化时代,每天都会有大量的"播客"视频与"拍客"视频在网上共享。因为图像是构成视频的基础,所以图像分类与检索方法也可应用于视频分类或检索,实现通过对视频的语义内容分析而检索到自己感兴趣的视频片断或单帧图像。

　　(5) 医学图像分析[51-53]。医学图像分析是图像识别技术的一个重要应用分支,也是医学图像处理系统的一个重要组成部分,其研究内容是如何从大量的CT、X 光透视或磁共振图片中把带病变的图片检测出来,并进一步定位病变的具体位置,这涉及的就是图像的分类与目标检测技术。

　　(6) 不良图像过滤[54]。在互联网这个庞大的资源库中,各种信息鱼龙混杂,一些不法分子为了谋利,在互联网上存放着色情或暴力等各种不利于青少年成长的图像,研究开发一种图像过滤系统,用来过滤不良图像,从而净化网络环境,已成为当前图像分析领域的一个重要应用方向。因此,不良图像过滤也是图像分类的一个很有潜力的应用领域。

　　除此之外,基于语义的图像分类与检索技术还可以应用到遥感图像分类[55]、图像编辑、工业流水线上的图像检测、追捕逃犯与知识产权保护等方面。

1.3　图像语义分析存在的问题与研究方向

　　对图像进行语义理解,然后根据语义来进行图像分类或检索,已经得到研究者的广泛关注[56-61],但由于直接对图像的语义进行描述、提取以及相似性度量是一个非常复杂的过程,其技术仍相当不成熟,理论上有许多问题需要解决,因此,要完全跨越“语义鸿沟”还任重而道远[62]。为了建立图像与语义类别之间的联系,通常提取图像的全局视觉特征(颜色、纹理和形状等)或中间语义特征(自然性、开放性、粗糙性、辽阔性和险峻性等[63])或局部不变特征[64-67],再结合有监督学习方法实现图像语义分类或检索。在有监督学习框架下进行语义图像分类或检索,存在的主要问题如下。

1. 图像语义表示问题

　　图像语义表示即研究如何描述图像所包含的各种语义概念,以利于对不同语义的图像进行鉴别。通常情况下,图像的语义分为场景语义与对象语义,场景语义往往由整幅图像或图像的多个区域才能共同表达,而对象语义则对应图像的个别区域,因此图像或区域的底层视觉特征(如颜色、纹理和形状特征等)则被直接用来对图像的语义进行描述。由于图像的视觉内容和语义的不一致性,即视觉内容相似的图像在语义上可能并不一致,例如,“蓝色的大海”和“蓝色的天空”,它们在颜色与纹理等视觉内容上呈现很强的相似性,然而其语义则完全不同。又如,“行人”在不同的图像中,可能由于其性别、年龄、所穿衣服的颜色(红色的、黄色的、白色)、所处环境的光照条件与拍摄角度不同,而呈现出不同的视觉特征,则相同的语义概念在不同的图像中可以呈现出完全不同的视觉特征。因此,在图像理解应用中,图像所包含的语义概念无法用一种相对固定的特征向量进行表示[68]。

因为语义概念通常反映的是用户对图像的一种主观理解,也就是说,图像语义具有模糊性和不精确性,并且它们之间的关系也比较复杂,所以,不能用类似于图像底层视觉特征的描述方法来表示图像的高层语义。就目前的技术水平,想准确地表示图像的语义概念仍有难度。总之,研究如何有效地表示图像所包含的高层语义,并且这种描述方式还能推广到其他未知图像,在图像语义分类与检索系统中非常重要。

2. 训练样本的标注问题

用于有监督学习的每个训练样本,都要有一个明确的类别标号,这一般都依靠手工标注的方式来获得[69],如图 1.1 所示,假设这是两幅用户反馈的“horse”类图像及其分割区域,若用传统的有监督机器学习方法来训练“horse”分类器,用户在手工标注训练样本时,必须标注到图像中的具体“horse”区域(因为图像中还包含 grass 和 fence 这样的无关区域),其过程不但非常烦琐、费时费力,而且还容易带有主观偏差[70]。

图 1.1　图像及其分割区域示例[70]

3. 小样本学习问题

小样本学习问题表现在两个方面。第一,因为采用手工标注的方式来获得训练样本费时费力,所以用户在进行图像语义分类或检索时,不可能标注大量的图像用于分类器的训练,而是希望尽可能少地提供训练样本。特别是在相关反馈的应用环境中,用户所能标记的样本的数量(一般每次小于 20 幅)非常有限,而图像特征空间的维数可能高达几十甚至数百维,在这种小样本的训练环境下,数据则显得特别稀疏,一些学习算法的稳定性得不到保证,以至于学习结果无法得到有意义的分类,导致分类器泛化能力不强,分类性能很差。第二,正负训练样本的不平衡性,因为很多机器学习方法均将分类问题转化为二类问题来处理,有时由于正样本难以获得而数量很少,导致正样本无法代表正例图像在特征空间中的真正分布;而有时因为反类样本来自不同的类别,当其数量太少时则不能代表所有反例类别样本在特征空间的真正分布,可能会破坏系统的鲁棒性并降低检索性能,这种情况在相关反馈中也表现得非常明显[71-73]。

针对上述问题,本书将整幅图像当做一个包,图像每个分割区域的底层视觉特征当做包中的示例,在 MIL[74]框架下,针对图像语义分类与检索问题进行一些探索和研究,并且结合具体的应用环境与目标,提出多种 MIL 算法。

1.4 本书的主要内容与创新点

1997 年,在药物活性预测(drug activity prediction)的研究工作中,Dietterich 等[74]首次正式提出了 MIL 的概念,将 MIL 框架中的训练样本称为包,并且包中含有数量不等的示例,正因为它的训练样本具有非常独特的性质,在有监督的机器学习框架中尚属一个研究盲区,所以,得到国际机器学习界的高度重视,被认为是一种新的机器学习框架,与有监督学习、非监督学习和强化学习等其他三种机器学习框架并列,并且 MIL 在图像检索、图像分类、数据挖掘、股票市场预测与网页推荐等领域得到广泛的应用。

要在 MIL 框架下进行图像语义分类与检索,存在下列两个值得研究的关键点:①探索新的多示例构造方法,把图像分类与检索问题转化为 MIL 问题;②改进或提出新的 MIL 学习算法,以提高 MIL 的分类精度与训练效率。

围绕着要在 MIL 框架下实现图像语义分类和检索的两个关键研究点,本书的主要内容如下。

(1) 选择在 MIL 框架下进行图像语义分类与检索,较之传统的有监督学习算法,其优势在于:①MIL 与传统的有监督单示例学习不同,它的训练样本称为包,每个包中含有数量不等的示例,因此,包中的多个示例比起单个示例更能表达图像所包含的各种高层语义及相互关系;②在样本手工标注过程中,只要给每一个包(图像)标定一个标号,而不必给图像的每一个分割区域进行手工标号,因此,它能简化训练样本的标注过程,提高训练样本的收集效率。

(2) 设计一种基于 JSEG 图像分割的多示例包构造方法。首先,对 JSEG 方法[75]进行改进,设计自适应 JSEG 图像分割方法,对图像进行自动分割,然后,提取每个分割区域的颜色、纹理等底层视觉特征,作为包(图像)中的示例,把图像分类或检索问题转化成 MIL 问题。试验表明,分割算法适应性更强,分割效果更好。

(3) 设计基于推土机距离(earth mover's distance, EMD)[76]的惰性 MIL 算法。在推土机距离的基础上,提出两种改进方案,用来度量多示例包之间的相似距离,设计两种新的惰性 MIL 算法。基于 Corel 图像集的图像分类与检索试验结果表明,较之 Citation-kNN MIL 算法[77]中采用的最小 Hausdorff 距离,推土机距离更能反映包(图像)之间的整体相似性,具有更好的预测精度。

(4) 设计基于模糊支持向量机[78]与量子粒子群优化[79]的 MIL 算法。多数 MIL 算法都只是在包(图像)的层次上设计分类器,对包(图像)的标号进行预测,而不能预测包中示例(图像区域)的标号。针对此问题,基于多样性密度函数,设计模糊隶属度函数与粒子的适应度函数,分别用基于模糊支持向量机与量子粒子群优化方法来求解 MIL 问题,以用于获取包中示例(图像区域)的标号。基于 SIVAL 的对象图像检索与 ECCV 2002 的图像标注对比试验结果表明,基于模糊支持向量机中设计的模糊隶属度函数能够很好地计算正包中的示例真正为正的隶属度,而 QPSO 算法相对于拟牛顿搜索算法,具有更好的全局寻优能力。

(5)设计一种基于"视觉空间投影"的半监督 MIL 算法。该算法首先定义"点密度"函数,然后根据"点密度"最大化原则,提取"视觉语义",用来构造"视觉投影空间"[80]。然后定义一个非线性映射函数,将每个包嵌入成"视觉投影空间"中的一个点,从而将 MIL 问题转化为标准的有监督学习问题。因为按照此方法提取的"视觉语义"均代表一类视觉特征相同的图像区域,具有明确的高层语义概念,而"视觉投影特征"各个维度上的值不但能反映图像包含这些"视觉语义"的概率,还能反映它们之间的相互共现关系,所以,投影特征同时具有场景语义与简单语义的表达能力。最后,使用粗糙集(RS)的方法[81]对"视觉投影空间"进行约简,以消除与分类无关的冗余信息,再用半监督的直推式支持向量机(TSVM)方法[82]来训练分类器,以解决小样本学习问题。基于 SIVAL 图像集的对比试验结果表明该算法训练与预测效率更高,且性能优于其他 MIL 算法。

(6)设计另一种基于模糊潜在语义分析(LSA)[83]的半监督 MIL 算法。该算法的基本思路是将多示例包(图像)当做文档,"视觉字"当做词汇,再根据"视觉字"与示例之间的距离,定义模糊隶属度函数,建立模糊"词-文档"矩阵,再采用潜在语义分析方法获得多示例包(图像)的模糊潜在语义模型,通过该模型将每个多示例包转化成单个样本。最后,为了利用未标注图像来提高分类精度,采用半监督的直推式支持向量机来训练分类器。基于 Musk 与 Corel 图像库进行对比试验表明,潜在语义分析方法不但可以降维、缩小问题的规模,而且还可以削减原模糊"词-文档"矩阵中包含的"噪声"因素,凸显图像与区域之间的潜在语义关系,能更好地描述图像中所包含的各种语义。

(7)设计一种基于混合高斯模型和 MIL 的运动目标跟踪算法,还设计出一种基于极限学习的多示例集成学习算法,用于色情图像识别。

1.5 本书的组织结构

本书共 13 章,全书结构及各章内容简介如下。

第 1 章绪论。首先简单介绍本书研究的背景与意义,分析要在有监督学习框架下进行图像语义分类与检索存在的问题;然后综述本书的主要工作与创新性;最后对本书的组织结构进行概述。

　　第 2 章对 MIL 算法研究现状与应用进行综述。首先介绍 MIL 的起源,进而指出 MIL 与传统有监督学习框架的区别;然后综述当前 MIL 的主要算法;最后对 MIL 的主要应用领域进行介绍。

　　第 3 章首先对 JSEG 图像分割方法进行改进,提出一种新的多示例包的构造方法,这是把图像检索分类或检索问题转化为 MIL 问题的一个关键步骤;然后针对场景图像分类或检索问题,基于 Citation-kNN 算法[77],提出两种推土机距离改进方案,设计新的惰性 MIL 算法;最后利用 Corel 图像库,对所提算法的有效性进行验证。

　　第 4 章基于模糊支持向量机提出一种称为 FSVM-MIL 的算法。该方法先利用多样性密度方法寻找概念点,再根据 noisy-or 概率模型定义模糊隶属度函数,为正包中的示例赋予不同的模糊因子,用模糊支持向量机求解 MIL 问题。在 SIVAL 图像集中进行对比试验结果表明 FSVM-MIL 算法是有效的,且性能不亚于其他同类方法。

　　第 5 章在图像标注问题中,需要获取的是图像局部区域所对应的语义,而多数 MIL 算法都只是在包(图像)的层次上设计分类器,对包(图像)的标号进行预测,而不能预测包中示例(图像区域)的标号。针对此问题,基于量子粒子群优化算法,提出 QPSO-MIL 算法,该方法利用多样性密度函数,定义粒子的适应度向量,在示例空间,利用量子粒子群优化方法在各个维度上同时搜索多样性密度函数的全局极大值点,作为关键字的概念点,然后根据 Bayesian 后验概率最大准则(MAP),对图像进行标注。在 ECCV 2002 图像库中的试验结果表明 QPSO-MIL 算法是有效的。

　　第 6 章基于视觉空间投影的 MIL 算法与图像检索。首先介绍 DD-SVM[84]与 MILES[85]两种经典 MIL 算法的思想,并分析其存在的问题;然后定义“点密度”函数,再根据点密度最大化原则提取“视觉语义”,用来构造“视觉投影空间”,并通过一种非线性函数将每一个包向“视觉空间”投影,获得每个包的“视觉投影特征”,作为包的代表向量,从而将 MIL 问题转化为标准的有监督学习问题,再采用半监督的直推式支持向量机来训练分类,以利用大量的未标注图像来提高分类性能;最后,利用 SIVAL 标准图像集进行对比试验,并进行算法性能分析。

　　第 7 章基于潜在语义分析与直推式支持向量机,提出一种半监督的 MIL 算法,在该算法中,根据“视觉字”与示例之间的距离,定义模糊隶属度函数,用于建立模糊“词-文档”矩阵,设计一种模糊潜在语义分析模型,用于提取多示例包(图像)的模糊潜在语义特征,以实现将 MIL 问题转化为标准的有监督学习问题;最后利用 Musk 与 Corel 图像库进行对比试验,并进行算法性能与效率分析。

　　第 8 章针对运动目标跟踪问题,在阐述基于 MIL 跟踪算法基本原理的基础上,提出基于混合高斯模型和 MIL 的跟踪算法,并进行对比试验和性能分析。

　　第 9 章针对色情图像识别问题,基于极限学习与集成学习算法思想,提出一种称为 ELMCE-MIL 的算法,对比试验表明该方法具有更高的识别精度与自适应能力。

　　第 10 章在 MATLAB 环境中编程仿真惰性 MIL 算法,用于刑侦图像检索试验。

　　第 11 章在 MATLAB 环境中编程仿真基于潜在语义分析与支持向量机的 MIL 算法,用于红外图像人脸识别试验。

　　第 12 章在 MATLAB 环境中编程仿真基于视觉投影特征与支持向量机的 MIL 算法,用于图像分类试验。

　　第 13 章总结与展望。

参 考 文 献

[1] 章毓晋. 基于内容的视觉信息检索[M]. 北京:科学出版社,2003

[2] 曾璞. 面向语义提取的图像分类关键技术研究[D]. 长沙:国防科技大学博士学位论文,2009

[3] Chang S K,Yan C W,Dimitroff D C,et al. An intelligent image database system[J]. IEEE Transactions on Software Engineering,1988,14(5):681-688

[4] Chang N S,Fu K S. A relational database system for images[J]. Pictorial Information Systems,1980,80(6):288-321

[5] Chang N S,Fu K S. Query-by-pictorial-example[J]. IEEE Transactions on Software Engineering,1980,6(11):325-330

[6] Harmandas V,Sanderson M,Dunlop M D. Image retrieval by hypertext links[C]. Proceedings of the 20th Annual International ACM SIGIR Conference on Research and Development in Information Retrieval. New York:ACM Press,1997:296-303

[7] Yang R,Huang T S,Chang S F. Image retrieval:past,present,and future[J]. Journal of Visual Communication and Image Representation,1997,10(3):39-62

[8] 王惠锋,孙正兴,王箭. 语义图像检索研究进展[J]. 计算机研究与发展,2002,39(5):513-523

[9] Chang K,Hsu A. Image information systems:where do we go from here? [J]. IEEE Transactions on Knowledge and Data Engineering,1992,4(5):431-442

[10] Arnold W M,Senior M,Marcel W,et al. Content-based image retrieval at the end of the early years[J]. IEEE Transactions on Patten Analysis and Machine Intelligence,2000,22(12):1349-1380

[11] Ritendra D,Dhiraj J,Li J,et al. Image retrieval:ideas,influences,and trends of the new age[J]. ACM Transactions on Computing Surveys,2008,39(2):65-73

[12] 刘伟. 图像检索中若干问题的研究[D]. 杭州:浙江大学博士学位论文,2007

[13] Lee H Y,Lee H K,Ha Y H. Spatial color descriptor for image retrieval and video segmentation[J]. IEEE Transactions on Multimedia,2003,5(3):358-367

[14] Qiu G P,Lam K M. Frequency layered color indexing for content-based image retrieval[J].

IEEE Transactions on Image Processing, 2003, 12(1): 102-113

[15] Mehtre B M, Kankanhalli M S, Desai N A, et al. Color matching for image retrieval[J]. Pattern Recognition Letters, 1995, 16(3): 325-331

[16] Markus S, Markus O. Similarity of color images[C]. Proceedings of Storage and Retrieval for Image and Video Databases. Wayne Niblack: IEEE Press, 1995: 381-392

[17] Swain M J, Ballard D H. Color indexing[J]. International Journal of Computer Vision, 1991, 7(1): 11-32

[18] Smith J R, Chang S F. Automated binary texture feature sets for image retrieval[C]. IEEE International Conference on Acoustics, Speech, and Signal Processing. Washington DC: IEEE Computer Society, 1996: 2239-2242

[19] Haraliek R M, Dinstein I, Shanmugam K. Textural features for image classification[J]. IEEE Translations on Systems, Man, and Cybernetics, 1973, 3(11): 610-621

[20] Tamura H, Mori S, Yamawaki T. Textural features corresponding to visual perception[J]. IEEE Translations on Systems, Man and Cybernetics, 1978, 8(5): 460-473

[21] Costa L F, Cesar R M. Shape Analysis and Classification: Theory and Practice[M]. Boca Rato, FL: CRC Press, 2001

[22] Bouet M, Khenchaf A, Briand H. Shape representation for image retrieval[C]. Proceedings of the 7th ACM Informational Conference on Multimedia (Part 2). New York: ACM Press, 1999: 1-4

[23] Carson C, Belongie S, Greenspan H, et al. Blobworld: image segmentation using expectation maximization and its application to image querying[J]. IEEE Transactions on Pattern Analysis and Machine Intelligence, 2002, 24(8): 1026-1038

[24] Wang J Z, Li J, Wiederhold G. SIMPLIcity: semantics-sensitive integrated matching for picture libraries[J]. IEEE Transactions on Pattern Analysis and Machine Intelligence, 2001, 23(9): 947-963

[25] Vogel J, Schiele B. Semantic modeling of natural scenes for content-based image retrieval[J]. International Journal of Computer Vision, 2007, 72(2): 133-157

[26] Tian Q, Sebe N, Lew M S. Image retrieval using wavelet-based salient points[J]. Journal of Electronic Imaging, Special Issue on Storage and Retrieval of Digital Media, 2001, 10(4): 835-849

[27] 孟繁杰, 郭宝龙. 一种基于兴趣点颜色及空间分布的图像检索新方法[J]. 西安电子科技大学学报, 2005, 35(2): 308-311

[28] David G L. Distinctive image features from sealer-invariant key points[J]. International Journal of Computer Vision, 2003, 60(2): 91-110

[29] Niblaek C W, Barber R J, Equitz W R, et al. The QBIC project: querying images by content using color, texture and shape[C]. Proceedings of Storage and Retrieval for Image and Video Databases (SPIE). Santa Monica: SPIE Press, 2003: 173-187

[30] Flickner M S, Niblack H, Ashley W, et al. Query by image and video content: the QBIC sys-

tem[J]. IEEE Computer,1995,28(9):23-32

[31] Pentland A,Pieard R W,Selaroff S. Photobook:content-based manipulation of image data-bases[J]. International Journal of Computer Vision,1996,18(3):233-254

[32] Pentland A P,Pieard R W,Selaroff S. Photobook:tools for content-based manipulation of im-age databases[C]. Proceedings of Storage and Retrieval for Image and Video Databases. Wayne Niblack:SPIE Press,2003:34-47

[33] Baeh J R,Fuller C,Gupta A,et al. The virago image search engine:an open framework for image management[C]. Proceedings of Storage and Retrieval for Image and Video Databases IV. San Jose:SPIE Press,1996:76-87

[34] Smith J R,Chang S F. Querying by Color Regions Using the VisualSEEK Content-Based Visual Query System in Intelligent Multimedia Information Retrieval[M]. Cambridge:MIT Press,1997

[35] Smith J R,Chang S F. VisualSEEK:a fully automated content-based image query system[C]. Proceedings of the Fourth ACM Multimedia Conference (ACM Multimedia 96). Boston: ACM Press,1996:87-98

[36] Smith J R. Intergraded Spatial and Feature Image Systems:Retrieval,Compression and Analysis[D]. New York:Columbia University PhD thesis,1997

[37] Rui Y,Huang T S,Mehrotra S. Content-based image retrieval with relevance feedback in MARS[C]. Proceedings of International Conference on Image Processing. Santa Barbara: IEEE Press,1997:815-818

[38] Yong R,Huang T S. Image retrieval:current techniques,promising directions and open is-sues[J]. Journal of Visual Communication and Image Representation,1999,10(4):39-62

[39] Zhang R,Zhang Z,Li M,et al. A probabilistic semantic model for image annotation and mul-timodal image retrieval[C]. The 10th IEEE International Conference on Computer Vision (ICCV 2005). Beijing:IEEE Computer Society,2005:846-851

[40] John W,Antonio C,Thomas M. Object categorization by learned universal visual dictionary[C]. The 10th IEEE International Conference on Computer Vision (ICCV 2005). Beijing:IEEE Computer Society,2005:1800-1807

[41] Jiang W,Chan K L,Li J,et al. Mapping low-level features to high-level semantic concepts in region-based image retrieval[C]. IEEE Computer Society Conference on Computer Vision and Pattern Recognition,2005(CVPR 2005). San Diego:IEEE Computer Society,2005:244-249

[42] Yang C,Dong M,Farshad F. Learning the semantic in image retrieval—a natural language processing approach[C]. Proceedings of the 2004 IEEE Computer Society Conference on Computer Vision and Pattern Recognition Workshops (CVPRW'04). Washington DC:IEEE Press,2004:137-143

[43] Fan J,Luo H,Gao Y. Learning the semantics of images by using unlabeled samples[C]. IEEE Computer Society Conference on Computer Vision and Pattern Recognition (CVPR

2005). San Diego:IEEE Press,2005:704-710

[44] Zhang R,Zhang Z. Hidden semantic concept discovery in region based image retrieval[C]. IEEE Computer Society Conference on Computer Vision and Pattern Recognition (CVPR 2004). Washington DC:IEEE Press,2004:996-1001

[45] Aner-Wolf A. Extracting semantic information through illumination classification[C]. Proceedings of the 2004 IEEE Computer Society Conference on Computer Vision and Pattern Recognition (CVPR 2004). Washington DC:IEEE Press,2004:269-274

[46] 王梅. 基于多标签学习的图像语义自动标注研究[D]. 上海:复旦大学博士学位论文,2008

[47] Szummer M,Picard R W. Indoor-outdoor image classification[C]. Proceedings of the 1998 IEEE International Workshop on Content-Based Access of Image and Video Databases (CAIVD'98). Bombay:IEEE Computer Society,1998:42-51

[48] Vailaya A,Fiugeiredo A T,Jain A K,et al. Image classification for content-based indexing[J]. IEEE Transactions on Image Processing,2001,10(1):117-130

[49] Boutell M,Luo J B. A generalized temporal context model for semantic scene classification[C]. Proceedings of the 2004 IEEE Computer Society Conference on Computer Vision and Pattern Recognition Wordshops. Washington DC:IEEE Press,2004,6:104-109

[50] Colombo C,DelBimbo A,Pala P. Semantics in visual information retrieval[J]. IEEE Multimedia,1999,6(3):38-53

[51] Karknais S,Galuosi K,Mauorlis D. Classification of endoscopic images based on texture spectrum[C]. Proceedings of Workshop on Machine Learning in Medical Applications,Advance Course in Artificial Intelligence(ACAI99). Chania:MIT Press,1999:63-69

[52] Mojsilovis A,Gomes J. Semantic based image categorization,browsing and retrieval in medical image databases[C]. Proceedings International Conferences on Image Processing (ICIP 2002). Rochester:IEEE Press,2002:145-148

[53] Tang L H Y,Hanka R,IP H H S. A review of intelligent content-based indexing and browsing of medical images[J]. Health Informatics Journal,1999,5(1):40-49

[54] 黄波. 基于支持向量机的多示例学习研究与应用[D]. 武汉:中国地质大学硕士学位论文,2009

[55] Burzzone L,Prieto D F. Unsupervised retraining of maximum likelihood classifier for the analysis of multi-temporal sensing images[J]. IEEE Transactions on Geosciences and Remote Sensing,2001,39(2):456-460

[56] 李晓燕. 海量图像语义分析和检索技术研究[D]. 杭州:浙江大学博士学位论文,2009

[57] Yang J,Jiang Y G,Alexander G H,et al. Evaluating bag-of-visual-words representations in scene classification[C]. Proceedings of the International Workshop on Multimedia Information Retrieval. Augsburg:ACM Press,2007:197-206

[58] 王君秋,查红彬. 结合兴趣点和边缘的建筑物和物体识别方法[J]. 计算机辅助设计与图形学学报,2006,18(8):1257-1263

[59] Jiang Y G,Ngo C W,Yang J. Towards optimal bag-of-feature for object categorization and

semantic video retrieval[C]. Proceedings of 6th ACM International Conference on Image and Video Retrieval. The Netherlands:ACM Press,2007:494-501

[60] Csurka G,Dance C,Fan L,et al. Visual categorization with bags of keypoints[C]. European Conference Computer Vision 2004, Workshop on Statistical Learning in Computer Vision. Prague,Czech Republic:IEEE Press,2004:59-74

[61] 聂青,战守义. 基于区域特征的图像分类技术[J]. 北京理工大学学报,2008,28(10):885-889

[62] Zhao R,Gorsky W I. Bridging the semantic gap in image retrieval[J]. Distributed Multimedia Databases:Techniques and Applications,2002,3(1):14-36

[63] Oliva A,Torralba A. Modeling the shape of the scene:a holistic representation of the spatial envelope[J]. International Journal of Computer Vision,2001,42(3):145-175

[64] 王彦杰. 基于显著局部特征的视觉物体表示方法[D]. 北京:北京理工大学博士学位论文,2010

[65] 徐磊. 多样性密度学习算法的研究与应用[D]. 哈尔滨:哈尔滨工业大学硕士学位论文,2008

[66] 曹健. 基于局部特征的图像目标识别技术研究[D]. 北京:北京理工大学博士学位论文,2010

[67] Quelhas P,Monay F,Odobez J,et al. Modeling scenes with local descriptors and latent aspects[C]. Proceedings of the 10th IEEE International Conference on Computer Vision (ICCV'05). Washington DC:IEEE Computer Society,2005:883-890

[68] 易文晟. 图像语义检索和分类技术研究[D]. 杭州:浙江大学博士学位论文,2007

[69] Zhang L,Lin F Z,Zhang B. Support vector machine learning for image retrieval[C]. Proceedings of 2001 International Conference on Image Processing. Thessaloniki:IEEE Press,2001:21-24

[70] 李大湘. 基于多示例学习的图像检索与分类算法研究[D]. 西安:西北大学博士学位论文,2011

[71] 谭晓阳,孙正兴,张福炎. 交互式图像检索中的相关反馈技术研究进展[J]. 南京大学学报,2004,40(5):639-645

[72] He X F,King O,Ma W Y,et al. Learning a semantic space from user's relevance feedback for image retrieval[J]. IEEE Transactions on Circuit and System for Video Technology,2004,13(1):39-48

[73] 吴洪,卢汉清,马颂德. 基于内容图像检索中相关反馈技术的回顾[J]. 计算机学报,2005,28(12):1969-1979

[74] Dietterich T G,Lathrop R H,Lozano-Pérez T. Solving the multiple instance problem with axis-parallel rectangles[J]. Artificial Intelligence,1997,89(12):31-71

[75] Deng Y,Manjunath B S. Unsupervised segmentation of color-texture regions in images and video[J]. IEEE Transactions on Pattern Analysis and Machine Intelligence,2001,23(8):800-810

[76] Rubner Y, Tomasi C, Guibas L J. The earthmover's distance as a metric for image retrieval[J]. International Journal of Computer Vision, 2000, 40(2): 99-121

[77] Wang J, Zucker J D. Solving the multiple-instance problem: a lazy learning approach[C]. Proceedings of the 17th International Conference on Machine Learning. San Francisco, CA: IEEE Press, 2000: 1119-1125

[78] Lin C F, Wang S D. Fuzzy support vector machines[J]. IEEE Transactions on Neural Networks, 2002, 13(3): 464-471

[79] Sun J, Feng B, Xu W B. Particle swarm optimization with particles having quantum behavior[C]. Proceedings of IEEE Congress on Evolutionary Computation. Piscataway: IEEE Press, 2004: 326-331

[80] 李大湘, 彭进业, 李展. 基于半监督多示例学习的对象图像检索[J]. 控制与决策, 2010, 25(7): 981-986

[81] Hu Q H, Xie Z X, Yu D R. Hybrid attribute reduction based on a novel fuzzy-rough model and information granulation[J]. Pattern Recognition, 2007, 40(12): 3509-3521

[82] Sindhwani V, Keerthi S S. Large scale semi-supervised linear SVMs[C]. Proceedings of the 29th Annual International ACM SIGIR Conference on Research and Development in Information Retrieval. Washington DC: ACM Press, 2006: 477-484

[83] Dumais S T, Furnas G W, Landauer T K, et al. Using latent semantic analysis to improve access to textual information[C]. Proceedings of the SIGCHI Conference on Human Factors in Computing Systems, Washington DC: ACM Press, 1988: 281-285

[84] Chen Y X, Wang J Z. Image categorization by learning and reasoning with regions[J]. Journal of Machine Learning Research, 2004, 5(8): 913-939

[85] Chen Y X, Bi J B, Wang J Z. MILES: multiple-instance learning via embedded instance selection[J]. IEEE Transactions on Pattern Analysis and Machine Intelligence, 2006, 28(12): 1931-1947

第 2 章　多示例学习算法研究现状及应用

　　20 世纪 90 年代以来，机器学习领域的一个研究热点就是基于样例的学习（learning from example）方法，并且根据训练样本存在的歧义性，机器学习可大体分成三种学习框架：有监督学习、非监督学习与强化学习[1]。在有监督学习框架中，其每个训练样本都带有一个类别标号，训练样本是不存在歧义的，通过对这些已知标号的训练样本进行学习，其目标就是要得到一个分类函数，然后再利用这个分类函数对未知样本进行类别预测；在非监督学习框架中，所有训练样本的类别标号都是未知的，因此非监督学习框架中的训练样本的歧义性是最大的；在强化学习框架中，虽然训练样本不带有标记，但它有别于非监督学习，这是由于在其学习过程中关联着一个延迟的奖赏，它也可以当做训练样本的延迟标号，用于指导后续的学习行动。这就相当于强化学习中的训练样本都带有标号，但这种标记是延迟的，因此，在强化学习框架中，训练样本的歧义性处于有监督学习与非监督学习之间。1997 年，Dietterich 等[2]在药物分子活性预测的研究工作中提出了 MIL 框架，该框架被认为是基于样例学习的一项最新研究进展，因其存在重要的理论与应用价值，吸引了很多学者的研究兴趣[3-6]，也是目前机器学习领域中最活跃的研究方向之一。

2.1　多示例学习的起源

　　1997 年，Dietterich 等[2]研究了药物分子的活性，通过试验发现：药物分子的活性都是通过与酶、病菌或病毒等有害对象的局部区域进行耦合（hind）产生的。也就是说，当某种分子具有活性时，它的某个低能形状和期望绑定对象的局部区域将耦合得很紧密，则这类分子就可以用来制造药物；而对于没有活性的分子，它和期望绑定对象的局部区域耦合得不好，则这类分子不适于用来制造药物。并且药物分子活性的大小取决于此分子与目标分子耦合的紧密程度，耦合得越紧密（活性越大），则药效越大，反之则越小。Dietterich 等对药物活性研究的目的是想要采用机器学习的方式，通过对已知适于或不适于制药的分子进行学习，以尽可能正确地预测某种新分子的"活跃"程度，来判断它是否也适合用来制造药物。这将有利于制药公司在新药品的开发过程中，把有限的资源集中于试验具有潜在开发价值的分子上，从而节省大量的资金和时间，缩短新药品的研发周期，给公司带来巨大的竞争优势[3]。

要进行药物分子活性预测,其主要困难是:在不同的条件下,同一种分子会存在很多种可能的低能形状,如图 2.1 所示[2],这是一个相同的分子,因其中的一个化学键发生了旋转,而导致分子的形状相差很大[2]。在目前的生化技术条件下,令人遗憾的是,生物化学专家只知道在活性分子的众多可能形状中,存在至少一种形状使得该分子呈活性,而非活性分子的所有形状都不会使此分子呈活性。在那些适于制药分子的所有低能形状中,到底是哪一种具体形状对分子的活性起到了决定性作用,人们并不知道。如果将活性分子的所有形状都作为正样本,不具有活性的分子的所有形状都作为负样本,直接采用传统的有监督学习方法来训练分类器,此时,由于正样本中存在的噪声比例太高而无法获得理想的分类器。其原因在于:随着外界条件的不同,同一类型的分子可能表现出成百甚至上千种不同的外部形状,只要其中一种形状使分子表现出活性,那么这种分子就可以用于制造药物[2]。

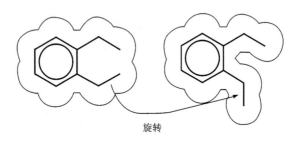

图 2.1　同一种分子的两种不同低能形状

为了预测分子的活性,Dietterich 等[2]提出了 MIL 框架,在此框架下分子被视作包,分子的每一种具体形状视作包中的一个示例,并且在训练过程中,只要知道包的标号,而不必知道包中示例的标号。为了用一个特征向量对分子的形状进行描述,他们采用的方法是:首先按照相同的位置与方向对分子进行固定,然后从分子的中心点均匀地放射出 162 条射线,这时去测量每条射线从中心点到分子表面之间截线段的长度,用它来作为分子形状描述的一个特征值,如图 2.2 所示[2]。除此之外,还要加上 4 个固定氧原子位置的信息,这样一来,最后用一个 166 维的特征向量来对分子的形状(示例)进行表示,并且在训练过程中,只要概念标号分配给每个训练包就可以,不必知道包中示例的标号,也就是说,当某个分子具有活性时(适于制药),它对应的包则被标记为正(positive)包,否则标记为负(negative)包。MIL 的目标就是要通过分析已知的训练包,学习得到一个分类器(目标函数),以尽可能正确地预测未知包的标号。

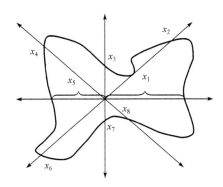

图 2.2　利用 162 条射线与 4 个固定氧原子的位置信息来表示分子的形状[2]

2.2　多示例学习与传统机器学习的区别

在传统的机器学习问题中,一个训练样本一般只有一种特征描述,然而在一些实际问题中(如分子活性预测),一个训练样本(药物分子)可能同时有多种不同的特征描述(分子形状),但往往只有某一个或几个有限的描述具有决定性作用,但到底哪个具体描述产生了决定性作用,却并不知道。MIL 的研究就是要解决这种"对象:描述:类别"之间 1:N:1 关系的学习问题。因此,MIL 中的训练样本与传统机器学习中的训练样本完全不同,它的训练样本称为包,每个包中包含若干个(数量不等)不同的示例,并且在训练过程中,只知道包的标号,而包中示例的标号是未知的。包的标号是这样定义的:一个包被判定为正包,当且仅当这个包中存在至少一个示例是正例,而如果包中的所有示例都是负例,则此包就被判定为负包。MIL 算法通过对这些已知训练包的学习,希望学习系统尽可能正确地对训练集之外的包的概念标记进行预测[7-10]。MIL 和传统的机器学习训练样本的形式如图 2.3 所示。

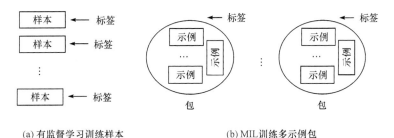

(a) 有监督学习训练样本　　　　　　　　(b) MIL 训练多示例包

图 2.3　传统机器学习与 MIL 的训练样本

与传统的机器学习框架相比,MIL 所具有的独特性质如下[7-10]。

（1）在 MIL 框架中,训练样本称为包,其中每个包中包含多个不同的示例,即包是由多个特征向量组成的集合;而传统的有监督学习框架中的训练样本与特征向量具有一对一的关系,有时又称单示例学习,可视为 MIL 中的特例。

（2）在 MIL 训练过程中,只知道包的标号,包中的示例标号是未知的,而在有监督学习训练过程中,每个训练样本的标号都是已知的,可用于指导机器学习与训练。

（3）在 MIL 框架中,一个包被标为"正"包,当且仅当包中至少有一个示例是正的,否则包被标为"负"包,当分类器训练出来之后,测试包的标号由该包中的各个示例的最大输出值来决定,而在传统的有监督学习中,测试样本的标号由该对象本身的输出值来决定。

根据上述特点,由于 MIL 中训练样本的歧义性存在独特的性质[1],与监督学习相比,两者的区别在于,在 MIL 训练过程中只知道包的标号,不知道示例的标号,而在有监督学习中,所有训练样本的标号都是已知的;MIL 框架与非监督学习相比,MIL 过程中虽然示例的标号未知,但包的标号已知,而非监督学习中的训练样本标号全部都是未知的;MIL 框架与强化学习相比,MIL 无法获得时延的概念标号。MIL 框架与以往的传统学习框架相比,本质区别在于:传统学习框架中一个样本就是一个特征,即样本和特征是一对一关系;而在 MIL 框架之中,一个样本对应着多个特征,也就是样本和特征之间是一对多关系。因此,在训练样本标号的歧义性方面,MIL 与有监督学习、非监督学习、强化学习完全不同,正因为这样,以往的传统学习方法无法很好地解决分子活性预测等学习问题,而在 MIL 框架中设计的包,可以很好地描述与解决这种一对多的机器学习问题。MIL 自提出至今,因为很多实际问题可以用它来进行描述,所以得到广泛的应用与实践,并被认为是传统机器学习中的一个研究盲区,因此 MIL 被认为是第四种学习框架,与强化学习、有监督学习与非监督学习等其他三种框架[7,8]并列。

2.3　多示例学习的主要概念

在 MIL 框架下进行图像语义分析,主要涉及的相关概念如下[8,11]。

定义 2.1（MIL 建模）　所谓 MIL 建模就是研究如何将图像构造成多示例包的形式,从而将图像语义分析问题转化为 MIL 问题进行求解。

设 X 表示一幅图像,常用的方法是:采用图像分割（或分块）方法对图像 X 进行自动分割,并提取每个分割区域的底层视觉特征（如颜色、纹理与形状特征等）,将整幅图像当做包,分割区域的底层视觉特征当做包中的示例。最后,由 X 构造的多示例包记为 $X = \{x_1, x_2, \cdots, x_n\}$,其中 n 表示图像分割的区域数,x_i 表示第 i 个区域的底层视觉特征向量。

定义 2.2(MIL 的数学定义)　设 $\chi = R^d$ 为一个 d 维的示例空间,$\Omega = \{-1, +1\}$ 表示二类标记空间。数据集 $D = \{(X_1, y_1), (X_2, y_2), \cdots, (X_m, y_m)\}$ 表示 m 个已标注的多示例训练包,其中包 $X_i(i = 1, 2, \cdots, m)$ 中含有 n_i 个示例$\{x_{i1}, x_{i2}, \cdots, x_{in_i}\}$,$x_{ij} \in \chi(j = 1, \cdots, n_i)$,$y_i$ 表示与 X_i 相对应的标号。MIL 的任务就是通过对 D 的学习,得到一个分类函数 $f_{\text{MIL}} : 2^\chi \to \Omega$,使其能预测任意未标记包 X 的标号。

根据多示例包中示例与包标签之间的关系,MIL 大致可分成以下两种模型。

模型 2.1(标准 MIL 模型)　Dietterich 等[2]在总结关于分子活性预测的研究工作的基础上,提出了标准的 MIL 模型。该模型认为每个示例都具有一个隐含的类别标号 $c \in \Omega = \{-1, +1\}$,如果一个包被标为正的充要条件是它至少包含一个示例是正例。

令 $X = \{x_1, x_2, \cdots, x_n\}$ 表示一个包含 n 个示例 $x_i \in \chi(i = 1, 2, \cdots, n)$ 的包,$c(x)$ 表示一个示例级的分类函数,则包的标号为

$$f_{\text{MIL}}(X) = \begin{cases} 1, & \text{如果}\,\exists c(x_i) = 1 \\ 0, & \text{其他} \end{cases} \tag{2.1}$$

该模型特别适合于图像中的"对象语义"分析问题。这是因为:对象语义属于简单语义,图像中的单个区域就能表达,如图 2.4(a)所示,图像中第二个和第三个区域就能表示"马匹"这个对象语义[8]。

(a)"马匹"对象语义　　　　　　　　　(b)"海滩"场景语义

图 2.4　图像的"对象语义"与"场景语义"样例图[8]

模型 2.2(广义 MIL 模型)　广义 MIL 模型最早是由 Weidmann[12]提出的,并且定义了三种广义 MIL 范式,即基于出现的多示例学习(presence-based MIL)、基于阈值的多示例学习(threshold-based MIL)和基于计数的多示例学习(count-based MIL)。在广义 MIL 模型中,正包的标号认为不是由包中的单个示例来决定的,而是由包中的多个示例共同作用才能决定的。

例如,在基于出现的 MIL 范式中,认为存在 r 个示例级的概念 $C = \{c_1, c_2, \cdots, c_r\}(c_i : \chi \to \Omega)$ 来共同决定包的标号。设 $\Delta(X, c_i)$ 表示多示例包 X 中与概念 c_i 对应的示例个数,则包 X 的标号为

$$f_{PB\_MIL}(X) = \begin{cases} 1, & \forall c_i \in C: \Delta(X, c_i) \geqslant 1 \\ 0, & \text{其他} \end{cases} \tag{2.2}$$

显然，当包 X 被标为"正"，则对于 C 中的每一个概念 $c_i(i=1,2,\cdots,r)$，在 X 中至少存在一个示例与其相对应。

该范式特别适于图像的"场景语义"分析问题，如图 2.4(b)所示，对于"海滩"场景图像，图像中的单个区域无法表达它所属于的场景类型，只有当图像中至少有一个区域表示"海洋""天空""沙滩"等概念时，该图像才可被预测为"海滩"场景[8]。

2.4　多示例学习的主要算法

自 Dietterich 等[2]首先提出 MIL 学习框架之后，该框架被认为普遍存在于现实机器学习任务之中，在理论上和应用中都具有极高的研究价值，机器学习界对这一新学习框架倾注了极大的热情，同时也提出了很多新的 MIL 算法。本节首先回顾 MIL 的主要算法，并且简略地分析这些 MIL 算法的发展脉络。

2.4.1　轴平行矩形算法

在 MIL 概念提出的同时，三种不同的轴平行矩形法也被 Dietterich 等[2]提出，这里用 axis-parallel rectangles(APR)表示轴平行矩形，其共同思想是通过对示例向量进行合取，在示例空间中寻找合适的轴平行矩形，作为最终的目标概念区。

第一种称为 GFS elim-count APR 算法，其基本思想是[1]：首先，寻找一个能够覆盖所有正包中的示例轴平行矩形，再以贪心式搜索算法，逐步排除负包中的示例，慢慢地缩小矩形框的面积。图 2.5 给出了一个具体例子，具体原理与说明详见文献[2]。

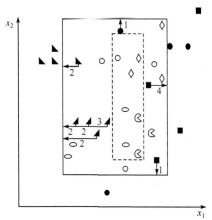

图 2.5　APR 算法图

(图中的实心点为负包中的示例，空心点为正包中的示例，不同的形状代表不同的包)

第二种称为 GFS kde APR 算法,第三种称为 iterated-discrim APR 算法,其中用到贪心式的 backfitting 算法[13],因为这都是 MIL 的经典算法,在此不进行详细说明,具体原理与说明详见文献[8]和[11]。

为了验证这三种方法的有效性,Musk 数据集被用来进行对比试验,对比结果发现 iterated-discrim APR 算法预测精度最高,而 BP 神经网络、C4.5 决策树预测精度则非常低。这说明如果不考虑 MIL 训练样本本身的独特性质,将难以很好地完成此类一对多的学习预测任务。另外,iterated-discrim APR 算法预测精度非常高,可能是该算法的参数专门针对 Musk 数据进行了优化,在其他应用领域可能预测精度不高,也就是说它只是一种专用算法,推广泛化能力不强[2,3]。

2.4.2　多样性密度算法

Maron 和 Ratan[14] 提出了多样性密度(diverse density,DD)算法,其目的是在特征空间中找到一个概念点,这个概念点满足每个正包中至少有一个示例离该点足够近,而所有来自负包的示例均远离该点。多样性密度算法对于新包中的样本,只需要度量该样本和概念点在特征空间中的距离,来判断该样本的标签。

设 B_i^+ 表示第 i 个正包,$B_{i,j}^+$ 表示第 i 个正包的第 j 个示例,$B_{i,j,k}^+$ 表示第 i 个正包的第 j 个示例的第 k 个属性值;类似地,设 B_i^- 表示第 i 个负包,$B_{i,j}^-$ 表示第 i 个负包的第 j 个示例,$B_{i,j,k}^-$ 表示第 i 个负包的第 j 个示例的第 k 个属性值。令 h 代表多样性密度值最大的点,可以通过最大化 $\Pr(x=h \mid B_1^+, \cdots, B_{l^+}^+, B_1^-, \cdots, B_{l^-}^-)$ 目标函数,来确定目标点 h,不妨设各多示例包之间是独立的,由 Bayes 理论可通过式(2.3)来寻找 h 点[3,14]:

$$\arg \max_h \left(\prod_i^{l^+} P(h \mid B_i^+) \prod_i^{l^-} P(h \mid B_i^-) \right) \tag{2.3}$$

也就是通常所说的多样性密度函数。在具体问题求解过程中,noisy-or 模型被用来例化式(2.3)中的乘积项:

$$\Pr(x=h \mid B_i^+) = 1 - \prod_j (1 - \Pr(x=h \mid B_{i,j}^+))$$
$$\Pr(x=h \mid B_i^-) = \prod_j (1 - \Pr(x=h \mid B_{i,j}^-)) \tag{2.4}$$

此时,根据目标概念点 h 与示例 $B_{i,j}$ 之间的距离,$B_{i,j}$ 隶属于概念点 h 的条件概率定义为以下的形式,即

$$\Pr(x=h \mid B_{i,j}) = \exp(- \parallel B_{i,j} - x \parallel^2) \tag{2.5}$$

式中

$$\parallel B_{i,j} - x \parallel^2 = \sum_k s_k^2 (B_{i,j,k} - x_k)^2 \tag{2.6}$$

通过上述定义的数学公式,寻找多样性密度函数极大值的常用算法是梯度下

降方法。但由于多样性密度函数是一个高阶非线性连续函数,在多样性密度空间中存在多个局部极大值点,为了解决局部最优解的问题,他们把所有正包中的每个示例都作为搜索起点,进行一次全局搜索。多样性密度算法的优点是:它不仅可以确定多样性密度最大的点,还可得到示例属性的相关度,即利用式(2.6)定义的距离函数在最大化多样密度函数时,得到一个概念点位置 h 的同时,还可以得到一组反映属性相关度的权值 s_k。值得注意的是,由于要以多个点作为搜索起点反复进行梯度下降搜索,因此多样性密度算法的训练时间开销相当大,但如果不这样做,又难以找到全局最优解。

多样性密度算法是一种基于概率统计的 MIL 算法,它对 MIL 的理论与算法研究都有很大的影响,很多其他 MIL 算法的研究工作都是直接以该算法为基础进行的。

同样,Musk 数据集也被 Maron 等用来对多样性密度算法的性能进行了测试,结果发现:预测精度低于 iterated-discrim APR 算法,稍好于 GFS kde APR 算法和 MULTINST 算法。还发现多样性密度算法存在一个最大的缺点是:多样性密度函数是一个高阶非线性函数,为了避免得到局部最优解,要在整个特征空间,以所有正包中每个示例为起点,进行多次启发式的梯度下降搜索,导致训练过程非常费时间,而且预测精度也不高。针对这个问题,Zhang 和 Goldman[15] 将期望最大化(EM)方法[16]引入多样性密度算法,并且提出了一种改进型多样性密度算法,称为EM-DD 算法,基于相同测试集的对比试验结果表明,训练效率与预测精度都得到大幅度提高。

2.4.3　基于 kNN 的惰性多示例学习方法

2000 年,Wang 和 Zucker[17]对 k 近邻(k-nearest neighbor,kNN)算法进行了扩展,使其可以处理 MIL 问题,提出了两种惰性 MIL 算法,即 Bayesian-kNN 算法和 Citation-kNN 算法。因为 MIL 的训练集是包(多个示例组成的集合),所以该方法在进行相似性度量时,使用的不是普通的欧氏距离,而是修正的 Hausdorff 距离,这样就可以有效地计算不同的包之间的相似距离。在 Bayesian-kNN 算法中使用 Bayes 理论对邻包进行分析,从而获得新包的概念标记,而 Citation-kNN 算法则借用了科学文献"引用"(citation)与"参考"(reference)的概念,要同时考虑新包的 citation 和 reference 的近邻关系。所谓 citation 和 reference 近邻指的是某一个样本点自己的近邻和把该样本点作为近邻的样本。例如,如果要对一篇文章进行分类,不仅仅要考虑该文章引用了哪些其他文章,同时还要考虑这篇文章被其他什么文章引用。为了验证此算法的有效性,Wang 等也用 Musk 数据集进行了对比试验,发现这两个惰性算法与 IAPR 算法预测精度相当,并且这两种算法专门针对该问题对参数进行优化,都具有更好的应用前景。作为惰性算法,其缺点是:由于需要保存所有训练数据,存储开销比较大。

2.4.4　基于支持向量机的多示例学习方法

支持向量机(support vector machine,SVM)[18]是传统机器学习方法中最经典的方法,很多基于 SVM 的 MIL 算法也先后被提出,并成为 MIL 中非常重要的一类方法,下面先介绍如何用 SVM 方法来解决多示例问题。

1. mi-SVM 和 MI-SVM 算法

Andrews 等[19]对 SVM 进行扩展,将 MIL 的约束引入 SVM 的目标函数中,提出了 mi-SVM 与 MI-SVM 两种基于 SVM 的 MIL 算法,并且 mi-SVM 称为基于示例的 SVM 算法,而 MI-SVM 称为包的 SVM 算法。在多示例问题中,最难处理的问题就是正包中示例的标签,因为人们仅仅知道其中存在至少一个真正的正示例,但并不知道具体的哪个或者哪几个示例真正是正的。MI-SVM 算法的出发点是从每个正包中选出一个最正的示例,认为是正样本,把这些样本和其他负包中的样本放在一起用 SVM 去训练分类器;而 mi-SVM 算法的想法是给每个正包中的样本赋予伪标签,然后用 SVM 训练分类器。其中,mi-SVM 算法的目标函数为

$$\text{mi-SVM:} \quad \min_{\langle y_i \rangle} \min_{\langle w,b,\xi \rangle} \frac{1}{2} \parallel w \parallel^2 + C \sum_i \xi_i$$

$$\text{s. t.} \quad \forall i: y_i(\langle w, x_i \rangle + b) \geqslant 1 - \xi_i, \xi_i \geqslant 0, y_i \in \{-1, +1\} \tag{2.7}$$

$$\sum_{i \in I} \frac{y_i + 1}{2} \geqslant 1, \forall I \quad \text{s. t.} \, Y_I = 1, \text{and} \quad y_i = -1, \forall I \quad \text{s. t.} \, Y_I = -1$$

MI-SVM 算法的目标函数为

$$\text{MI-SVM:} \quad \min_{w,b,\xi} \frac{1}{2} \parallel w \parallel^2 + C \sum_I \xi_I \tag{2.8}$$

$$\text{s. t.} \quad \forall I: Y_I(\langle w, x_i \rangle + b) \geqslant 1 - \xi_I, \xi_I \geqslant 0$$

从以上两个目标函数可以看出,mi-SVM 方法的最大化 margin 是基于包中单个样本的,在原来的 SVM 基础上引入了对包的标签的约束,也就是正包中应当含有一个以上的正样本,而负包中应当全是负样本。MI-SVM 方法的 margin 是基于单个包的,MI-SVM 认为包的软标签应该等于包内正概率最大的样本(most-likely-cause 模型)。

由于 mi-SVM 和 MI-SVM 方法的目标函数是一个混合整数规划问题,是非凸的,通常是无法求解它们的代数解,则 Andrews 等[19]使用启发式的方法来求解上述两个优化目标函数。图 2.6 所示是在生成数据集上的一次试验结果[19]。

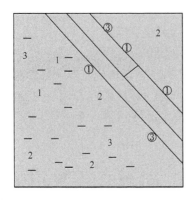 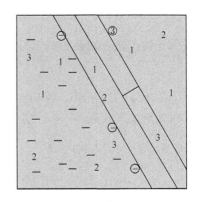

(a) mi-SVM分类结果　　　　　　　　(b) MI-SVM分类结果

图 2.6　两种 SVM 分类结果示意图

(其中"－"表示负包中的示例,具体的数字表示相应的正包中的示例)

由于式(2.7)和式(2.8)的目标函数均为非凸优化问题,采用启发式方法进行求解时,通常得到的都是局部最优解,而非全局最优解。Gehler 和 Chapelle[20] 采用确定性退火方法求解这两个优化问题,从而可以得到更好的局部解。对应的优化问题变为

$$
\begin{aligned}
\Gamma_T(w,b,p) = & \parallel w \parallel^2 + C \sum_{i=1}^{N} \sum_{j=1}^{m_j} \left[p_i^j l(\langle w, x_i, j \rangle + b) \right. \\
& \left. + (1 - p_i^j) l(-\langle w, x_i, j \rangle - b) \right] \\
& + T \sum_{i,j=1}^{N,m_j} \left[p_i^j \lg p_i^j + (1 - p_i^j) \lg(1 - p_i^j) \right]
\end{aligned}
$$

$$
\text{s.t.} \ \forall i,j \quad 0 \leqslant p_i^j \leqslant 1, \quad \forall : Y_i = 1 \quad \sum_{j=1}^{m_j} p_i^j \geqslant 1 \tag{2.9}
$$

在这个优化问题中,作者给每个包中的样本都赋了一个该样本为正的概率,也就是 p_i^j,目标函数的前两项相当于一个用了加权损失函数的 SVM 目标,而最后一项可以看成概率的熵;同样,可以用迭代的方法求解这个优化问题,每次迭代都需要改变 T 的值。T 初始化为一个比较大的值,随着迭代步数的增加,T 不断减小,这样则可以得到一个更优的局部解。

2. DD-SVM 和 MILES 算法

该类算法的共同思想是:将多示例包转化成单个样本,即用某个特征向量来表征每个多示例包,从而将 MIL 转化成标准的单示例学习(有监督学习)问题进行求解。其中最经典的有 Chen 等提出的 DD-SVM[21] 和 MILES[22] 算法,均用于图像分类问题。

在标准的 MIL 问题中,多样性密度方法假设特征空间中存在一个单一的概念点,它代表真正的正示例所在的位置。然而在图像检索或分类等问题中,这个假设有时不成立。例如,当要检索场景相同的图像时,图像中的任何一个区域无法代表图像的场景语义,而要多个不同的区域共同作用才能表达,所以,Chen 和 Wang[21] 提出了 DD-SVM 算法,首先通过多样性密度方法寻找概念点(在多样性密度算法中,以不同的初始值作为搜索起点时,可以得到多样性密度函数的不同局部极大值点,多样性密度算法通常是取多样性密度值最大的点作为最终的概念点,而 DD-SVM 算法是选多样性密度值最大的前几个点作为概念点),用来构造一个目标空间,然后把所有的包投影到由这些正负概念点组成的空间中,投影得到的特征值是包与这些概念点之间的距离,具体形式为

$$\phi(B_i) = \begin{vmatrix} \min_{j=1,\cdots,N_i} \ \| x_{i,j} - x_1^* \|_{w_1^*} \\ \min_{j=1,\cdots,N_i} \ \| x_{i,j} - x_2^* \|_{w_2^*} \\ \vdots \\ \min_{j=1,\cdots,N_i} \ \| x_{i,j} - x_n^* \|_{w_n^*} \end{vmatrix} \tag{2.10}$$

通过式(2.10)的投影,任意包 B_i 被转化成单个样本,则多示例问题就转化成一个传统的有监督学习问题,在此基础上,Chen 等用 SVM 分类器解决了 MIL 问题。但是,在 DD-SVM 的第一个环节中,要利用多样性密度方法寻找概念点,极大地影响了整个算法的训练效率,这成为该方法的最大缺点与不足。

2006 年,Chen 等对 DD-SVM 算法进行改进,提出了 MILES 算法[22],并且指出多示例学习中认为负包中全是负样本的样本不合理。例如,在图像检索中,背景图片中同样可能含有部分用户感兴趣物体的成分。所以,在 MILES 算法中没有强制约束负包中必须全是负样本。在 MILES 算法中,不再需要事先找出概念点,而是简单地把所有的包都投影到训练包内所有示例所张成的空间中。更确切地说,对于包 B,其对应的映射表达式为

$$m(B) = [s(x^1,B),s(x^2,B),\cdots,s(x^n,B)]^{\mathrm{T}} \tag{2.11}$$

式中,$s(x^k,B) = \max \exp\left(-\dfrac{\| b_t - x^k \|}{\delta^2}\right)$;$\delta$ 是一个预先确定的尺度参数;x^k 代表包 B 中的第 k 个样本。这样,整个已标注的包可以投影为

$$
\begin{aligned}
[m_1^+,\cdots,m_{l^+}^+,m_1^-,\cdots,m_{l^1}^-] &= [m(B_1^+),\cdots,m(B_{l^+}^+),m(B_1^-),\cdots,m(B_{l^1}^-)] \\
&= \begin{bmatrix} s(x^1,B_1^+),\cdots,s(x^1,B_{l^1}^-) \\ s(x^2,B_1^+),\cdots,s(x^2,B_{l^1}^-) \\ \vdots \qquad\qquad \vdots \\ s(x^n,B_1^+),\cdots,s(x^n,B_{l^1}^-) \end{bmatrix}
\end{aligned} \tag{2.12}
$$

式中,$B_1^+,\cdots,B_{l^+}^+$ 表示正包;而 $B_1^-,\cdots,B_{l^-}^-$ 表示负包,矩阵中每一列代表一个包。如果 x^k 离一些正包的距离很近而远离负包,那么它所对应的特征就被认为有利于分类。在 MILES 算法[22]中,因为通过式(2.10)获得包的投影特征的维数很高,所以采用 1 范数 SVM 进行学习与分类,原因是:1 范数 SVM 学习过程中可以得到一个稀疏的解,它具有特征选择的功能,并且算法效率也很高(时间复杂度为 $O(n)$)。尤其当训练样本比较少时,这种算法速度极快,并且可以在一定程度上还可抵制标签噪声。1 范数 SVM 的具体形式为

$$\min\left(\lambda\sum_{k=1}^{n}\mid w_k\mid +C_1\sum_{i=1}^{l^+}\xi_i+C_2\sum_{j=1}^{l^-}\eta_j\right)$$
$$\text{s. t. } (w^{\mathrm{T}}m_i^+ + b) + \xi_i \geqslant 1, i = 1,\cdots,l^+ \qquad (2.13)$$
$$-(w^{\mathrm{T}}m_j^- + b) + \eta_j \geqslant 1, j = 1,\cdots,l^-$$
$$\xi_i,\eta_j \geqslant 0, i = 1,\cdots,l^+, j = 1,\cdots,l^-$$

式中,C_1 和 C_2 反映了加在正包和负包上的损失函数的作用大小;λ 是一个正则化参数,用来控制分类器的复杂度和损失函数之间的平衡。1 范数 SVM 可以得到一个稀疏的解,也就是说,在最后的结果中,式(2.13)只有很少一部分 w_k 是非零的。因此,MILES 算法找到了标注包中最重要的样本以及它们对应的权重,即 1 范数 SVM 在进行学习的同时,具有特征选择的功能,其缺点是:1 范数 SVM 的学习与分类能力往往不如 2 范数 SVM[23]。此外,还有 YARDS[24]、BARTMIP[25]、TLC[26]、MICCLLR[27] 和 CCE[28] 等方法,且成为一类非常有效的 MIL 算法,均用于图像检索或分类问题。

3. 基于核的方法

核的概念在 SVM 方法中非常重要,它可以把样本从一个低维空间映射到一个高维空间,从而把一个非线性的问题转换为线性的问题。传统的 SVM 学习方法中核是定义在两个单个样本之间的,而 Gartner 等[29]则直接在多示例包之间定义核,即可以用它来度量两个包之间的相似性,直接把 MIL 问题转化成 SVM 学习问题。在本节中,作者提出了以下几种多示例核。

1) 集核(set kernels)
集核定义为

$$k_{\text{set}}(B,B') = \sum_{x\in B, x'\in B'} k(x,x') \qquad (2.14)$$

2) 统计核(statistic kernel)
统计核定义为

$$k_{\text{stat}}(B,B') = k[s(B),s(B')] \qquad (2.15)$$

式中，$s(B)$ 是反映包的性质的一个统计量，如均值、中值、最大值、最小值等。例如，在最小最大核（minimax kernel）中

$$s(B) = (\min_{x \in B} x_1, \cdots, \min_{x \in B} x_m, \max_{x \in B} x_1, \cdots, \max_{x \in B} x_m) \qquad (2.16)$$

这样，可以利用核的方式得到包之间的相似性度量，那么就可以在上面设计一个 SVM 分类器，从而多示例的问题可以用传统的 SVM 学习方法来求解。

可以看到，Gartner 等定义的多示例核，其实并没有反映出多示例学习的一些特性，即正包包含至少一个正样本，而负包中的样本全是负样本。对于这个问题，Kwok 和 Cheung[30] 利用边缘核（marginalized kernel）的定义方法，定义了一种新的多示例核。在概率统计等一些问题中，通常可以认为数据是由一些隐变量通过一些变化产生的。假设观测变量为 x，隐变量为 θ，则可以定义两个观测变量 x_1 和 x_2 之间的边缘核。如果同时把隐变量，也就是 θ_1 和 θ_2 也考虑进去，可以定义一个联合的核 $k_z(z_1, z_2)$，其中 $z_1 = (x_1, \theta_1)$，$z_2 = (x_2, \theta_2)$。因为 θ 本身是不可观测量，所以，需要通过一些概率的方法来估计它们的后验概率 $p(\theta | x)$，这是可以从数据的分析中估计出来的。对隐变量做积分，边缘核定义为

$$k(x_1, x_2) = \sum_{\theta_1, \theta_2 \in \Theta} P(\theta_1 | x_1) P(\theta_2 | x_2) k_z(z_1, z_2) \mathrm{d}\theta_1 \mathrm{d}\theta_2 \qquad (2.17)$$

假设对于第 i 个包里的第 j 个示例 B_{ij}，对应了一个隐变量 c_{ij}。这样，联合变量的核可以写为

$$k_z(z_1, z_2) = \sum_{i=1}^{n_1} \sum_{j=1}^{n_2} k_c(c_{1i}, c_{2j}) k_x(B_{1i}, B_{2j}) \qquad (2.18)$$

式中，$k_x(\cdot, \cdot)$ 和 $k_c(\cdot, \cdot)$ 分别是定义在样本和标签上的核。根据式（2.18），两个包之间的核可以定义为

$$
\begin{aligned}
k(B_1, B_2) &= \sum_{c_1, c_2} P(c_1 | B_1) P(c_2 | B_2) k_z(z_1, z_2) \\
&= \sum_{c_1, c_2} P(c_1 | B_1) P(c_2 | B_2) \sum_{i=1}^{n_1} \sum_{j=1}^{n_2} k_c(c_{1i}, c_{2j}) k_x(x_{1i}, x_{2j}) \\
&= \sum_{i=1}^{n_1} \sum_{j=1}^{n_2} k_x(x_{1i}, x_{2j}) \sum_{c_{1i}, c_{2j}} k_c(c_{1i}, c_{2j}) \\
&\quad \cdot \sum_{c_1 \backslash c_{1i}} (c_{1i}, c_1 \backslash c_{1i} | B_1) \sum_{c_2 \backslash c_{2i}} (c_{2i}, c_2 \backslash c_{2j} | B_2) \qquad (2.19)
\end{aligned}
$$

根据独立性假设，$P(c_{ij} | B_i) = P(c_{ij} | B_{ij})$，这样式（2.19）可以转化为

$$\sum_{i=1}^{n_1} \sum_{j=1}^{n_2} \sum_{c_{1i}, c_{2j}} k_x(x_{1i}, x_{2j}) k_c(x_{1i}, x_{2j}) P(c_{1i} | B_{1i}) P(c_{2j} | B_{2j}) \qquad (2.20)$$

如果考虑隐藏变量就是样本的标签，标签间的核可以定义为

$$k_c(c_{1i}, c_{2j}) = I(c_{1i} = c_{2j}) \tag{2.21}$$

把式(2.21)代入式(2.20),可得

$$k(B_1, B_2) = \sum_{i=1}^{n_1} \sum_{j=1}^{n_2} P(c_{1i} = 1 \mid B_{1i}) P(c_{2j} = 1 \mid B_{2j}) k_x(x_{1i}, x_{2j})$$
$$+ \sum_{i=1}^{n_1} \sum_{j=1}^{n_2} k_x(x_{1i}, x_{2j}) \tag{2.22}$$

式中,$P(c_{ij} \mid B_{ij})$可写为

$$P(c_{ij} \mid B_{ij}) = \sum_h P(h \mid x_{ij}) P(c_{ij} \mid x_{ij}, h) = \sum_h P(h \mid D) P(c_{ij} \mid x_{ij}, h) \tag{2.23}$$

式中,h 是用多样性方法得到的概念点的集合。这里

$$P(c = 1 \mid x_{ij}) = \exp(- \parallel x_{ij} - h \parallel^2)$$
$$P(c = 0 \mid x_{ij}) = 1 - \exp(- \parallel x_{ij} - h \parallel^2) \tag{2.24}$$

2.4.5 半监督的 MIL 算法

在许多机器学习问题中,要获得带有标签的训练样本往往要耗费大量的人力和时间,而获得未标注样本却相对容易。例如,在网页分类问题中,要对所有的网页进行人工分类与标注,通常无法完成,因为大量的没有标注的网页是非常容易获得的,所以需要用比较少的已标注的网页去对这些大量的未标注样本分类。因此,利用未标注的信息去提高分类正确率的半监督学习算法得到广泛的研究与应用[31-33]。目前,半监督学习的理论和方法已经被用到了很多实际问题中。但是,如今的半监督学习方法大部分都是基于单个样本考虑的,而在多示例学习问题中,标签往往赋给整个包,而不是包中的单个示例。

Rahmani 和 Goldman[34]把基于图的半监督学习和多示例学习相结合,首先提出了一种基于图的半监督多示例学习方法——MISSL 算法。基于图的方法首先需要建立一个基于样本或基于包的相似性矩阵,然后在这个矩阵上做特征值分解,在 MIL 问题中,其最大难度在于如何计算包与包之间的相似性,如果直接把两个包内示例之间的相似性权重两两相加,这将不切实际,因为并不知道正包内样本的标签。例如,如果有两幅图像,分别是一匹马和一头象都站在草原上,如果只简单地把这两幅图像内样本间的相似权重两两相加,由于存在草原这样一个共同的背景,这两幅图像的相似度会非常高,而用户所感兴趣的两种不同动物则被忽略。

针对上述问题,Rahmani 等对每个包引入了“能量”的概念,认为用半监督学习方法,当标签开始传递的时候,只有正包和自身能量比较大的未标注包可以传递能量,而负包不能传递能量。对每个正包和未标注包,都应当去计算它的能量函数,而对于负包,能量函数为零。能量函数实际上度量的是某一个样本为正样本的

概率,本质上相当于多样性密度算法的一个扩展,但它和多样性密度算法不同,因为它不需要去解决寻找概念点的优化问题,所以不像多样性密度算法那样耗时。具体来说,多样性密度算法需要找到一个像正样本概率最大的概念点,也就是最大化下面的目标函数:

$$\arg_p DD(p,L) = \arg_p \Pr(p|L) = \arg_p \Pr(L|p)\Pr(p)/\Pr(L) \tag{2.25}$$

同理,一个示例是真正的正示例的概率也可以按照式(2.25)来定义,去掉式(2.25)中的常数项。样本点的能量函数定义为

$$E(p) = [DD'(p,L)DD'_{\text{best}}]^{\gamma} \tag{2.26}$$

式中

$$DD'(p,L) = \Pr(L \mid p) = \prod_{i=1}^{|L|} \Pr((x_i,y_i) \mid p)$$

$$\Pr((x_i,y_i) \mid p) = \max\{1 - \mid y_i - l_p(x_i \mid y_j)\mid\} \tag{2.27}$$

$$DD'_{\text{best}} = \max_{p \in P} DD'(p,L)$$

式中,γ 相当于一个反映目标对象在整幅图像中所占比例大小的先验信息。如果目标物体占整幅图像比例较大,那么 γ 取值较小;反之,γ 取值较大。这样,示例之间的权重可以定义为

$$w_p(p_i,p_j) = \frac{1}{2}[E(p_i) + E(p_j)]\exp(-\text{dist}(p_i,p_j)/\delta^2) \tag{2.28}$$

可以看到,这个权重定义的表达式同时考虑了样本间在特征空间中的相似性以及样本之间的能量函数。最后图是定义在包的层面上的(没有定义在示例的层面上是出于算法运算量的考虑),并且包和包之间的权重由式(2.29)定义(仅考虑正包和未标注包):

$$w_B(u,v) = \sum_{p_i \in u, p_j \in v} w_p(p_i,p_j) \tag{2.29}$$

最后,添加两个虚的负节点来完成标签传递,负节点和所有未标注包之间连接的权重选为

$$\varepsilon = \max_{u \in U, v \in L^+ w_B} w_B(x_u,x_v) \tag{2.30}$$

本质上,这相当于在包和包之间定义了一种新的核,可写为

$$\sum_{i=1}^{n_1} \sum_{j=1}^{n_2} \frac{DD(B_{1i}) + DD(B_{2j})}{2} k(B_{1i},B_{2j}) \tag{2.31}$$

显然,式(2.31)的定义方法和式(2.22)的定义非常相近。

2.4.6　其他的多示例学习算法

张敏灵和周志华[35]通过设计一个新颖的多示例误差函数(multi-instance error function),成功地把人工神经网络应用于 MIL,设计了多示例神经网络 BP-MIP 算法;Mason 等[36]从梯度下降的观点出发,提出了基于 Boosting 的多示例学习算法;Ruffo[37]扩展了 C4.5 决断树,构造了多示例版本 Relic 算法;Chevaleyre 和 Zucker[38]构造了 ID3-MI 和 RIPPER-MI 算法,它们分别是 ID3 和 RIPPER 版本的多示例算法,并进一步构造了 NAVIVE-RIPPER-MI 和 RIPPER-MI-RE-FINDED-COV 等算法[39]。除此之外,其他的还有基于概念学习的 MIL 算法[40]、基于流形的算法[41]和基于集成学习(ensemble learning)的 MIL 算法[42]等。这些方法都大同小异,其基本的想法都是用已有的机器学习方法去解决多示例的问题,具体请参阅综述文献[43]。半监督的 MIL 算法还有 Zhou 和 Xu[44]提出的miss-SVM 算法以及 Wang 等[45]提出的 GMIL 算法等。

2.5 多示例学习的应用领域

现实中很多的学习分类问题非常适合用 MIL 模型进行描述,近十年以来,MIL 得到了广大学者的广泛研究,不但在理论上取得了较大的突破,除了应用于制药业中的药物分子活性预测,而且还成功地应用到其他领域,以下将对这些应用领域进行简单介绍[9,10]。

2.5.1 基于内容的图像检索

若把整个图像当做一个包,图像的分割区域当做包中的示例,则基于内容的图像检索(CBIR)可以用 MIL 来实现。传统的 CBIR 方法通常是提取图像的全局底层特征(如颜色、纹理、形状等),然后根据用户提供的样例图像与图像数据库所有图像的相似性,来自动地检索用户想要获得的图像。尽管有相当多的工作试图设计更好的底层特征,以提高图像检索的精度,但因为用户往往只是关心图像中的某个区域,而非整个图像,所以 CBIR 仍然不能很好地获得用户满意的检索结果。如果把图像当做包,图像的局部区域当做包中的示例,当某图像包含用户感兴趣的对象时,则该图像所对应的包被标为正包,否则标为负包,这样就可以用 MIL 算法来解决图像检索问题。特别是在基于对象的图像检索问题中,系统认为用户感兴趣的只是图像中的某个对象(object),而非整幅图像。MIL 系统通过对用户提供的正图像与负图像的学习,能正确地理解用户所需要查询的语义。

2.5.2 目标识别

对指纹、车牌、人脸与邮政编码等目标的识别,近年来得到了广泛的应用。在传统的目标识别系统中,均采用有监督的学习方法(如神经网络与 SVM 等)来训练分类器,这种方式存在两个问题:第一,识别准确率不高,并且时间复杂度也很高;第二,使用有监督的机器学习方法去进行目标检测,首先要收集训练样本,这个过程需要手工在图像中标定物体的大小和位置,然后才能剪下相应的区域作为正的训练样本,这是一件非常费时费力的工作,并且还容易产生主观偏差。例如,在车牌的数字识别中,很难给出某个像素是否属于数字"3",而这种不确定性往往都会导致比较高的错误率。如果用 MIL 的方法,就可以比较容易地解决目标识别中的这个问题。由于在 MIL 问题中,标签是标给整个图像的,只要知道某图像是否存在该物体,若存在,则标为正包,否则标为负包,而不必去标定物件的大小与具体位置,这样就可以大大降低训练样本手工标注的难度。文献[46]提出了一种用 MIL 方法求解人脸识别的例子,试验发现 MIL 算法不但可以准确地找到人脸的位置,而且还不需要很精确地手工标注训练样本。

2.5.3　医疗图像辅助识别

在过去的十年中,计算机辅助诊断(CAD)已经从单纯的学术研究转向了商业化的实际应用系统中,如医疗图像辅助识别系统。这些辅助系统可以帮助医生对患者的 CT 或 X 光照片进行诊断,以减轻医生的工作量,这些应用方向给图像分析与目标检测等领域提出了更高的挑战。如果要用计算机对 CT 图像中病变组织进行检测,在分类器训练时,由于对训练图像进行标注的是医生,而不是计算机专家。通常情况下,因为医生对一张 CT 图片往往只会对其中的病变区域进行很粗糙的标注,标出来的区域里可能既有正常的组织,也有病变的组织,所以很难满足人们对数据分析的需要,这就使得机器学习中的训练图像因噪声比较大而性能很差。如果将整个标注出来的病变区域当做正包,其分割后的每个小区域当做正包中的示例,对于正常的 CT 图像区域当做负包,每个分割小区域当做负包中的示例。这样,可以用 MIL 的方法去解决这个问题,这么做的分类效果往往比传统的学习方法更好[47,48]。

2.5.4　文本分类

以往的文本分类方法都是通过对单个文本提取词频,得到一个词频向量来进行处理。因为不同的文章可以看成不同的相互交叉的章节组成的集合,所以,文本分类更适合看成一个 MIL 的问题,即在 MIL 框架中,整个文档被看成一个包,而文档中的段落或章节被看成包中的示例,如果某个文档包含人们感兴趣的内容,则对应的包标为正包,否则标为负包,这样文本分类问题就转化为 MIL 问题。并且,某个文档和某个主题相关并不意味着这个文章中的所有段节都和该主题相关,所以就需要把这些段落分开考虑,从这个角度来看,MIL 也非常适合处理此类问题。

2.5.5　股票预测

在股票交易市场,股票的价格要么上涨,要么下跌,呈现出一定的周期性或规律性。通常情况下,部分股票的上涨是由其对应公司一些比较稳定的因素造成的,也有一些仅仅是由周期性的波动造成的,股票行情预测往往只对前者感兴趣。如果要用 MIL 的方法预测股票,可以分别选取一些涨势比较好的股票,将它们组织成正包,并且希望每个正包中至少存在一只股票,其上涨是因为其对应公司某个稳定因素造成的。同时,也分别选择一些涨势差或下跌的股票组织成负包。这样,通过数月的记录,可以得到一些用于 MIL 训练的正包和负包,从而把对股票的选择问题转化为一个 MIL 问题[49]。

除了上述应用领域,MIL 还应用于 TrX 蛋白质识别、气溶胶光学厚度的测量[50]、网页推荐[51,52]、移动机器人进化导航[53]与运动目标跟踪等领域。

2.6　MIL 标准测试数据集

自从 Maron 和 Ratan[14]将 MIL 用于图像分类问题之后,很多面向图像语义分析的 MIL 算法被提出,为了评估各种算法的性能,常用的测试数据集如下。

2.6.1　Musk 数据集

Dieterich 等[2]在药物活性预测工作中建立了 Musk 数据集(http://www1. cs. columbia. edu/~andrews/mil/datasets. html)。该数据集是从实际的麝香分子数据中生成的,包括 Musk1 和 Musk2 两个子集,它们成为衡量 MIL 算法性能好坏的标准测试集,相关细节信息如表 2.1 所示。从数据对比可见,对 Musk2 的学习难度远大于 Musk1。

表 2.1　Musk 数据集的相关细节信息

数据集	Musk1	Musk2
正包数量	47	39
负包数量	45	63
包中最少示例数	2	1
包中最多示例数	40	1044
包中平均示例数	5.2	64.7
总示例数	476	6598

2.6.2　Corel 2k 数据集

Chen 和 Wang[21]在用 MIL 进行图像分类时,建立了 Corel 2k 图像集,且成为基于 MIL 的图像检索或分类算法的标准测试集。该数据集从 Corel 图像库选取 20 类图像,即 Africa、Beach、Building、Buses、Dinosaurs、Elephants、Flowers、Horses、Mountains、Food、Dogs、Lizards、Fashion models、Sunset scenes、Cars、Waterfalls、Antique furniture、Battle ships、Skiing 和 Desserts,每一类包含 100 幅彩色图像,共 2000 幅图像。试验过程中,称前 10 类的 1000 幅图像为"Corel 1k 库",整个 2000 幅图像为"Corel 2k 库"。

在该图像集中,每幅图像采用改进的 k-Means 方法预分割成多个区域,且每个区域的颜色、纹理与形状特征已经被提取出来,得到一个九维的特征向量,特征的提取方法细节可参阅文献[21],并且所有图像与特征数据集也可直接从 http://cs.olemiss.edu/~ychen/ddsvm.html 下载。

2.6.3　SIVAL 数据集

Rahmani 等[54]在进行基于区域的图像检索时,构造了 SIVAL(spatially independent,variable area,and lighting)数据集,主要用基于半监督 MIL 算法的对比试验。该图像集是一个人为设计的对象图像检索标准测试集,包含 25 类不同对象,每类 60 幅图像,分别放置在 10 种不同场景中,且放置位置和光照条件分为 6 种不同情况,如此构成一个 1500 幅图像的数据库。并且每幅图像被预先分割成约 30 个区域,每个区域 30 维的颜色、纹理和近邻的底层视觉特征也被提取出来,细节请参阅文献[54],所有图像与数据可直接从 http://www.cs.wustl.edu/accio 下载。

除上述主要测试集,还有来自 Corel 的五种场景(waterfalls、fields、mountains、sunsets 和 lakes)[14]、三种动物(elephant、fox 和 tiger)[19]图像集,以及 Zhou 和 Zhang[55]建立的 2000 幅多示例多标签图像集(分 20 类,每类 100 幅)等。

2.7　本 章 小 结

本章以图像语义分析为应用背景,对机器学习领域中具有代表性的 MIL 算法进行了比较全面的综述,并分析了各类 MIL 算法的主要特点。MIL 框架的提出,不但丰富了机器学习的相关理论,而且很多实际应用问题非常适于采用 MIL 求解,具有广阔的应用前景。近年来,很多学者致力于此方面的研究工作,发表了很多研究成果,其中尚待进一步研究的问题如下。

(1) 探索包内示例数目对分类性能的影响问题。例如,Musk2 较之 Musk1 数据集,包中示例的数量差别更大,而试验结果表明[2],在 Musk1 数据集上预测精度稍高一些。那么,包中示例的数量对 MIL 算法的性能有什么样的影响呢? 该问题值得进行进一步的研究。

(2) 探索正示例数量的不平衡问题。根据标准 MIL 模型,即当一个包标为正包时,其中至少包含一个真正的正示例。对于 MIL 算法,因为事先并不能知道正包中正示例的个数,通常当正包中真正为正的示例个数太少时,会影响预测精度。因此,MIL 中数据的不平衡性对算法性能的影响程度值得进一步研究。

(3) 探索多示例多标签学习问题。多示例多标签的概念是 Zhou 和 Zhang[55]首次提出的,因为在很多实际问题中,如图像检索,每幅图像的不同局部区域可能对应不同的语义概念,即每幅图像可能对应着多个不同的语义标签。虽然 Zhou 等提出了多种多示例多标签学习算法[56-58],但其中研究的空间还很大。

(4) 探索 MIL 中的特征选择和降维问题。在机器学习中,特征选择和降维是一个重点研究内容,其往往对算法的性能影响较大。但是,对于 MIL,如何进行特征选择和降维仍没有系统深入的研究,考虑特征选择和降维对 MIL 的影响,是一个很有意义的研究方向[59]。

(5) 探索新的 MIL 应用领域问题。最初,MIL 主要用于分子活性预测、图像分类、图像检索、对象检测、文本分析、网页推荐与股票预测等[43],最近,MIL 应用于运动目标跟踪[60,61]与异常行为检测[62]等领域,因此,探索新的 MIL 应用领域将具有十分重要的意义。

参 考 文 献

[1] 龚慧超. 基于多示例学习的图像内容过滤算法研究[D]. 南京:南京理工大学硕士学位论文,2008

[2] Dietterich T G, Lathrop R H, Lozano-Pérez T. Solving the multiple instance problem with axis-parallel rectangles[J]. Artificial Intelligence,1997,89(12):31-71

[3] 杨志武. 多示例学习算法研究[D]. 郑州:郑州大学硕士学位论文,2007

[4] Zhou Z H, Zhang M L. Solving multi-instance problems with classifier ensemble based on constructive clustering[J]. Knowledge and Information Systems,2007,11(2):155-170

[5] EL-Manzalawy Y, Honavar V. MICCLLR:multiple-instance learning using class conditional log likelihood ratio[J]. Discovery Science,2009,58(8):80-91

[6] Li W J, Yeung D Y. Localized content-based image retrieval through evidence region identification[C]. 2009 IEEE Conference on Computer Vision and Pattern recognition. Miami:IEEE Press,2009:1666-1673

[7] 王春燕. 基于多示例学习的图像检索方法研究[D]. 北京:北京林业大学硕士学位论文,2010

[8] 李大湘,赵小强,李娜. 图像语义分析的 MIL 算法综述[J]. 控制与决策,2013,28(4):481-488

[9] 黄波. 基于支持向量机的多示例学习研究与应用[D]. 武汉：中国地质大学硕士学位论文，2009

[10] 徐磊. 多样性密度学习算法的研究与应用[D]. 哈尔滨：哈尔滨工业大学硕士学位论文，2008

[11] Foulds J, Frank E. A review of multi-instance learning assumptions[J]. The Knowledge Engineering Review, 2010, 25(1): 1-25

[12] Weidmann N. Two-Level Classification for Generalized Multi-Instance Data[D]. Freiburg: Albert Ludwigs University of Freiburg Master's thesis, 2003

[13] Friedman J H, Stuetzle W. Projection pursuit regression[J]. Journal of the American Statistical Association, 1981, 76(376): 817-822

[14] Maron O, Ratan A L. Multiple-instance learning for natural scene classification[C]. Proceedings of the 15th International Conference on Machine Learning. Madison, WI: ACM Press, 1998: 341-349

[15] Zhang Q, Goldman S. EM-DD: an improved multiple instance learning technique[C]. Advances in Neural Information Processing Systems. Vancouver, British Columbia: MIT Press, 2001: 1073-1080

[16] Dempster A P, Laird N M, Rubin D B. Maximum likehood form incomplete data via the EM algorithm[J]. Journal of the Royal Statistics Society, Series B, 1997, 39(1): 1-38

[17] Wang J, Zucker J D. Solving the multiple-instance problem: a lazy learning approach[C]. Proceedings of the 17th International Conference on Machine Learning. San Francisco: IEEE Press, 2000: 1119-1125

[18] Chang C C, Lin C J. LIBSVM: a Library for Support Vector Machines[EB/OL]. http://www.csie.ntu.edu.tw/~cjlin/libsvm/[2001-01-05]

[19] Andrews S, Hofmann T, Tsochantaridis I. Multiple instance learning with generalized support vector machines[C]. Proceedings of the 18th National Conference on Artificial Intelligence. Edmonton: IEEE Press, 2002: 943-944

[20] Gehler P V, Chapelle O. Deterministic annealing for multiple-instance learning[C]. Proceedings of the 11th International Conference on Artificial Intelligence and Statistics (AISTATS 2007). San Juan, Puerto Rico: ACM Press, 2007: 123-130

[21] Chen Y X, Wang J Z. Image categorization by learning and reasoning with regions[J]. Journal of Machine Learning Research, 2004, 5(8): 913-939

[22] Chen Y X, Bi J B, Wang J Z. MILES: multiple-instance learning via embedded instance selection[J]. IEEE Transactions on Pattern Analysis and Machine Intelligence, 2006, 28(12): 1931-1947

[23] Aya A W. Extracting semantic information through illumination classification[C]. Proceedings of the 2004 IEEE Computer Society Conference on Computer Vision and Pattern Recognition (CVPR 2004). Washington DC: IEEE Press, 2004: 269-274

[24] Foulds J. Learning Instance Weights in Multi-Instance Learning[D]. Waikato: University of

Waikato Master's thesis,2008

[25] Zhang M L,Zhou Z H. Multi-instance clustering with applications to multi-instance prediction[J]. Applied Intelligence,2009,31(1):47-68

[26] Weidmann N,Frank E,Pfahringer B. A two-level learning method for generalized multi-instance problems[C]. Proceedings of the 14th European Conference on Machine Learning,2003:468-479

[27] EL-Manzalawy Y,Honavar V. MICCLLR:multiple-instance learning using class conditional log likelihood ratio[J]. Discovery Science,2009,58(8):80-91

[28] Li W J,Yeung D Y. Localized content-based image retrieval through evidence region identification[C]. 2009 IEEE Conference on Computer Vision and Pattern recognition. Miami:IEEE Press,2009:1666-1673

[29] Gartner T,Flach P A,Kowalczyk A,et al. Multi-instance kernels[C]. Proceedings of the 19th International Conference on Machine Learning. Sydney:IEEE Press,2002:179-186

[30] Kwok J T,Cheung P M. Marginalized multi-instance kernels[C]. Proceedings of the 20th International Joint Conference on Artificial Intelligence. Hydrabad:IEEE Press,2007:901-906

[31] Comite F D,François D,Gilleron R. Positive and unlabeled examples help learning[C]. Proceedings of the 10th International Conference on Algorithmic Learning Theory. Tokyo:IEEE Press,1999:219-230

[32] Letouzey F,François D,Gilleron R. Learning from positive and unlabeled examples[C]. Proceedings of the 11th International Conference on Algorithmic Learning Theory. Sydney:IEEE Press,2000:71-85

[33] Lee W S,Liu B. Learning with positive and unlabeled examples using weighted logistic regression[C]. Proceedings of the Twentieth International Conference on Machine Learning. Washington DC:IEEE Press,2003:21-24

[34] Rahmani R,Goldman S A. MISSL:multiple-instance semi-supervised learning[C]. Proceedings of the 23rd International Conference on Machine Learning. Pittsburgh,Pennsylvania:Carnegie Mellon University Press,2006:705-712

[35] 张敏灵,周志华. 基于神经网络的多示例回归算法[J]. 软件学报,2003,14(7):1238-1242

[36] Mason L,Baxter J,Bartlett P,et al. Boosting algorithms as gradient descent in function space[C]. Proceedings of Advances in Neural Information Processing Systems. Denver Mariott:IEEE Press,1999:132-138

[37] Ruffo G. Learning Single and Multiple Instance Decision Tree for Computer Security Applications[D]. Torino:University of Turin PhD thesis,2000

[38] Chevaleyre Y,Zucker J D. Solving multiple-instance and multiple-part learning problems with decision trees and decision rules:application to the mutagenesis problem[C]. Lecture Notes in Artificial Intelligence. Berlin:Springer Press,2001:204-214

[39] Chevaleyre Y,Bredeche N,Zucker J D. Learning rules from multiple instance data:issues

and algorithms[C]. The 9th International Conference on Information Processing and Management of Uncertainty in Knowledge2based Systems. Annecy:IEEE Press,2002:117-124

[40] Chevaleyre Y,Zucker J. A framework for learning rules from multiple instance data[C]. Proceedings of the 12th European Conference on Machine Learning. Freiburg:IEEE Press, 2001:49-60

[41] 詹德川,周志华. 基于流形学习的多示例回归算法[J]. 计算机学报,2006,29(11): 1948-1955

[42] Zhou Z H,Zhang M L. Ensembles of multi-instance learners[C]. Proceedings of the 14th European Conference on Machine Learning. Berlin:Springer Press,2003:492-502

[43] 蔡自兴,李枚毅. 多示例学习及其研究现状[J]. 控制与决策,2004,19(6):607-611

[44] Zhou Z H,Xu J M. On the relation between multi-instance learning and semi-supervised learning[C]. Proceedings of the 24th ICML. Corvalis:IEEE Press,2007:1167-1174

[45] Wang C H,Zhang L,Zhang H J. Graph-based multiple-instance learning for object-based image retrieval[C]. Proceeding of the 1st ACM International Conference on Multimedia Information Retrieval. Vancouver,British Columbia:ACM Press,2008:156-163

[46] Viola P,Platt J,Zhang C. Multiple instance boosting for object detection[C]. Proceedings of Advances in Neural Information Processing Systems. Cambridge:MIT Press, 2005: 1419-1426

[47] Bi J,Liang J. Multiple instance learning of pulmonary embolism detection with geodesic distance along vascular structure[C]. Proceedings of IEEE Computer Society Conference on Computer Vision and Pattern Recognition. Minneapolis:IEEE Press,2007:1342-1347

[48] Liang J,Bi J. Computer aided detection of pulmonary embolism with tobogganing and multiple instance classification in CT pulmonary angiography[C]. Proceedings of the 20th International Conference on Information Processing in Medical Imaging (IPMI'07). Kerkrade: IEEE Press,2007:630-641

[49] Maron O,Lozano-Prez T. A framework for multiple-instance learning[C]. Proceedings of Advances in Neural Information Processing Systems. Cambridge:MIT Press,1998:570-576

[50] Wang Z,Radosavljevic V,Han B,et al. Aerosol optical depth prediction from satellite observations by multiple instance regression[C]. Proceedings of SIAM Conference on Data Mining 2008. Atlanta:ACM Press,2008:256-262

[51] 薛晓冰,韩洁凌,姜远,等. 基于多示例学习技术的 Web 目录页面链接推荐[J]. 计算机研究与发展,2007,44(3):406-411

[52] 黎铭,薛晓冰,周志华. 基于多示例学习的中文 Web 目录页面推荐[J]. 软件学报,2004, 15(9):1328-1335

[53] 李枚毅. 基于免疫机制和多示例学习的移动机器人进化导航研究[D]. 长沙:中南大学博士学位论文,2005

[54] Rahmani R,Goldman S A,Zhang H,et al. Localized content-based image retrieval[C]. Proceedings of ACM Workshop on Multimedia Image Retrieval,2005:227-236

[55] Zhou Z H, Zhang M L. Multi-instance multi-label learning with application to scene classification[C]. Advances in Neural Information Processing Systems 19(NIPS'06). Cambridge: MIT Press, 2007: 1609-1616

[56] Wang W, Zhou Z H. Learnability of multi-instance multi-label learning[J]. Chinese Science Bulletin, 2012, 57(19): 2488-2491

[57] Zhou Z H, Zhang M L, Huang S J, et al. Multi-instance multi-label learning[J]. Artificial Intelligence, 2012, 176(1): 2291-2320

[58] Li Y X, Ji S, Kumar S, et al. Drosophila gene expression pattern annotation through multi-instance multi-label learning[J]. IEEE Transactions on Computational Biology and Bioinformatics, 2012, 9(1): 98-112

[59] Amelia Z, Mykola P, Sebastián V. HyDR-MI: a hybrid algorithm to reduce dimensionality in multiple instance learning[J]. Information Sciences, 2011, 24(6): 1-20

[60] 周秋红. 基于多示例学习的运动目标跟踪算法研究[D]. 大连: 大连理工大学硕士学位论文, 2011

[61] Ali S. Human action recognition in videos using kinematic features and multiple instance learning[J]. IEEE Transactions on Pattern Analysis and Machine Intelligence, 2010, 32(2): 281-303

[62] 崔永艳. 基于多示例学习的异常行为检测方法研究[D]. 南京: 南京大学硕士学位论文, 2011

第3章 基于推土机距离的惰性多示例学习算法及应用

本章在 MIL 框架下进行场景图像语义分类或检索问题分析。首先,图像被当做多示例包,再根据图像的颜色复杂度,设计自适应 JESG 图像分割方法,对图像进行自动分割,并提取每个分割区域的颜色-纹理特征,当做包中的示例,将图像检索或分类问题转化成 MIL 问题[1];然后,对推土机距离(EMD)[2]提出两种改进方案,用来度量不同多示例包(图像)之间的相似距离,设计新的惰性 MIL 算法,分别用于场景图像检索和分类试验。基于 Corel 图像库的对比试验结果表明,本章设计的多示例构造方法与 MIL 算法都是有效的,且精度与效率高于其他方法。

3.1 引　言

随着图像数量的剧增,仅凭人工从海量的图像库中检索感兴趣图像将不切实际,因此,利用图像的颜色、纹理和形状等底层视觉特征的基于内容的图像检索(CBIR)方法得到迅速发展[3]。然而,人在判断两幅图像的相似性时,往往并不完全依赖"视觉相似",而是"语义相似",即是不是包含相同的目标对象或场景类型。为了克服"语义鸿沟"问题,很多基于高层语义的图像检索方法被提出,并取得了各种不同的检索效果[4]。

根据场景语义,将图像分配到各自所属的语义类别之中,即可实现图像的有效管理,又能方便今后的图像检索。场景语义往往由一个或多个区域语义组合而成,例如,海滩(beach)场景,一般都包含天空(sky)、海水(sea)与沙滩(sands)等主要区域。如果将图像当做包(即场景语义),分割区域的底层视觉特征(即区域语义)当做包中的示例。这样,场景语义概念就可以通过 MIL 来获得,以实现场景语义图像分类与检索。

1997 年,Dietterich 等[5]通过在药物活性预测(drug activity prediction)问题方面的研究工作首先正式提出了 MIL 的概念。在 MIL 中,每个训练包包含多个示例,示例没有概念标记,但包有概念标记,若包中至少有一个示例是正例,则该包被标记为正;若包中所有示例都是反例,则该包被标记为负。学习系统通过对多个包所组成的训练集进行学习,以尽可能正确地预测训练集之外的包的概念标记。由于 MIL 具有广阔的应用前景和独特的性质且属于以往机器学习研究的一个盲区,因此在国际机器学习界引起了极大的重视,被认为是与有监督学习、非监督学习和强化学习并列的第四种学习框架,且广泛地应用于图像检索、文本分类、数据挖掘、股票市场预测与网页推荐等领域。

Maron 和 Ratan[6]将整幅图像当做一个包,从图像中取样出的小色块当做包中的示例,如果用户对该图像中的某个部分(如瀑布、山峦或田野等)感兴趣,则对应的包被标记为正包,否则标记为负包,首次将 MIL 用于自然图像的场景分类问题,并尝试了 7 种不同的示例构造方法,发现示例构造方式对系统性能有显著影响。之后,Dai 等[7]与 Peng 等[8]也将 MIL 用于图像检索问题,且分别提出了 Img-Bag 与 SuperBag 两种不同的示例构造方法,试验结果显示,ImgBag 方法不如 Maron 的 SBN 方法,而 SuperBag 方法优于 SBN 方法。并且 Maron 与 Dai 等均采用多样性密度 MIL 算法,训练时间开销太大,难以满足实际应用要求。

综上所述,要在 MIL 的框架下进行图像分类或检索,存在下列两个值得研究的关键问题:①探索新的多示例构造方法;②改进 MIL 算法,提高分类精度与训练效率。针对第一个问题,本章提出一种新的多示例构造方法,即 AJSEG 方法,即采用自适应 JSEG 方法,把图像分割成不同区域,再提取每个区域的颜色和纹理特征,当做包中的示例;针对第二个问题,在 Citation-kNN 方法[9]的基础上,对推土机距离[2]进行改进,设计了两种新的惰性 MIL 算法。基于 Corel 图像库的对比试验结果表明,与同类方法相比,训练效率与分类精度得到提高。

3.2　多示例包的构造方法

3.2.1　JSEG 图像分割

JSEG 是 Deng 和 Manjunath[10]提出的一种无监督彩色图像分割方法,该方法考虑图像的颜色与空间分布信息,对静态图像与视频图像都具有鲁棒的分割效果。主要分割过程分为三个步骤:①颜色量化;②空间分割;③区域合并。其主要创新点是通过引入一个新分割准则,即通过最小化分割代价,而建立 J 图像的概念。

首先,对图像的颜色进行量化处理,设 Z 表示量化后的类图,其中 $z_i=(x_i,y_i)\in Z$,(x_i,y_i) 表示像素的位置信息,m 是均值,即

$$m=\frac{1}{N}\sum_{z\in Z}z \tag{3.1}$$

将 Z 分成 C 类 $Z_i(i=1,2,\cdots,C)$,m_i 为 Z_i 类中 N_i 个数据点的均值,即

$$m_i=\frac{1}{N_i}\sum_{z\in Z_i}z \tag{3.2}$$

那么,J 的定义为

$$J=\frac{S_B}{S_W}=\frac{S_T-S_W}{S_W} \tag{3.3}$$

式中

$$S_T = \sum_{z \in Z} \| z - m \|^2, \quad S_W = \sum_{i=1}^{C} S_i = \sum_{i=1}^{C} \sum_{z \in Z_i} \| z - m_i \|^2 \tag{3.4}$$

以每个像素为中心,取局部窗计算对应的 J 值,表示图像的局部相似程度,这样得到一幅由 J 值构成的图像,称为"J 图像"。J 值越大,这个像素靠近区域边界的可能性越大,反之越小。在不同的尺度下,构建 J 图像,进行种子区域生长与合并,从而获得分割结果。具体思想与步骤请参阅文献[10]。

3.2.2　自适应 JSEG 图像分割

在 JSEG 图像分割过程中,有如下三个重要参数:

(1) 颜色量化阈值,即用矢量量化(VQ)方法对颜色进行量化时,不同颜色聚类质心之间的最小距离应满足一定的阈值;

(2) 窗口(尺度)大小,即计算 J 值时,局部窗口的大小;

(3) 区域合并颜色相似性阈值。

在 Deng 的试验中,均采用固定的参数,虽然取得了理想的分割效果,但因为图像的多样性,固定的阈值常导致过分割或欠分割等问题。

本章定义颜色复杂度 C,用于第一个和第三个参数的自动调整[11],第二个参数根据图像大小自动选择[10],提出自适应 JSEG 图像分割方法:

$$C = \mathrm{sqrt}\left(\frac{1}{N} \sum_{i=1}^{i=N} \| x_i - \bar{x} \|_2 \right) \tag{3.5}$$

式中,x_i 表示第 i 个像素的 HSV 颜色(其中 $H \in [0,1]$,$V \in [0,1]$;$S \in [0,1]$;$\bar{x}$ 代表图像内的颜色均值向量;N 表示图像的总像素数。

颜色变化越剧烈的图像,其颜色复杂度 C 也将越大,颜色量化阈值 T_Q 与颜色相似合并阈值 T_M 希望大一些;反之,希望小一些。本书定义它们之间的关系为

$$T_Q = \alpha \cdot C, \quad T_M = \beta \cdot C \tag{3.6}$$

式中,α, β 是控制参数。

控制参数 α, β 的确定方法:设图像库中共有 N 幅图像,先计算所有图像的颜色复杂度 $C_i (i = 1, 2, \cdots, N)$,令 $\bar{C} = \sum_{i=1}^{N} C_i$ 为复杂度的均值,若打算将量化阈值 T_Q 控制在常数 a 附近,则 $\alpha = a / \bar{C}$;若打算将颜色相似合并阈值 T_M 控制在常数 b 附近,则 $\beta = b / \bar{C}$。最后,对自适应得到的 T_Q, T_M 值,限制到一个区间内,即保证它们不要超出有效范围。

在 Corel 1000 幅试验图像集中,得到 $\bar{C} = 0.3841$,试验中,取 $a = 0.3, b = 0.2$,则 $\alpha = 0.3/0.3841, \beta = 0.2/0.3841$。若 $T_Q < 0.05$,则 $T_Q = 0.05$;若 $T_Q > 0.5$,则 $T_Q = 0.5$;若 $T_M < 0.1$,则 $T_M = 0.1$;若 $T_M > 0.3$,则 $T_M = 0.3$。这样,T_Q 在区间 $[0.05, 0.5]$ 自适应,T_M 在区间 $[0.1, 0.3]$ 自适应,部分图像对比分割结果如图 3.1

所示。

(a) 海滩图像1　　　　　(b) 海滩图像2　　　　　(c) 建筑物图像

图 3.1　部分图像分割结果对比[11]

3.2.3　构造多示例包（特征提取）

针对分割区域的不规则性,提取 16 维的 HSV 颜色直方图与 16 维的灰度共生纹理特征。在 HSV 颜色空间($H\in[0,360],V\in[0,1],S\in[0,1]$),进行非均匀量化。

(1) 黑色:对于 $V<0.1$ 的颜色认为是黑色。

(2) 白色:对于 $S<0.1$ 且 $V>0.9$ 的颜色认为是白色。

(3) 彩色:把位于黑色与白色区域之外的颜色依色度(hue)的不同,划分为赤、橙、黄、绿、青、兰、紫等 7 种彩色,门限分别为 $[20,45,75,165,200,270,330]$;以 0.6 为分界点,将饱和度(saturation)分成两级。

计算 $(1,0),(1,1),(0,1)$ 与 $(-1,1)$ 方向的灰度共生矩阵,分别计算它们的能量、对比度、熵和逆差矩,作为区域的纹理特征。

通过上述的图像分割与特征提取,然后再将每幅图像当做一个包,分割区域的颜色-纹理特征当做包中的示例,若用户对某图像感兴趣,则该图像对应的包标为正包,否则标为负包,这样,图像检索问题则转化成 MIL 问题[11]。

3.3　Citation-kNN 算法及其不足

针对轴平行矩形(APR)[5]与多样性密度[6]等 MIL 算法训练效率低的缺陷,Wang 和 Zucker[9]对 k 近邻(kNN)方法进行扩展,使用最小 Hausdorff 距离来度量多示例包之间的相似距离,提出了两种惰性 MIL 算法,即 Bayesian-kNN 和 Citation-kNN算法,基于 Musk 标准测试集的试验结果表明,后者略优于前者。

通过度量两个包(集合)之间的相似距离,将 kNN 算法应用到包的层次上,是 Citation-kNN[9](简称 CkNN 算法)多示例学习算法的基本思想。该方法使用投票的方式对未知包进行预测,并且为了增加算法预测的鲁棒性,不仅要考虑这个包的 r 近邻(离这个包距离最近的 r 个包)的标记,同时也要考虑将这个包作为 c 近邻的包的标记,然后对投票结果进行统计。设 $A=\{a_1,a_2,\cdots,a_n\}$ 和 $B=\{b_1,b_2,\cdots,b_m\}$ 是两个包,$a_i \in R^d$,$i=1,2,\cdots,n$,$b_j \in R^d$,$j=1,2,\cdots,m$ 为包中的示例,Hausdorff 距离定义为

$$H(A,B)=\max\{h(A,B),h(B,A)\} \tag{3.7}$$

式中,$h(A,B)=\max_{a \in A}\min_{b \in B}\|a-b\|$。由于 Hausdorff 距离对于噪声比较敏感,为了增强距离测量时抵抗噪声的能力,对 Hausdorff 距离进行修正,定义了最小 Hausdorff 距离(称 minHD):

$$\mathrm{minHD}(A,B)=\max\{h_1(A,B),h_1(B,A)\} \tag{3.8}$$

式中,$h_1(A,B)=\min_{a \in A}\min_{b \in B}\|a-b\|$。

Citation-kNN 算法在实际应用中,采用 minHD 距离来度量包之间的相似距离,它作为一种惰性学习算法,没有显式的训练过程,分类效率远高于多样性密度等算法,且便于采用相关反馈的方式,将错分的包加到训练集中,进一步提高分类准确率。

若将 Citation-kNN 方法用于自然图像场景检索或分类问题,其关键在于如何度量两个图像包之间的距离,用 minHD 来度量图像包之间的距离,关键取决于两个包中的个别示例在特征空间的位置,受图像分割精度影响大,对噪声比较敏感,而且不能正确反映图像的整体相似程序。如图 3.2 所示,$\mathrm{minHD}(A,B)=2.31$,$\mathrm{minHD}(A,C)=1.12$,虽然图像 A,C 属于不同场景,但它们的 minHD 小于相同场景图像 A,B 之间的 minHD,这是因为它们都包含非常相似的 sky 区域,minHD 距离主要受这个区域的影响。

(a) 海滩图像1　　　　　　　(b) 海滩图像2　　　　　　　(c) 山脉图像

图 3.2　部分图像示例[11]

3.4　推土机距离

进行自然图像场景分类或检索时,往往利用的是场景语义,场景语义通常都是复合语义,单个图像区域是不能表达的,需要多个相关区域组合在一起才能表达,

所以,场景相同的两幅图像,其主要组成区域应该相似或相同,则要求对应区域之间都具有较大的相似性。而推土机距离[2]能实现图像区域间的多对多最佳匹配,更适合表示图像之间的整体相似性。

设图像 P 被分割成 n 个区域,记作 $P = \{(p_1, w_1), \cdots, (p_m, w_n)\}$,其中 $p_i \in R^d$ 表示第 i 区域的 d 维特征向量,w_i 为该区域的权值;图像 Q 被分割成 m 个区域,记为 $Q = \{(q_1, w_1), \cdots, (q_m, w_m)\}$,其中 $q_j \in R^d$ 是第 j 区域的特征向量,w_j 为对应权值;设 $c_{ij} = \mathrm{sqrt}\left(\sum\limits_{k=1}^{d}(p_{ik} - q_{jk})^2\right)$ 表示特征向量 p_i 与 q_j 之间的欧氏距离,则求解图像 P, Q 之间推土机距离将转化成以下线性优化问题[2,11]:

$$
\begin{cases}
\min & \sum\limits_{i=1}^{n}\sum\limits_{j=1}^{m} c_{ij} f_{ij} \\
\text{s.t.} & f_{ij} \geqslant 0 \\
& \sum\limits_{j=1}^{m} f_{ij} \leqslant w_{p_i} \\
& \sum\limits_{i=1}^{n} f_{ij} = w_{q_j}
\end{cases}
\tag{3.9}
$$

若将 p_i 当做供货者,w_i 为其货物拥有量;q_j 当做消费者,w_j 为其对货物的需求量;c_{ij} 为从供货者 p_i 到消费者 q_j 运输单位货物所需的运输成本。这样,求解推土机距离就转化成古老的运输问题。即通过寻找满足条件的最优流量 $F = [f_{ij}]$,使总体运输成本 $\sum\limits_{i=1}^{n}\sum\limits_{j=1}^{m} f_{ij} c_{ij}$ 达到最小。图像 P 和 Q 之间推土机距离则定义为

$$
\mathrm{EMD}(P, Q) = \frac{\sum\limits_{i=1}^{n}\sum\limits_{j=1}^{m} f_{ij} c_{ij}}{\sum\limits_{i=1}^{n}\sum\limits_{j=1}^{m} f_{ij}}
\tag{3.10}
$$

3.5　基于自适应推土机距离的 MIL 算法与图像检索

本节将对推土机距离进行改进,代替 minHD 用来度量图像之间的相似度,提出了一种新的惰性 MIL 学习方法——AEMD-CkNN 算法[11]。

3.5.1　自适应推土机距离

在图像检索试验中,发现推土机距离存在如下缺陷:如图 3.1 所示,图像 A 和 B 均属于海滩(beaches)场景,包含天空(sky)、海水(sea)和沙滩(sands)等主要相同区域,这些区域之间的相似距离 c_{ij} 通常都比较小。但是,在图像 A 中有树木

(tree)区域,而图像 B 中有建筑物(building)区域,它们之间的相似距离通常都较大,并且树木(tree)和建筑物(building)等区域相对于海滩场景是无关区域,即噪声区域,在计算推土机距离时,希望忽略这些噪声区域,而应该强调场景中的主体区域。因此,本书根据图像区域之间的相似距离,设计了加权函数,对求推土机距离中的 $c_{i,j}$ 进行自适应加权。

$$W(c_{i,j}) = \exp(-\alpha \cdot c_{i,j}) \tag{3.11}$$

式中,α 为尺度参数。该加权函数具有的性质是:当两个图像区域之间的相似距离值越小时,加权系数越大;相似距离越大时,加权系数越小,即相当于忽略了噪声区域,而更注重可信区域。

这样,在式(3.10)的基础上,图像 P 和 Q 之间基于区域相似度加权的自适应推土机距离(adaptive earth movers distance, AEMD)为[11]

$$AEMD(P,Q) = \frac{\sum_{i=1}^{n}\sum_{j=1}^{m} W(c_{i,j}) \cdot f_{i,j} \cdot c_{i,j}}{C \cdot \sum_{i=1}^{n}\sum_{j=1}^{m} f_{i,j}} \tag{3.12}$$

式中,$C = \sum_{i=1}^{n}\sum_{j=1}^{m} w(c_{i,j})$,进行权值归一化,便于比较不同图像之间的相似度。自适应推土机距离具有如下特点:能够根据不同图像区域之间的相似距离来确定权值的大小,自动为可信区域分配较大的权值,从而具有抵抗噪声区域的干扰能力,而且整个过程不需人工参与。

3.5.2　AEMD-CkNN 算法步骤

最后,本节提出的 AEMD-CkNN 多示例学习算法具体步骤如下[11]。

算法 3.1　AEMD-CkNN 算法

输入:测试图像 B,训练图像集 $T = \{(B_1, y_1), \cdots, (B_N, y_N)\}$,其中 $y_i \in \{-1, +1\}$ 是概念标号,$+1$ 与 -1 分别表示用户感兴趣的和不感兴趣的图像,参数 r 和 c。

输出:测试图像包 B 的概念标号。

初始化:$S = \Phi$(空集)。

Step 1:图像分割及特征提取,对 $\forall I_i \in B \bigcup T$,用 3.2 节的 AJSEG 方法对其进行分割,设分割成 n_i 个区域,相应的 MIL 训练包记为 $I_i = \{X_{ij} | j = 1, 2, \cdots, n_i\}$,其中 $X_{ij} \in R^{32}$ 表示分割区域的颜色-纹理特征。

Step 2:在训练集 T 中,根据式(3.12),即改进的推土机距离,选择 B 的 r 近邻,将这 r 个包添加到 S。

Step 3:在训练集 T 中,根据式(3.12),即改进的推土机距离,选择所有将 B 当做自己的 c 近邻的包,将这些包也添加到 S。

Step 4:用 S 中这些图像包的类别标号对 B 进行投票,得票数最多的类别就是对 B 的预测结果。

3.5.3　图像检索试验结果与分析

试验图像集来自 Corel 图像库,其包含 10 类不同的图像,分别是非洲(Africa)、海滩(Beach)、建筑(Building)、公交车(Buses)、恐龙(Dinosaurs)、大象(Elephants)、花(Flowers)、马匹(Horses)、山(Mountains)和食物(Food),每一类包含 100 幅彩色图像。从每类图像中随机选取 40 幅组成潜在的训练集,另外 60 幅作为测试集,采用"查准-查全率"(precision-recall)来衡量检索精度。

试验 1　验证 AJSEG 示例构造方法

分别用 Maron(SBN)[6]、ImgBag[7]、SuperBag[8] 与本书的 AJSEG 四种不同的示例构造方法,采用 EM-DD 多示例学习算法[12]进行对比试验,以验证 AJSEG 方法的有效性。AJSEG 示例的构造方法是:先用 AJSEG 方法对图像进行自动分割(当分割区域小于整幅图像的 5% 时,则不考虑此区域),再提取区域的颜色与纹理特征,构造图像包中的示例。试验均采用 27P27N 的训练方法,例如,要对"Beach"图像进行检索时,则从潜在训练图像集中随机选择 27 幅 Beach 场景图像作为正例图像,另外 9 类场景图像中各随机选择 3 幅作为反例图像,由它们组成训练集。测试集共 600 幅图像,其中 60 幅 Beach 场景图像,540 幅非 Beach 场景图像,在每次检索返回的 600 个结果中,平均"查准-查全率"如表 3.1 所示(图像集随机划分 10 次,构造训练集与测试集,独立地重复进行 10 次试验)。

表 3.1　不同示例构造方法的比较 (27P27N,EM-DD)

图像类别	AJSEG		Maron(SBN)		ImgBag($n=4$)		SuperBag	
	查全率	查准率	查全率	查准率	查全率	查准率	查全率	查准率
非洲	0.701	0.228	0.520	0.136	0.600	0.254	0.600	0.254
海滩	0.480	0.353	0.700	0.280	0.240	0.164	0.540	0.264
建筑物	0.540	0.450	0.240	0.120	0.310	0.110	0.510	0.431
公交车	0.600	0.588	0.440	0.155	0.380	0.181	0.513	0.473
恐龙	0.913	0.420	0.900	0.320	0.885	0.320	0.885	0.320
大象	0.560	0.243	0.380	0.215	0.220	0.234	0.511	0.234
花	0.840	0.500	0.520	0.650	0.850	0.311	0.805	0.416
马匹	0.840	0.531	0.740	0.278	0.740	0.349	0.736	0.349
山	0.680	0.265	0.540	0.301	0.460	0.410	0.660	0.399
食物	0.805	0.370	0.680	0.317	0.660	0.397	0.751	0.307
平均值	0.696	0.395	0.566	0.277	0.534	0.273	0.651	0.344

试验 2　验证 MIL 算法

首先,采用 AJSEG 方法构造多示例包,将 AEMD、EMD 和 minHD 三种不同的距离与 CkNN 方法相结合的算法分别称为 AEMD-CkNN、EMD-CkNN 和 min-HD-CkNN 算法,在试验过程中发现,当式(3.11)中的尺度参数 $\alpha=0.5$,算法 3.1 中的 $r=5,c=4$ 时,整体检索精度较好,因此,后续试验中均采用这些参数进行对比试验。采用 18P18N 的训练方法,具体过程为:从某类图像的潜在训练图像集中随机选择 18 幅图像标为正例图像,另外 9 类场景图像中各随机选择两幅标为反例图像,由它们组成训练集,并且先后两次引入"+5P+5N"的相关反馈技术,即在上次检索有误的结果中,用户选择 5 幅认为最相似的和 5 幅认为最不相似的图像,分别标为正例与反例,加入训练集,重新进行检索。按照上述试验方法,10 幅随机重复试验的平均检索精度如图 3.3 所示,在测试集中,平均检索效率如图 3.4 所示(不包含图像分割与特征提取,CPU 为 AMD4200+,RAM 为 1024MB,MATLAB 2010)。

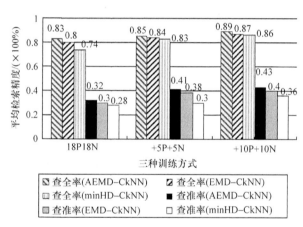

图 3.3　三种学习方法的平均检索精度对比

从试验 1 可以看出,本书的 AJSEG 示例构造方法优于其他三种方法,这是因为 AJSEG 分割方法利用了图像的空间、颜色与纹理等信息,鲁棒性强,并且利用图像复杂度自动调整系统参数,使得分割区域更能表示完整的图像语义;提取的颜色-纹理特征对描述自然图像也非常有效。

如图 3.3 所示,在三种学习机制下,AEMD-CkNN 算法性能优于其他算法。这是由于:基于区域相似性的自适应加权推土机距离能自动实现图像区域之间的最佳匹配,反映了不同图像之间的整体相似性;而传统的推土机距离,受图像中的噪声区域干扰,minHD 距离关键取决于图像中的单个区域,不能反映图像的整体相似性,受噪声区域影响更大。同时可见,随着用户反馈的图像数量的增加,三种算法的性能均有提高。

如图 3.4 所示,在分类效率方面,基于 kNN 思想的 AEMD-CkNN、EMD-CkNN 与 minHD-CkNN 算法,其时间主要花费在计算多示例包(图像)之间的相似距离,因为计算推土机距离的线性规划问题存在优化算法,且每个图像包中示例数不会太多,即优化规模小,所以 AEMD-CkNN 与 EMD-CkNN 算法的效率相差不大,均明显高于 minHD-CkNN 算法。

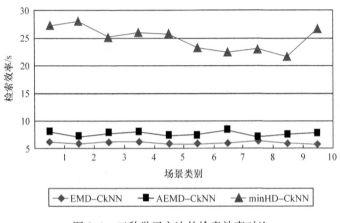

图 3.4　三种学习方法的检索效率对比

3.6　基于区域权值调整推土机距离的 MIL 算法与图像分类

在计算两幅图像之间的推土机距离时,本节对图像区域的权值进行调整,对推土机距离进行改进,代替 minHD 用来度量图像之间的相似度,提出另一种惰性 MIL 学习方法——EMD-CkNN 算法[13],用于图像分类试验。

3.6.1　区域权值调整推土机距离

从 3.4 节可以看出,不同图像之间的推土机距离受权值 w_i, w_j 以及相似距离 c_{ij} 的影响。c_{ij} 作为客观存在的因素将无法改变。文献[2]中使用“分割区域的像素数与整个图像的总像素数的比值”作为相应区域的权值,试验中,发现其存在如下问题:如图 3.5 所示,两图像 P, Q 经分割后,均包含相同的局部语义区域“白马、红马与草地”(加粗的边表示区域之间的最优匹配),显然它们属于相同的场景类型,希望 $EMD(P,Q)$ 应尽可能小。但是,图像 P 的 p_3 区域的权值为 0.51,而图像 Q 的 q_3 区域的权值为 0.84,即供货者 p_3 无法满足消费者 q_3 的需求,这时,q_3 无法满足的 0.33 需求量将不得不从 p_1, p_2 运输,使得推土机距离变大。

为了解决此问题,本节通过设置相似阈值,对满足条件的供货者增大权值,使运输尽可能多地发生在运输成本低的供求者之间,具体方案如算法 3.2 所示。

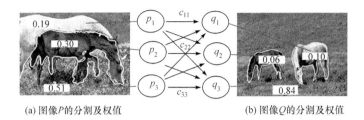

(a) 图像P的分割及权值　　　　　　　　　(b) 图像Q的分割及权值

图 3.5　计算推土机距离示意图[13]

算法 3.2　区域权值调整 EMD 距离

输入:图像包 $P=\{(p_1,w_1),\cdots,(p_n,w_n)\}$、$Q=\{(q_1,w_1),\cdots,(q_m,w_m)\}$、相似阈值 Th。

输出:图像包 P 和 Q 之间的推土机距离,即 $EMD(P,Q)$。

Step1:图像包 P(供货者)对每个区域对应的权值进行如下调整,即对 $\forall p_i \in P$,若 $\exists q_j \in Q$,满足 $c_{ij}<Th$,则 $w_i^* = \gamma \cdot w_i$(其中 γ 为调整系数);否则权值不变,即 $w_i^* = w_i$。

Step2:再求解式(3.9)的线性优化问题,用式(3.10)计算 $EMD(P,Q)$。

权值调整过程中,设置相似阈值 Th,其目的是确保两幅不同图像中确实存在相同的区域(或者说是足够相似的区域)时,才对第一个图像(供货者)的相应区域权值进行放大(即增大货物供应能力)。试验中调整系数 γ 设置为 5,原因是:当两个区域的相对面积之差大于 5 倍时,这样的差异在推土机距离中应得到体现,而不能完全被忽略。相似阈值 Th 的确定:在图像库中,选取 10 种出现频率最高的语义 $S_i(i=1,2,\cdots,10)$,每种语义选取 20 个不同样本,计算同类样本两两之间的欧氏距离,设均值为 $\overline{M}_i$,则 $Th=\dfrac{1}{10}\sum_{i=1}^{10}(\overline{M}_i)$。

本书试验中 Th=5.20,通过对权值的调整,图 3.5 所示两幅图像 P,Q,权值调整前 $EMD(P,Q)=8.41$ 权值调整后 $EMD(P,Q)=2.62$。图 3.2 所示三幅图像 A,B 与 C,$EMD(A,B)=2.81$,$EMD(A,C)=4.38$,可见,原来的推土机距离存在的问题也得到解决。

权值调整之后,求解推土机距离的线性规划函数还是如式(3.9)所示,类似于经典运输问题,采用"最小元素法"[14]求解最优流量 $F=[f_{ij}]_{n\times m}$,使总体运输成本达到最小。令 $C=[c_{ij}]_{n\times m}$ 为运输代价表,$P=[w_{p,i}]_{i=1,2,\cdots,n}$ 为 n 个生产者的货物供应量,$Q=[w_{q,j}]_{j=1,2,\cdots,m}$ 为 m 个消费者的货物需求量,算法步骤如下。

(1) 初始化流量表,即 $[f_{ij}]_{n\times m}\leftarrow 0$;

(2) 在运输代价表 C 中寻找最小的元素令 c_{ij};

(3) 在流量表 F 中找出 c_{ij} 对应的 f_{ij},则:①$f_{ij}\leftarrow \min(w_{p,i},w_{q,j})$,②如果 $w_{p,i}>$

$w_{q,j}$，在运输代价表 C 中划去 f_{ij} 所在的第 j 列，$w_{p,i} \leftarrow w_{p,i} - w_{q,j}$；否则，在运输代价表 C 中划去 f_{ij} 所在的第 i 行，$w_{q,j} \leftarrow w_{q,j} - w_{p,i}$。

（4）如果运输代价表 C 非空，则返回第（2）步；否则输出 $[f_{ij}]_{n \times m}$，算法结束。

通过上述方法获得最优流量表 $F = [f_{ij}]_{n \times m}$ 之后，则可用式（3.10）来计算两幅图像 P 与 Q 之间的推土机距离。

3.6.2　EMD-CkNN 算法步骤

最后，本书提出的 EMD-CkNN 多示例学习算法具体步骤如下[13]。

算法 3.3　EMD-CkNN 算法

输入：测试图像包 B，带有类别标号的图像包组成的训练集 T、参数 r 和 c。

输出：测试图像包 B 的类别标号。

初始化：$R =$ 空集。

Step1：在训练集 T 中，根据算法 3.2 改进的推土机距离，选择 B 的 r 近邻，将这 r 个包添加到 R。

Step2：在训练集 T 中，根据算法 3.2 改进的推土机距离，选择所有将 B 当做自己的 c 近邻的包，将这些包也添加到 R。

Step3：用 R 中这些图像包的类别标号对 B 进行投票，得票数最多的类别就是对 B 的预测结果。

3.6.3　图像分类试验结果与分析

试验图像集来自 Corel 图像库[15]，分成 20 种不同类别，分别是非洲（Africa）、海滩（Beach）、建筑（Building）、公交车（Buses）、恐龙（Dinosaurs）、大象（Elephants）、花（Flowers）、马匹（Horses）、山（Mountains）、食物（Food）、狗（Dogs）、蜥蜴（Lizards）、时尚模特（Fashion models）、黄昏（Sunset scenes）、汽车（Cars）、瀑布（Waterfalls）、仿古家具（Antique furniture）、战舰（Battle ships）、滑雪（Skiing）和沙漠（Desserts），每一类包含 100 幅彩色图像，共 2000 幅图像。本书称前 10 类 1000 幅图像为"Corel 1k 库"，整个 2000 幅图像为"Corel 2k 库"，并且依次将这 20 类图像记为"类.0"至"类.19"。

每幅图像被预分割成多个区域，且颜色、纹理与形状特征已经被提取出来，得到了一个九维的特征向量（三维的 LUV 颜色特征、三维的小波纹理特征与三个阶数分别为 1，2，3 的归一化惯性因子的形状特征，具体请参阅文献[15]）。把每幅图像当做一个包，图像分割的区域当做包中的示例。设某图像 I 被分割成 n 区域，则此图像对应的图像包中具有 n 个示例，每个示例是一个九维的特征向量，包的标号记为图像所属的类别号。

在"Corel 1k 库"上，将每类的 100 幅图像随机分成二等份，一份用于组成训练集,另一份用于组成测试集,算法 3.3 的参数 $r=5,c=4$ 对投票结果进行统计,测试图像属于得票数最多的那个类别。10 次重复试验的平均分类准确率如表 3.2 所示。在"Corel 2k 库"上,每类图像随机选取 30 幅组成训练集,另 70 幅组成测试集,并引入"+5"与"+10"的相关反馈技术,即在上次的分类结果中,先后为每类选择 5 幅与 10 幅用户认为最不应该被错分的图像,加入训练集,重新对测试图像集进行分类预测。试验中,算法 3.3 的参数 r 与 c 也都设置为 5,10 次重复试验的平均查全率与查准率如图 3.6 所示。在"Corel 1k 库"和"Corel 2k 库"上将每类的 100 幅图像随机分成二等份,一份用于组成训练集,另一份用于组成测试集,和其他基于机器学习的 MIL 算法[16-18]进行对比试验,10 次随机划分重复试验的平均分类准确率如表 3.3 所示。

表 3.2　MED-CkNN 算法在 Corel 1k 库上分类的混淆矩阵 　（单位:%）

类	类.0	类.1	类.2	类.3	类.4	类.5	类.6	类.7	类.8	类.9
类.0	**72.6**	3.6	3.0	1.3	0.0	9.2	1.2	0.8	2.1	6.2
类.1	2.2	**57.0**	1.6	4.2	0.0	2.0	0.8	0.0	32.2	0.0
类.2	4.3	9.0	**67.5**	5.0	0.0	3.6	0.4	0.0	8.6	1.6
类.3	2.1	1.1	3.3	**89.0**	0.0	0.2	0.0	0.1	1.2	3.0
类.4	0.2	0.0	0.0	0.2	**98.6**	0.4	0.0	0.0	0.0	0.6
类.5	5.2	2.1	3.5	0.0	0.1	**81.2**	0.0	0.2	7.7	0.0
类.6	0.2	0.0	1.2	0.4	0.6	0.0	**95.2**	0.4	0.6	1.4
类.7	3.1	0.3	0.5	0.5	0.5	2.0	0.8	**90.6**	1.3	0.4
类.8	0.0	13.2	1.6	4.4	0.0	0.0	0.0	0.8	**78.8**	1.2
类.9	5.0	2.6	0.0	0.4	0.0	1.6	0.7	0.3	0.0	**89.4**

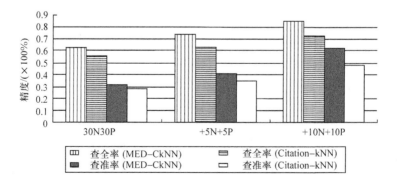

图 3.6　在 Corel 2k 库上 MED-CkNN 算法与 Citation-kNN 算法分类精度的对比

表 3.3　不同 MIL 算法图像分类准确率对比　　　　　（单位：%）

算法	Corel 1k	Corel 2k
EMD-CkNN	82.0±1.5	68.2±1.2
DD-SVM[15]	81.5±3.0	67.5±0.8
MI-SVM[17]	74.7±0.6	54.6±1.5
MILES[16]	82.6±1.2	68.7±1.4
MissSVM[18]	78.0±2.2	65.2±3.1

表 3.2 是 MED-CkNN 算法对"Corel 1k 库"分类准确率的混淆矩阵，其中对角线的数字表示每类的分类准确率，非对角线上的数据表示相应的错误率。对于大部分类别，MED-CkNN 算法分类准确率都很高，但在海滩类（类 .1）与山脉类（类 .8）之间的相互错分率很大，32.2% 的海滩类图像被错分成山脉类，13.2% 的山脉类图像被错分成沙滩类，这是因为这两类图像都含有大量天空、河流、湖泊和海洋等语义相关且视觉特征相似的图像区域，推土机距离不能真正反映它们之间的差异。部分被相互错分的图像如图 3.7 所示。

海滩.118　　　海滩.133　　　海滩.168　　　山脉.834　　　山脉.835　　　山脉.894

图 3.7　海滩类与山脉类部分相互被错误分类的图像[13]

如图 3.6 所示，在三种训练集组成方式下，EMD-CkNN 均优于 Citation-kNN 算法。这是因为，在自然图像分类时，利用的是图像的潜在场景语义，场景语义不是单个图像区域能表达的，而是由多个相关区域共同作用才能表达。图像包之间的 minHD 受图像的个别区域干扰严重，且受图像分割精度影响也大；而改进的推土机距离，能自动实现图像区域之间的最佳匹配，反映整个图像的相似程序，而且对图像分割精度不太敏感，使得 EMD-CkNN 算法的分类精度优于 Citation-kNN 算法。同时，用户反馈的信息，对系统的性能均有提高。如表 3.3 所示[13]，EMD-CkNN 算法的分类准确率与当前最新的一些 MIL 算法相差不大，但它作为一种惰性算法，没有训练学习的过程，算法实现简单，更便于采用相关反馈技术。图 3.7 是 Beach 类与 Mountatins 类图像之间的相互错分示例图像，其主要原因是这两类图像的整体视觉相似性很高，则推土机距离无法把它们区别开来。

3.7　本章小结

本章在 MIL 框架下进行图像场景语义检索或分类,主要工作如下。①提出了一种新的多示例构造方法,即利用 AJSEG 方法,将图像分割成不同区域,再提取每个分割区域的颜色-纹理特征,构造包中的示例。②针对 Citation-kNN 算法中所采用 minHD 距离计算图像相似性存在的不足,在推土机距离的基础上,提出了两种改进方案,再结合 Citation-kNN 算法中的 CkNN 思想,提出两种新的 MIL 惰性学习算法。基于 Corel 图像库的对比试验结果表明,本书提出的 AJSEG 示例构造方法与 MIL 学习算法在图像检索或分类应用中,精度与效率相对同类方法均得到提高,是一种切实有效的方法。

本书的工作也存在一些不足,即当图像存在复杂目标对象时,AJSEG 方法不能精确分割,出现语义割裂现象,所以,在图像分割与特征提取方面,有待作进一步研究,同时,EMD-CkNN 算法,也有待在更大的图像集或其他应用领域进一步验证。总之,由于 MIL 训练样本的特殊性,在图像检索应用中,示例包的构造方法以及 MIL 学习算法,仍具有很多探索的空间,是一个值得进一步研究的课题。

参 考 文 献

[1] 李大湘,赵小强,李娜. 图像语义分析的 MIL 算法综述[J]. 控制与决策,2013,28(4):481-488

[2] Rubner Y,Tomasi C,Guibas L J. The earth mover's distance as a metric for image retrieval[J]. International Journal of Computer Vision,2000,40(2):99-121

[3] 安志勇,崔江涛,潘峰,等. 基于多小波分布熵的图像检索[J]. 系统工程与电子技术,2008,30(5):800-802

[4] Liu Y,Zhang D S,Lu G J,et al. A survey of content-based image retrieval with high-level semantics[J]. Pattern Recognition,2007,40(1):262-282

[5] Dietterich T G,Lathrop R H,Lozano-Pérez T. Solving the multiple instance problem with axis-parallel rectangles[J]. Artificial Intelligence,1997,89(12):31-71

[6] Maron O,Ratan A L. Multiple-instance learning for natural scene classification[C]. Proceedings of the 15th International Conference on Machine Learning. Madison:ACM Press,1998:341-349

[7] Dai H B,Zhang M L,Zhou Z H. A Multi-instance learning based approach to image retrieval[J]. Pattern Recognition and Artificial Intelligent,2006,19 (2):179-185

[8] Peng Y,Wei K J,Zhang D L. An effective framework for contented-based image retrieval with multi-instance learning techniques[J]. Journal of Ubiquitous Convergence Technology,2007,1(1):125-131

[9] Wang J,Zucker J D. Solving the multiple-instance problem:a lazy learning approach[C]. Pro-

ceedings of the 17th International Conference on Machine Learning. San Francisco: IEEE Press,2000:1119-1125

[10] Deng Y,Manjunath B S. Unsupervised segmentation of color-texture regions in images and video[J]. IEEE Transactions on Pattern Analysis and Machine Intelligence,2001,23(8): 800-810

[11] 李大湘,彭进业,卜起荣.基于场景语义的图像检索新方法[J].系统工程与电子技术,2010, 32(5):1060-1064

[12] Zhang Q,Goldman S. EM-DD:an improved multiple instance learning technique[C]. Advances in Neural Information Processing Systems. Vancouver:MIT Press,2001:1073-1080

[13] 李大湘,彭进业,贺静芳.基于 EMD-CkNN 多示例学习算法的图像分类[J].光电子·激光,2010,21(2):302-306

[14] 宋和平,杨群生,战荫伟.两种近似 EMD 的图像检索方法[J].电子技术应用,2008,16(3): 115-118

[15] Chen Y X,J Z W. Image categorization by learning and reasoning with regions[J]. Journal of Machine Learning Research,2004,5(8):913-939

[16] Chen Y X,Bi J B,Wang J Z. MILES:multiple-instance learning via embedded instance selection[J]. IEEE Transactions on Pattern Analysis and Machine Intelligence,2006,28(12): 1931-1947

[17] Andrews S,Hofmann T,Tsochantaridis I. Multiple instance learning with generalized support vector machines[C]. Proceedings of the 18th National Conference on Artificial Intelligence. Edmonton:IEEE Press,2002:943-944

[18] Zhou Z H,Xu J M. On the relation between multi-instance learning and semi-supervised learning[C]. Proceedings of the 24th ICML. Corvalis:IEEE Press,2007:1167-1174

第 4 章　基于 FSVM-MIL 算法的对象图像检索

本章针对基于对象的图像检索问题,提出一种基于模糊支持向量机(fuzzy support vector machine,FSVM)的 MIL 算法,称为 FSVM-MIL 算法。该方法将图像当做包,分割后的区域当做包中的示例,针对正包中示例概念标号的模糊性,利用多样性密度方法寻找概念点,根据 noisy-or 概率模型定义模糊隶属度函数,为正包中的示例赋予不同的模糊因子,用 FSVM 求解多示例学习问题。在 SIVAL 图像集进行对比试验,结果表明 FSVM-MIL 算法是有效的,且性能不亚于其他同类方法。

4.1　引　　言

近年以来,基于对象的图像检索(object-based image retrieval,OBIR)[1]成为基于内容的图像检索(CBIR)问题的一个重要研究方向,且极具挑战性。这是由于在基于对象的图像检索系统中,用户感兴趣的只是图像中的某个对象,而非整幅图像;在自动图像标注系统中,首先将图像分割成不同的局部区域,然后采用一定的机器学习算法为这些区域自动标注相关语义的关键字,即它试图在图像的高层语义与底层视觉特征之间建立一座桥梁,从而将现有的图像检索问题转化成技术已经成熟的文本检索问题。

然而,在基于对象的图像检索算法研究中,都涉及一个共同问题,即如何获得图像局部区域所对应的语义。在大多数经典的 MIL 算法中,通常都是在包(图像)的层次上设计分类器,对包进行分类或预测,而不能预测包中的示例(图像区域)的标号。根据 MIL 问题的定义,因为正包中的示例不全是正的,即正包中示例的概念标号存在模糊性,所以本章基于多样性密度方法,先后利用模糊支持向量机[2],设计一种示例级的 MIL 算法,且用于对象图像检索。

4.2　基于模糊支持向量机的多示例学习算法

传统的基于内容的图像检索[3,4]方法通常都是度量图像之间的整体相似性,而基于对象的图像检索[1],用户感兴趣的只是图像中的某个对象或局部区域,而非整个图像。为了告诉检索系统用户真正对哪些对象或区域感兴趣,必须直接或通过相关反馈的方式,向系统提供几幅均包含感兴趣对象的图像和几幅均不包含感兴趣对象的图像用于检索系统的学习。如果将图像当做包,而把它分割的不同区域的底层视觉特征当做包中的示例,若图像包含感兴趣对象或区域,则对应的包标为正包;不包含感兴趣对象或区域的图像,则标为负包,这样,基于对象的图像检索问题则转化成 MIL[5] 问题来进行解决。

4.2.1　模糊支持向量机

假设在模糊支持向量机训练过程中,$\{(x_1,y_1),(x_2,y_2),\cdots,(x_N,y_N)\}$ 为已知的训练样本集,这里用 $x_i \in R^m (i=1,2,\cdots,N)$ 来表示第 i 个训练样本,其中 $y_i \in \{-1,1\}$ 是人工为样本 x_i 标注的类别标号。根据经典的支持向量机理论[6],为了解决线性不可分问题,可以使用一个映射函数,将特征空间向另一特征空间进行映射,不妨设 $z=\phi(x)$ 为这种映射函数,它可以是线性映射,也可以是非线性映射,则可用 $a \cdot z + b = 0$ 表示最终所得的最大间隔分类超平面。类似于经典的支持向量机方法,模糊支持向量机[2]也是一种统计学习方法,它也是通过在映射后的高维空间中寻找一个分类超平面,不但要使分类间隔最大化,而且还要保证分类错误率达到最小。两者的不同之处在于:模糊支持向量机方法认为样本的重要程度各不相同,要为每个样本分配一个不同的模糊因子 s_i,对其引起的分类错误 ξ_i 进行加权,这样一来,此样本被错误分类要付出的代价为 $s_i\xi_i$。模糊支持向量机的优化目标函数为[2,7]

$$\begin{cases} \min L(\alpha) = \dfrac{1}{2}\parallel \alpha \parallel^2 + C\displaystyle\sum_{i=1}^{N} s_i\xi_i \\ y_i(az_i + b_i) \geqslant 1 - \xi_i, \xi_i \geqslant 0, i = 1,2,\cdots,N \end{cases} \tag{4.1}$$

式中,ξ_i 为松弛因子;C 为惩罚因子。由式(4.1)可见,如果模糊因子 s_i 越小,则 $s_i\xi_i$ 也越小,降低了此样本的重要度,也就是说,就算将其错分,也不会付出太大的代价。根据支持向量机理论,转化成相应的对偶形式,就可有效地求解目标函数(式(4.1))。假设 a^* 为求解式(4.1)所得的最终最优解,二类决策函数为

$$f(x) = \text{sign}\left(\sum_{i=1}^{N} a_i^* y_i z_i + b^*\right) \tag{4.2}$$

根据核(kernal)函数理论,无须知道映射函数 $\phi(x)$ 的具体形式,可以直接通过引入核函数 K,就能得到样本之间的内积。这样一来,引入核的二类决策函数为

$$f(x) = \text{sign}\left(\sum_{i=1}^{N} a_i^* y_i K(x_i,x) + b^*\right) \tag{4.3}$$

为了计算 b^*,可选择任意 a_j^*,只要它能满足条件 $C > a_j^* > 0$,然后代入式(4.4),就可以计算得

$$y_j\left(\sum_{i=1}^{l} y_i a_i^* K(x_i,x_j) + b^*\right) - 1 = 0 \tag{4.4}$$

4.2.2　模糊隶属度函数

根据上述公式可知,每个训练样本对应的模糊因子s_i,在模糊支持向量机中非常重要,因它直接影响训练样本的重要程度,是直接影响模糊支持向量机性能好坏的关键系数。在 MIL 问题中,示例标号的模糊性只存在于正包中,所以隶属度函数只针对正包中的示例。设$D=\{B_1^+,\cdots,B_{l^+}^+,B_1^-,\cdots,B_{l^-}^-\}$为多示例学习训练包,其中$X_{ij}^+\in R^m(i=1,2,\cdots,l^+,j=1,2,\cdots,n_i^+)$表示第$i$个正包的第$j$个示例,$x_{ijk}^+(k=1,2,\cdots,m)$表示第$i$个正包的第$j$个示例的第$k$个属性值;同理,$X_{ij}^-\in R^m(i=1,2,\cdots,l^-,j=1,2,\cdots,n_i^-)$表示第$i$个负包的第$j$个示例,$x_{ijk}^-(k=1,2,\cdots,m)$表示第$i$个负包的第$j$个示例的第$k$个属性值。Maron 提出了多样性密度算法[8],即通过最大化如下的多样性密度函数,寻找目标概念点:

$$\text{DD}(x,w) = \prod_i^{l^+} P(x\mid B_i^+)\prod_i^{l^-} P(x\mid B_i^-) \tag{4.5}$$

式中,x 为示例空间的点;w 为属性加权系数。在实际使用时,需要对式(4.5)中的乘积项进行例化。Maron 采用以下的 noisy-or 模型:

$$
\begin{aligned}
P(x\mid B_i^+) &= 1-\prod_j\big(1-\exp(-\parallel X_{ij}-x\parallel_w^2)\big)\\
P(x\mid B_i^-) &= \prod_j\big(1-\exp(-\parallel X_{ij}-x\parallel_w^2)\big)
\end{aligned}
\tag{4.6}
$$

式中,$\parallel X_{ij}-x\parallel_w^2 = \sum_k w_k^2(x_{ijk}-x_k)^2$。由式(4.5)可知,对于示例空间中的某一点 h,如果所有正包都存在示例离它越近,而所有负包中的示例都离它越远,则该点的多样性密度值则越大,那么该点是目标概念点 θ 的可能性就越大。若将目标概念 θ 当做隐变量,示例 X 当做观测变量,则可用式(4.7)来估计它们的后验概率,即

$$p(\theta\mid X,h,w)=\exp(-\parallel X-h\parallel_w^2) \tag{4.7}$$

式中,h 为目标概念点;w 为特征向量的加权,多样性密度算法就是通过在示例属性空间寻找多样性密度值的最大值点,作为目标概念点,记作(h,w),然后用概率的方式对未知包进行分类预测。

由于多样性密度函数是连续的且是高阶非线性的,存在多个局部极大或极小值点,要通过最大化多样性密度函数(式(4.5))来寻找概念点(h,w),实际上是一个线性优化问题,本书试验中采用文献[9]的算法 3.1 进行启发式搜索,即以所有正包中的示例为起点,采用拟牛顿搜索方法,得到很多个局部极大值点,然后删除那些互相靠得太近或对应多样性密度值太小的点,剩下的则为最终的概念点(h,w)。

令 $H=\{(h_1,w_1),(h_2,w_2),\cdots,(h_L,w_L)\}$为最终得到的概念点集,定义:

$$P(h_t \mid H) = \mathrm{DD}(h_t, w_t)/Z \tag{4.8}$$

式中,Z 为归一化因子,使得 $\sum_{t=1}^{L} P(h_t \mid H) = 1$。对于正包中的每个示例 X_{ij},为其定义以下的模糊隶属函数,用来计算它所应的模糊因子:

$$
\begin{aligned}
s(X_{ij}) &= P(c_{ij} = 1 \mid X_{ij}) \\
&= \sum_{t=1}^{L} P(h_t \mid X_{ij}) P(c_{ij} = 1 \mid X_{ij}, h_t) \\
&= \sum_{t=1}^{L} P(h_t \mid H) \exp(-\parallel X_{ij} - h_t \parallel_w^2)
\end{aligned} \tag{4.9}
$$

4.2.3 FSVM-MIL 算法步骤

结合上述模糊支持向量机理论与模糊隶属度函数,本节提出一种示例级的 MIL 算法,称为 FSVM-MIL 算法,其主要思想是:将负包中的所有示例全部标为 -1,都赋予一个固定的模糊因子(因为负包中的示例都是负的),组成负样本集;将正包中的所有示例都标为 $+1$,根据式(4.9)的模糊隶属度函数,为它们赋予不同的模糊因子(因为正包中的示例不全是正的),组成正样本集;从而实现用模糊支持向量机来求解 MIL 问题。

设 $N^+ = \sum_{i=1}^{t^+} n_i^+$, $N^- = \sum_{i=1}^{t^-} n_i^-$ 分别表示所有正、负包中示例的总数,令 $N = N^+ + N^-$ 表示示例总数,本书将模糊支持向量机的目标函数改成如下的形式:

$$
\begin{cases}
\min L(\alpha) = \dfrac{1}{2} \parallel \alpha \parallel^2 + C^+ \sum_{i=1}^{N^+} s_i \xi_i + C^- \sum_{i=N^++1}^{N} s_i \xi_i \\
y_i(\alpha z_i + b) \geqslant 1 - \xi_i, \xi_i \geqslant 0, i = 1, 2, \cdots, N
\end{cases} \tag{4.10}
$$

式中,C^+,C^- 分别是正、负样本被错分时的惩罚因子。

最后,FSVM-MIL 算法的训练与预测步骤,可总结如下。

1. FSVM-MIL 训练

输入:带有概念标号的训练包组成的训练集 D。

输出:模糊支持向量机分类器(α^*, b^*)。

Step1:令 $S = \Phi$;用文献[9]的算法 3.1,在示例属性空间寻找概念点集 H。

Step2:对 $\forall B_i \in D$;若 B_i 为负包,将 B_i 所有示例取出,标号均设为 -1,模糊因子 s 均设为 1,加入 S;若 B_i 为正包,将 B_i 所有示例取出,标号均设为 $+1$,用式(4.9)计算它们的模糊因子 $s(X_{ij})$,加入 S。

Step3：以 S 为训练样本集，根据式(4.10)，训练模糊支持向量机分类器(α^*，b^*)。

2. FSVM-MIL 分类预测

将未标注的包 B，由式(4.3)，用模糊支持向量机分类器(α^*，b^*)对其包含的所有示例进行分类预测，若至少存在一个示例为正，则包 B 的标号为正，否则为负。

4.3　试验结果与分析

SIVAL 图像集是评估基于对象的图像检索算法的标准测试集[1,7]，该数据集由 1500 幅图像组成，分为 25 类，每类 60 幅图像，每类图像均含有一个相同的对象，但不同的图像其背景具有高度的多样性，且对象的空间位置、尺度与视角变化也很大。每幅图像被预分割成约 30 个子块，颜色、纹理和近邻的特征已经被提取出来，得到了一个 30 维的特征向量。把每幅图像看成一个包，图中的每个子块的特征向量当做包中的示例。FSVM-MIL 算法采用 Libsvm2.81 中的模糊支持向量机，选用 RBF 核函数 $\exp(-g\,|\,x_i - x_j\,|^2)$，试验平台为：AMD 4200＋处理器，1GB DDR 800 RAM，Windows 7 操作系统，MATLAB 2010 仿真环境。

4.3.1　试验方法

将每类的 60 幅图像随机分成二等份，一份组成潜在的训练集，另一份组成潜在的测试集，用"one-vs-rest"的方法处理多类问题，即对每一类对象都训练一个区分它和其他类别对象的模糊支持向量机分类器，具体方法是：从每类图像潜在的训练集中随机选 20 幅图像，标为正包，其他 24 类图像的潜在训练集中随机选 20 幅标为负包，组成训练集。在 FSVM-MIL 中，有三个参数需要指定，即 C^+，C^- 和 g，分别是正、负样本被错分时的惩罚因子和核函数的控制因子，试验中将 C^- 固定为 1，每次在训练集中，均采用"2-fold"交叉检验，$C^+ \in \{0.1, 1, 5, 10, 15, 20\}$，$g \in \{0.0001, 0.001, 0.01, 0.05, 0.1, 1\}$，寻找最佳参数训练模糊支持向量机分类器，对测试集的 750 幅图像进行预测。将图像库随机划分 30 次，生成训练集和测试集，30 次重复试验，置信度为 0.95 的平均 AUC(ROC 曲线下的面积)值如表 4.1 所示。

表 4.1 置信度为 0.95 的 30 次重复试验的平均 AUC 值

图像类别	FSVM-MIL	GML[1]	MILES[10]	Accio!	Accio!＋EM
纺织软剂盒	95.0±0.5	94.6±0.6	96.8±0.9	86.6±2.9	44.4±1.1
D40 罐	94.2±0.5	89.5±0.8	91.8±1.3	81.5±3.4	48.5±24.6
格子围巾	92.6±0.6	94.0±0.6	94.1±0.8	86.9±1.6	51.1±24.8
花毡地毯	91.5±1.2	93.1±0.8	86.9±3.0	82.0±2.4	50.3±3.0
可乐罐	90.1±0.8	94.1±0.6	95.1±0.6	90.8±1.5	58.1±4.4
雪碧罐	87.9±1.9	84.9±1.1	82.1±2.8	71.9±2.4	59.2±22.1
橙子	86.5±1.2	87.1±1.6	88.4±2.8	77.0±3.4	43.6±2.4
脏跑鞋	86.2±1.3	85.3±0,8	85.6±2.1	83.7±1.9	75.4±19.8
烛台	85.4±1.7	85.0±1.3	83.4±2.3	68.8±2.3	57.9±3.0
绿茶盒	84.8±1.1	88.2±1.2	89.4±3.1	87.3±2.9	46.8±3.5
蓝海绵	84.1±2.9	79.6±1.3	73.2±2.8	69.5±1.8	36.3±2.5
金牌	83.9±2.0	83.7±1.7	76.1±3.9	77.7±2.6	42.1±3.6
脏手套	81.9±1.7	81.1±1.4	80.4±2.2	65.3±1.5	57.8±2.9
卡片盒	81.5±1.2	81.0±1.5	78.4±3.0	67.9±2.2	57.8±2.9
笑脸娃娃	80.3±1.6	80.4±1.7	77.7±2.8	77.4±3.2	48.0±25.8
锅	78.7±1.6	84.8±1.6	78.8±3.5	79.2±2.6	51.2±24.5
数据挖掘书	78.6±1.3	79.4±1.3	74.0±2.3	74.7±3.3	37.7±4.9
苹果	78.3±2.0	72.7±1.5	64.7±2.8	63.4±3.3	43.4±2.7
条纹记事簿	77.1±1.1	77.0±1.7	73.2±2.0	70.2±3.1	43.5±3.1
香蕉	76.2±1.2	76.4±1.2	66.4±3.4	65.9±1.8	43.6±3.8
釉面木锅	75.1±1.8	73.4±1.8	69.0±3.0	72.7±2.2	51.0±2.8
半透明的碗	71.8±1.7	78.1±1.7	74.0±3.1	77.5±2.3	47.4±25.9
说唱书	68.9±1.8	72.4±1.9	64.6±2.3	62.8±1.7	57.6±4.8
木擀面杖	64.1±2.1	69.5±1.6	63.5±2.0	66.7±1.7	52.5±23.9
大勺子	62.6±1.9	64.3±1.4	57.7±2.1	57.6±2.3	51.2±2.5
平均精度	81.5	82.0	78.6	74.6	50.3

4.3.2 试验结果与效率分析

如表 4.1 所示,FSVM-MIL 算法在很多情况下优于其他 MIL 算法,这是由于相同对象对应的图像块,其底层特征在示例属性空间将聚集成一簇或几簇,不同的物体对象,其底层特征在示例属性空间将分布在不同的簇中,采用文献[9]的算法3.1 搜索概念点,具有很强的可靠性与鲁棒性,对于每类图像,均能找到其对应的概念点,利用 noisy-or 概率模型,正包中真正代表感兴趣对象的示例将获得很大的模糊因子,而代表不相关区域的示例的模糊因子几乎为零,很好地解决了示例标号的模糊性,在模糊支持向量机学习中,就相当于忽略了正包中的那些假的正示例的存在。例如,在训练 Apple 类和 Blue Scrunge 类的模糊支持向量机分类器时,在同一幅图像中,将各分割区域对应的模糊因子归到 0~255,显示成灰度图,部分训练样本图像如图 4.1 所示,可以看出,由于真正感兴趣对象的区域对应的模糊因子大,则具有很大的灰度值,而其他无关区域灰度值很小。从表 4.1 也可以看出,FSVM-MIL 算法的总平均精度稍差于 GML[1] 方法,这是由于 GML 方法是一种半监督学习方法,学习时不但利用了标注包的信息,还利用了所有未标注包的信息。

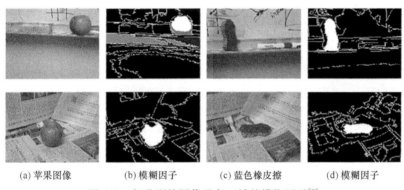

(a) 苹果图像　　　　(b) 模糊因子　　　　(c) 蓝色橡皮擦　　　　(d) 模糊因子

图 4.1　部分训练图像及各区域的模糊因子[7]

FSVM-MIL 算法要完成一次图像检索,时间主要花费在三方面:①搜索概念点,为正包的不同示例赋予不同的模糊因子;②模糊支持向量机训练;③模糊支持向量机分类预测。例如,基于 SIVAL 图像库,若在训练过程中标注 20 个正包与 20 个负包,共包含约 1267 个示例,FSVM-MIL 完成一次检索耗时约 40s。其中用文献[9]的算法 3.1 搜索概念点约耗时 34.81s,最后经阈值处理后只提取了约 6 个“概念点”(MATLAB 代码)。由于训练集的规模小,算法 3.1 搜索到局部极大值点相对容易,整个过程耗时不算太多;训练一个模糊支持向量机分类器耗时 1.67s(C 语言代码);再用模糊支持向量机对测试包进行预测耗时约 4.90s。在相同的训练集中,MILES[10] 算法首先要将每个包投影到由这 1267 个示例构成的空间中,完成 40 个已标注包的投影耗时 1.78s,1460 个未标注包投影耗时 66.75s (MATLAB 代码),而 GML 算法[1] 是一种基于图的半监督学习方法,为了构造 bag-level 的相似图,首先要计算所有示例之间的相似距离,就是预先把所有示例之间的距离都计算出来,完成一次检索也要花费 50~120s。比较而言,FSVM-MIL 算法效率较高。

4.4　本章小结

本章针对 MIL 问题中示例标号存在的模糊性,基于多样性密度算法的概率模型,根据训练包中示例的分布情况,定义了一个模糊隶属度函数,自动确定正包中示例的模糊因子,将模糊支持向量机方法用于求解 MIL 问题,给出了一种新求解 MIL 问题的思路与框架——FSVM-MIL 算法。对比试验结果表明,识别精度不亚于其他 MIL 算法,是一种切实有效的 MIL 算法。本书的工作也存在一些不足,在搜索概念点时,要用启发式的拟牛顿搜索法寻找多样性密度函数的多个局部极大值点,这是一个比较费时的过程,下一步将探索新的模糊隶属度函数。总之,MIL 学习问题,由于其训练样本的特殊性质,仍具有很多探索空间,是一个值得进一步研究的课题。

参 考 文 献

[1] Wang C H, Zhang L, Zhang H J. Graph-based multiple-instance learning for object-based image retrieval[C]. Proceeding of the 1st ACM International Conference on Multimedia Information Retrieval. Vancouver: ACM Press, 2008: 156-163

[2] 祁立, 刘玉树. 基于两阶段聚类的模糊支持向量机[J]. 计算机工程, 2008, 34(1): 4-6

[3] 张菁, 沈兰荪, Feng D D. 基于视觉感知的图像检索的研究[J]. 电子学报, 2008, 38(3): 494-499

[4] Liu Y, Zhang D S, Lu G J, et al. A survey of content-based image retrieval with high-level semantics[J]. Pattern Recognition, 2007, 40(1): 262-282

[5] Dietterich T G, Lathrop R H, Lozano-Pérez T. Solving the multiple instance problem with axis-parallel rectangles[J]. Artificial Intelligence, 1997, 89(12): 31-71

[6] Chang C C, Lin C J. LIBSVM: a Library for Support Vector Machines[EB/OL]. http://www.csie.ntu.edu.tw/~cjlin/libsvm/[2001-05-30]

[7] 李大湘, 彭进业, 卜起荣. 用 FSVM-MIL 算法实现图像检索[J]. 光电工程, 2009, 36(9): 98-103

[8] Maron O, Ratan A L. Multiple-instance learning for natural scene classification[C]. Proceedings of the 15th International Conference on Machine Learning. Madison: ACM Press, 1998: 341-349

[9] Chen Y X, Wang J Z. Image categorization by learning and reasoning with regions[J]. Journal of Machine Learning Research, 2004, 5(8): 913-939

[10] Chen Y X, Bi J B, Wang J Z. MILES: multiple-instance learning via embedded instance selection[J]. IEEE Transactions on Pattern Analysis and Machine Intelligence, 2006, 28(12): 1931-1947

第5章 基于QPSO-MIL算法的图像标注

在多数已有图像标注图像库中,关键字只标注在图像级而非区域级,使有监督学习方法在图像标注中难以应用。本章基于量子粒子群优化(quantum-behaved particle swarm optimization,QPSO)算法[1],提出一种新的 MIL 算法,称为 QPSO-MIL 算法[2],在 MIL 的框架下将基于区域的图像标注问题描述成一个有监督的学习问题。该方法将图像当做包,分割的区域当做包中的示例,利用多样性密度函数[3],定义粒子的适应度向量,在示例空间,利用量子粒子群优化方法在各个维度上同时搜索多样性密度函数的全局极大值点,作为关键字的概念点,然后根据 Bayesian 后验概率最大准则 (MAP)对图像进行标注。在 ECCV 2002 图像库的试验结果表明,QPSO-MIL 算法是有效的。

5.1 引　　言

图像自动标注就是采用一定的机器学习算法建立图像视觉特征与高层语义的联系,自动为图像分配相应语义的关键字。随着数字图像数量的爆炸式增长,仅凭人工或半自动的方式获得图像的语义标注信息,不但非常费时费力,还带有很强的主观偏差,已不能满足人们的需要。由于"语义鸿沟"的存在,自动图像标注极具挑战性,且成为近几年来的一个研究热点,具有广阔的应用前景与研究价值[4-7]。

近年来,利用机器学习、概率统计等方法提出了很多图像标注算法。Cusano 等[8]提出了基于支持向量机的图像标注方法,该方法首先将图像分割成不同区域并识别出其中的显著区域,然后手工为每个显著区域标注相应的语义关键字作为训练集,对每一个关键字均训练一个对应的支持向量机分类器,当系统遇到一幅新的图像时,只要利用这些分类器来判断每一个关键字是否应该作为该图像的标注,就可以完成图像的标注;除此之外,Fan 等[9]结合本体、显著区检测,提取区域的颜色、纹理和 SIFT 等特征,设计了多核支持向量机分类器进行图像标注。但是,这类有监督的学习方法在训练每个分类器时,需要大量标注到区域级的训练样本,因此难以推广到类别数较多的情况。

图像标注的另一种方法是建立图像区域视觉特征和语义概念的统计概率模型,对图像进行自动标注。主要有 Duygulu 等[10]提出的翻译模型,该模型将图像标注过程视为从视觉关键字到文本关键字之间的翻译过程,通过寻找标注词和图像特征之间的关系对待标注图像进行标注;Jeon 等[11]提出的跨媒体相关模型

(cross-media relevance model,CMRM)方法,该模型将图像标注问题看成跨语言检索问题,通过计算 blobs 和语义概念的联合概率进行图像标注。因为跨媒体相关模型方法在标注过程中,要用聚类的方法产生 blobs,聚类过程往往都会造成视觉特征内容的损失,从而影响了标注效果。在跨媒体相关模型的基础上,出现了连续相关模型(CRM)[12]和多伯努利相关模型(MBRM)[13]等改进方法。这类无监督的图像标注方法都要使用聚类的方法产生视觉 blobs,因此聚类质量的好坏直接影响最后的标注精度。其他的还有 LSA&pLSA 模型和传播模型等图像标注方法。最近,利用领域本体、WordNet 或训练集中词汇的共生关系,对标注结果进行改善的图像标注方法不断出现,且取得了更高的标注精度[14]。

5.2　基于区域的图像标注

通常,一幅图像都包含多个局部区域,每个区域都具有不同的视觉特征且代表一个明确的语义概念,所以,一个非常直观的图像标注思路就是首先将图像分割成多个区域并且提取每个区域的视觉特征,然后利用统计模型或机器学习的方法,从训练集中找到视觉特征与关键字之间的关系,从而对未标注图像进行标注。遗憾的是,在大部分图像标注试验的训练图像集中,关键字只标注在图像级(image level),而不是区域级(region level),例如,如图 5.1 所示,左边一列是两幅"老虎"类图像,中间一列为其分割区域,右边一列为人工为每幅图像标注的关键字,人们只知道这两幅图像中都包含"老虎"区域,但不知道具体是哪个区域。如果要用传统的有监督学习方法(如支持向量机方法)进行图像标注,则需要重新人工将关键字标注到区域级,不但工作量巨大,而且也非常烦琐。

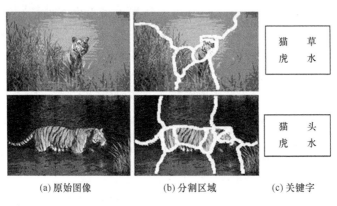

（a）原始图像　　　　（b）分割区域　　　　（c）关键字

图 5.1　部分图像示例[2]

在传统的机器学习框架中,训练样本与概念标号是一一对应的,而在 MIL[15]框架中,训练样本称为包,每个包含有多个示例,示例没有概念标号,只有包具有概念标号,若包中至少有一个示例是正例,则该包标记为正,若包中所有示例都是反例,则该包标记为负。MIL 算法就是通过对训练包的学习,得到一个能对未知包或示例进行预测的分类器。例如,要训练一个关键字"tiger"的分类器,若将图像当做包,分割区域对应的视觉特征当做包中的示例,对任一幅标注有"tiger"的图像对应的包标为正包,其他图像对应的包标为负包,则可用 MIL 的方法来训练一个"虎"分类器。因此,本书在 MIL 的框架下,将图像标注问题描述成一个有监督学习问题,并且针对图像标注的具体应用问题,基于量子粒子群优化算法[1],提出一种新的 MIL 算法,称为 QPSO-MIL 算法,在图像标注的标准测试集 ECCV 2002[10] 上的试验结果表明,QPSO-MIL 算法是有效的。

5.3　图像标注问题的数学描述

基于区域的图像标注,首先用图像分割的方法将图像分割成多个区域(region),然后提取每个区域的颜色、纹理和形状等底层视觉特征,设其为 $X_i \in R^D$ ($i = 1, 2, \cdots, n$),其中 D 为视觉特征向量的维数,n 为图像分割的区域数。

设 TST $= \{J_1, J_2, \cdots, J_M\}$ 表示由 M 幅未标注图像组成的测试集,其中 J_i 用其 m_j 个分割区域对应的视觉特征表示,记作 $J_j = \{X_{j1}, X_{j2}, \cdots, X_{jm_j}\}$,$j = 1, 2, \cdots, M$;设 TRN $= \{I_1, I_2, \cdots, I_N\}$ 表示由 N 幅已标注图像组成的训练集,其中 I_i 用其对应的 n_i 个分割区域的视觉特征和手工标注的关键字集进行表示,记作 $I_i = \{X_{i1}, X_{i2}, \cdots, X_{in_i}\}$($i = 1, 2, \cdots, N$)和 $W_i = \{w_1, w_2, \cdots, w_{Li}\} \subseteq V$,$L_i$ 表示该图像标注关键字的个数,$V = \{w_1, w_2, \cdots, w_L\}$ 表示关键字词汇表。对于给定的任一未标注图像,自动图像标注的任务就是要从 V 中选择一些关键字来准确地描述图像中所包含的高层语义。如果将每个关键字 w_i 当做一个类的标号,图像标注可转化成图像分类问题,采用有监督的学习方法来解决。由于训练集中的关键字只标注到图像级,没有标注到区域级,限制了传统的有监督学习方法的直接应用,本章在 MIL 的框架下,用有监督学习方法进行图像标注。

5.4　图像标注与多示例学习

对于任意关键字 $w_i \in V$,首先在训练图像集 TRN 中,将所有标注有 w_i 的图像对应的包标为正包,其他没有标注 w_i 的图像标为负包,组成 MIL 的训练集,按照 MIL 训练包的定义,在理想的情况下,正包中所有示例的交集减去负包中所有示例的并集,就会得到真正的正例,这些真正的正例只会出现在正包中,而不会出现在任何负包中。但是在实际应用过程中,由于样本中存在噪声,这样严格的交、并、差运算,往往得到的最后结果是空集。1998 年,Maron 和 Ratan[3] 提出了多样性密度算法,该定义中,在示例属性空间中的某点附近出现的正包数越多,而负包中的示例都离它越远,则该点的多样性密度值越大,把它作为目标概念点,用一种软的交、并、差方法求解 MIL 问题。

设 B_i^+ 表示第 i 个正包,其中包含 n_i^+ 个示例 $X_{ij}^+ \in R^D (j=1,2,\cdots,n_i^+)$,$x_{ijk}^+ (k=1,2,\cdots,D)$ 表示第 i 个正包的第 j 个示例的第 k 个属性值;同理,B_i^- 表示第 i 个负包,其中包含 n_i^- 个示例 $X_{ij}^- \in R^D (j=1,2,\cdots,n_i^-)$,$x_{ijk}^-$ 表示第 i 个负包的第 j 个示例的第 k 个属性值,正包(负包)个数表示为 $l^+ (l^-)$。令 h 代表多样性密度值最大的点,则可通过最大化 $\Pr(x=h | B_1^+,\cdots,B_{l^+}^+,B_1^-,\cdots,B_{l^-}^-)$ 确定 h,假设各包互相独立,根据 Bayes 理论,可通过式(5.1)确定 h [3]:

$$\arg\max_h \left(\prod_i^{l^+} P(h | B_i^+) \prod_i^{l^-} P(h | B_i^-) \right) \tag{5.1}$$

式(5.1)就是多样性密度函数的一般定义。在实际应用中,对乘积项采用 noisy-or 模型进行例化:

$$P(x | B_i^+) = 1 - \prod_j \left(1 - \exp(- \| X_{ij} - x \|^2) \right)$$
$$P(x | B_i^-) = \prod_j \left(1 - \exp(- \| X_{ij} - x \|^2) \right) \tag{5.2}$$

式中,$\| X_{ij} - x \|^2 = \sum_{k=1}^D (x_{ijk} - x_k)^2$。现在不妨假设 h 就是关键字 w_i 的概念点(即多样性密度值最大的点),则关键字 w_i 的类条件概率定义为

$$\Pr(X | w_i |) = \exp(- \| X - h \|^2) \tag{5.3}$$

式中,X 表示任意示例。

设测试图像 J 分割成 m 个区域,对应的视觉特征记作 X_j,其中 $j=1,2,\cdots,m$,如果至少存在一个区域具有关键字 w_i 的语义,则可用 w_i 来标注该图像,根据 Bayesian 后验概率最大准则,设 $p(w_i)$ 表示 w_i 的先验概率,则测试图像 J 与 w_i 的后验概率为

$$\Pr(w_i | J) = \arg\max_j \{ P(w_i | X_j) p(w_i) \} \tag{5.4}$$

对于词汇表 $V = \{w_1,w_2,\cdots,w_L\}$ 中每个关键字,通过相同的方法为其在示例空间找到一个概念点,记为 $H = \{h_1,h_2,\cdots,h_L\}$,自动标注图像,则可以用式(5.4)来计算每个关键字与其后验概率,然后选择概率最大的几个关键字,作为图像的标注信息。

为了搜索多样性密度函数的最大值点 h,常用的方法有梯度下降法[16]与拟牛顿搜索法[17],由于多样性密度函数是连续且高度非线性的,存在很多局部极大值点,这些算法的搜索过程中要将每一个正包中的示例作为初始起点进行搜索,不但非常费时,而且还常导致算法收敛到局部最优,使得到的概念点带有很大的偏差,

影响算法最后的性能。

5.5　QPSO-MIL 算法及步骤

1995 年，Kennedy 博士和 Eberhart 博士[18]模拟鸟类的觅食行为，基于群体的随机搜索算法提出了粒子群优化（particle swarm optimization，PSO）算法，系统通过初始化一组随机解，通过不断迭代寻找最优解，可以很好地求解非线性、不可微和多峰等问题。传统的粒子群优化算法存在两个严重的缺点：易发生过早收敛，在搜索后期效率较低。这使得最终搜索得到的结果可能不是全局最优解，而是局部最优解，为了提高算法性能，已有学者提出多种改进方案[19]。

5.5.1　量子粒子群优化算法

Sun 在研究 Clerc 等关于粒子收敛行为的研究成果后，从量子力学的角度提出了一种新的粒子群优化算法模型，这种模型以 δ 势阱为基础，认为粒子具有量子行为，提出了量子粒子群优化算法[1]，该算法的显著特点是控制参数少、设置简单、搜索能力强、具有更好的全局搜索能力。在量子粒子群优化算法中，粒子只带有位置信息，粒子的进化过程为

$$\begin{cases} x_i^{t+1} = p + \beta \cdot |\text{Mbest} - x_i^t| \cdot \ln(1/u) & \text{，如果} \quad k \geqslant 0.5 \\ x_i^{t+1} = p + \beta \cdot |\text{Mbest} - x_i^t| \cdot \ln(1/u) & \text{，如果} \quad k < 0.5 \end{cases} \quad (5.5)$$

式中，x_i^t 为 t 时刻第 i 个粒子的位置；u, k 为 $(0, 1)$ 之间的随机数；Mbest 为群体的最优中心，定义为所有 M 个局部最优粒子的中心位置，公式为

$$\text{Mbest} = \frac{1}{M} \left(\sum_{i=1}^{M} \text{Pbest}_{i1}, \cdots, \sum_{i=1}^{M} \text{Pbest}_{iD} \right) \quad (5.6)$$

式中，M 是粒子的个数，Pbest_i 是第 i 个粒子的历史最优位置。为了保证所有粒子向最优粒子靠拢，定义 p 为

$$p = (c_1 \cdot \text{Pbest} + c_2 \cdot \text{Gbest}) / (c_1 + c_2) \quad (5.7)$$

式中，c_1, c_2 为 $(0, 1)$ 之间的随机数；Gbest 是全局最优粒子；β 是收缩扩张因子，用于控制算法的收敛速度，运行过程中动态调节方式为

$$\beta = 1.0 - t / (2 \cdot \text{MAXITER}) \quad (5.8)$$

式中，t，MAXITER 分别表示当前和最大迭代次数。

5.5.2　适应度函数设计

适应度函数是衡量粒子优劣的唯一标准，在求解 MIL 问题的应用中，本书定义了粒子的适应度向量[20]，从示例属性空间的每个维度上对粒子的适应度进行衡量。

定义 5.1（粒子的适应度向量）　利用多样性密度函数,分别计算每个粒子 $x=(x_1,x_2,\cdots,x_D)$ 在示例特征空间每个维度上的多样性密度值,记作 $F_d(x)$:

$$F_d(x) = \prod_i^{l^+} P(x_d \mid B_i^+) \prod_i^{l^-} P(x_d \mid B_i^-) \tag{5.9}$$

称 $\mathrm{Fit}(x)=[F_1(x),F_2(x),\cdots,F_D(x)]$ 为粒子 x 的适应度向量,每个分量分别从各个维度上对粒子的适应度进行衡量。类似于式(5.2),其中

$$P(x_d \mid B_i^+) = 1 - \prod_j \left(1 - \exp(-(x_d - x_{jd})^2) \right)$$

$$P(x_d \mid B_i^-) = \prod_j \left(1 - \exp(-(x_d - x_{jd})^2) \right) \tag{5.10}$$

5.5.3　QPSO-MIL 算法步骤

根据 MIL 与多样性密度函数的定义,多样性密度值大的点往往都离正包中的示例近,而远离负包中的示例,因此本书从正包中随机选择不同的示例,初始化第一代粒子。由于本书定义了粒子的适应度向量,要从各个维度上同时搜索多样性密度函数的全局极大值点,这样极大地提高了粒子收敛的速度,虽然能够保证算法的全局收敛性,但是在收敛的情况下,由于所有的粒子都向最优解的方向飞去,导致粒子不可避免地趋向同一化(多样性损失),丧失了粒子的全局搜索能力,同时算法收敛到一定精度时,无法继续优化,进而陷入局部最优解,针对此问题,本书定义了粒子群在各个维度上的拥挤度函数

$$G(d) = \sum_{i=1}^{M} \left(\mid x_d - \mathrm{Gbest}_d \mid \right) \tag{5.11}$$

式中,$d=1,2,\cdots,D$,当在任一个维度上,拥挤度小于一个阈值时,对粒子群该维上的数据进行重新随机初始化,使粒子群获得新的搜索位置,从而增加了搜索更优解的机会,如此反复,直到迭代结束。最后,QPSO-MIL 算法步骤总结如下。

算法 5.1　QPSO-MIL 算法。

（1）搜索关键字对应的概念点。

输入:带有概念标记的训练包组成的训练集 B。

输出:关键字 w_i 对应的目标概念点 h。

初始化:设置粒子种群规模 M,最大迭代次数 MAXITER,拥挤度阈值 Th。

Step 1:初始化 M 个粒子的初始位置,组成第一代种群 $X^1=\{x_1,x_2,\cdots,x_M\}$,具体方法是将所有正包中的全部示例取出来,组成一个集合 S,从中随机选择 M 个示例,作为每个粒子的初始位置;若 S 中元素的个数小于 M,则对其余的粒子进行随机初始化。设置当前迭代次数 $t=1$,初始化每个粒子的历史最优位置 Pbest_i 与适应度向量 $[\mathrm{PF}_1(x_i),\mathrm{PF}_2(x_i),\cdots,\mathrm{PF}_D(x_i)]$,全局最优位置 Gbest 与适度度向

量 $[GF_1, GF_2, \cdots, GF_D]$。

Step 2：①根据式(5.5)～式(5.8)更新粒子的位置；②由式(5.9)计算每个粒子的适应度向量 $F(x_i)$；③更新每个粒子的历史最优位置与适应度。具体如下。

```
for i=1 to M        //M为种群规模
  for d=1 to D        // D为数据维数
  {
        if Fd(xi)>PFd(xi)
            PFd(xi)= Fd(xi);        //更新 d 维上的适应度
            Pbesti(d)= xi(d);        //更新 d 维上的数值
        end if
  }
```

④用类似方法更新全局最优位置及适度度向量；⑤用式(5.21)判断粒子群各个维度上的拥挤度，若存在小于阈值 Th 的维度，对于所有粒子，此维的数值重新随机初始化；⑥设置当前迭代次数 $t = t + 1$，若 $t > $ MAXITER，$h = $ Gbest，迭代结束，输出 h；否则转①。

(2) 利用 h 对关键字 w_i 的概率预测。

对于未标注图像 J，令 X_j 为分割区域对应的视觉特征，$j = 1, 2, \cdots, m$，用式(5.14)估计 J 与 w_i 的后验概率。

5.6　试验结果与分析

5.6.1　试验图像库

为了验证 QPSO-MIL 算法的有效性，采用图像标注的基准数据集 ECCV 2002[10]进行了对比试验，该数据集包括 5000 幅图像，来自 50 个 Corel Photo CDs，每个 CD 目录下包含同一主题的 100 幅图像。为了确保对比的公平性，本书直接采用文献[10]处理后的数据进行试验，每幅图像采用 Normalized Cut 方法分割为 1～10 个区域，每一个区域用一个 36 维的特征向量进行表示(其中包括颜色、形状、位置等特征)，并且每幅图像手工标注 1～5 个关键字，把数据集分成两部分，其中 4500 幅图像作为训练集，另外 500 幅图像作为测试集，整个标注词汇集共含有 374 个关键词，而出现在测试集中的关键词为 263 个。

5.6.2　试验方法

图 5.2 给出了在含有 4500 幅图像的训练集中各标注关键词出现的次数统计，可以看出，出现次数大于 100 次的词有 36 个，出现次数大于 50 次的词有 74 个，出现次数大于 20 次的词有 141 个，也就是说，有 1/2 以上的词只给定了相当少的训

练图像。这样的训练集在 QPSO-MIL 训练过程中存在以下两个问题:①训练集太大,极大地影响了训练效率;②几乎对于每个关键字,正包与负包的数量严重不平衡,即负包数量远远大于正包数量。为了解决这两个问题,在本书试验中,对于给定的关键字,均随机选择与正包数相同的负包构造一个规模更小但数量平衡的训练集。试验中,粒子规模 $M=500$,最大迭代次数 MAXITER$=100$,拥挤度阈值 Th$=0.001$,为每幅测试图像选取后验概率最大的 5 个关键字作为图像的标注信息,采用 Recall(查全率)与 Precision(查准率)来衡量算法的性能,因为涉及随机选择负包,在后面的试验结果中,QPSO-MIL 算法记录的是 5 次重复试验的平均查全率与查准率。

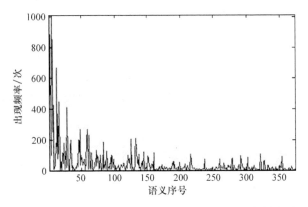

图 5.2　ECCV 2002 训练集标注关键字出现的次数统计

5.6.3　试验结果与分析

首先,分别选择出现频率最高的 30 个和 70 个关键字,与其他基于 MIL 的图像标注方法 SPWDD[21]、DD[3]与 ASVM-MIL[17]进行对比,试验结果如表 5.1 所示。

表 5.1　QPSO-MIL 与其他 MIL 算法的性能比较

算法	70 个关键字		30 个关键字	
	查准率/%	查全率/%	查准率/%	查全率/%
QPSO-MIL	33.52	42.63	40.71	46.25
SPWDD	27.31	35.66	33.86	36.88
ASVM-MIL	31.19	39.73	38.69	42.70
DD	28.61	36.72	34.58	37.89

如表 5.1 所示,QPSO-MIL 方法性能最好,主要原因是量子粒子群优化算法具有很好的全局寻优能力,往往得到的目标概念点是全局最优的,而不是局部最优

的。例如,分别用 QPSO-MIL 方法与多样性密度方法搜索关键字"flower"的概念
点,然后在训练集中列出概念点的 5 个最近邻的示例,结果如图 5.3 所示。可以看
出,量子粒子群优化方法得到的概念点的 5 个最近邻示例全是正确的"flower"图
像块,而多样性密度方法得到的概念点的 5 个最近邻示例均为"grass,tree,leaf"等
区域,这是由于" flower"图像中,往往都伴随着"grass,tree,leaf"等区域,在相应的
多样性密度函数中产生一个很大的伪峰,造成多样性密度方法收敛到这个局部最
优点,没有得到正确的概念点。

(a) QPSO-MIL 方法搜索的概念点的5个最近邻示例

(b) 多样性密度方法搜索的概念点的5个最近邻示例

图 5.3　QPSO-MIL 与多样性密度方法搜索关键字 flower 的概念点的性能对比[2]

为了同其他经典的图像标注方法进行比较,对于出现在测试集中的 263 个关
键字,同翻译模型[10]、跨媒体相关模型[11]和连续相关模型[12]等方法进行比较,试
验结果如图 5.4 所示。可以看出,QPSO-MIL 算法性能稍优于其他方法,这说明
融合 MIL 与量子粒子群优化算法的图像标注是有效的。

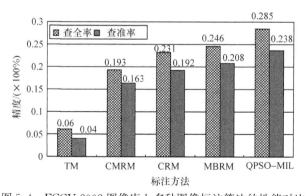

图 5.4　ECCV 2002 图像库上多种图像标注算法的性能对比

5.6.4 算法效率分析

QPSO-MIL 算法执行的主体部分是在每次迭代中,计算每个粒子的适应度向量,其时间复杂度 $T_{Fit}=O(BN \cdot AIN \cdot D)$,其中 BN 表示训练包的个数,AIN 表示每个包中示例的平均个数,D 表示数据的维数。如果 M 表示粒子规模,N 表示迭代次数,则总时间复杂度 $T=O(N \cdot M \cdot T_{Fit})$。在基于 ECCV 2002 图像库的试验中,当训练包数 BN=200 时,计算每个粒子的适应度向量耗时 T_{Fit} 约为 0.008s,迭代过程中,还涉及粒子的进化与更新,QPSO-MIL 算法总耗时约 430s(其中 $M=500$,$N=100$,试验平台为 AMD 4200+处理器,1GB DDR400 内存,Windows 7 操作系统,MATLAB 2010 仿真环境)。而多样性密度方法要以所有正包中的所有示例为搜索起点,利用梯度下降法进行多次迭代才能得到一次搜索结果,在相同的试验条件下,它完成一次搜索则耗时约 6.272s,总体上说,QPSO-MIL 算法效率高于多样性密度方法。

5.7　本章小结

在基于区域的图像标注问题中,本书的主要创新点在于,将量子粒子群优化算法与 MIL 问题相结合,提出了一种新的 MIL 算法——QPSO-MIL 算法,为求解 MIL 问题探索了一个新的思路与方向。相对于传统的多样性密度算法,量子粒子群优化算法不但具有更强的全局寻优能力,而且效率也更高。基于 ECCV 2002 图像库,试验结果表明,QPSO-MIL 算法相对其他 MIL 算法,标注准确率更高,是一种有效的图像标注方法,且相对于传统的有监督机器学习算法,不需要用户对训练样本进行精确的手工标注,提高了图像标注的效率。

本书的工作也存在一些不足,主要表现在:没有将免疫或遗传等思想引入量子粒子群优化算法中,克服量子(粒子)在进化过程中缺乏很好方向指导的缺陷。总之,QPSO-MIL 算法还有待在更大的图像集或其他应用领域进一步验证,由于 MIL 训练样本的特殊性,具有很多探索的空间,因此是一个值得进一步研究的课题。

参 考 文 献

[1] Sun J,Feng B,Xu W B. Particle swarm optimization with particles having quantum behavior[C]. IEEE Proceedings of Congress on Evolutionary Computation,2004:326-331

[2] 李大湘,彭进业,卜起荣. 基于 QPSO-MIL 算法的图像标注[J]. 计算机科学,2010,37(6):278-282,296

[3] Maron O,Ratan A L. Multiple-instance learning for natural scene classification[C]. Procee-

dings of the 15th International Conference on Machine Learning. San Francisco, USA: Morgan Kaufmann Press, 1998: 341-349

[4] Chen Y X, Hariprasad S, Luo B, et al. iLike: bridging the semantic gap in vertical image search by integrating text and visual features[J]. IEEE Transactions on Knowledge and Data Engineering, 2013, 25(10): 2257-2270

[5] Gong Y C, Lazebnik S, Gordo A, et al. Iterative quantization: a procrustean approach to learning binary codes for large-scale image retrieval[J]. IEEE Transactions on Pattern Analysis and Machine Intelligence, 2013, 35(10): 2916-2929

[6] Mensink T J, Verbeek F, Perronnin G C. Distance-based image classification: generalizing to new classes at near-zero cost[J]. IEEE Transactions on Pattern Analysis and Machine Intelligence, 2013, 35(11): 2624-2637

[7] Li Z C, Liu J, Xu C S, et al. MLRank: multi-correlation learning to rank for image annotation[J]. Pattern Recognition, 2013, 46(10): 2700-2710

[8] Cusano C, Ciocca G, Schettini R. Image annotation Using SVM[C]. Proceedings of the SPIE. California: ACM Press, 2004: 330-338

[9] Fan J P, Gao Y L, Luo H Z. Integrating concept ontology and multitask learning to achieve more effective classifier training for multilevel image annotation[J]. IEEE Transactions on Image Processing, 2008, 17(3): 407-426

[10] Duygulu P, Barnard K, Freitas F G, et al. Object recognition as machine translation: learning a lexicon for a fixed image vocabulary[C]. Proceedings of the European Conference on Computer Vision. Berlin: Spring-Verlag, 2002: 97-112

[11] Jeon J, Lavrenko V, Manmatha R. Automatic image annotation and retrieval using cross-media relevance models[C]. Proceedings of the Int'l ACM SIGIR. Toronto: ACM Press, 2003: 119-126

[12] Lavrenko V, Manmatha R, Jeon J. A model for learning the semantics of pictures[C]. Proceedings of the Neural Information Processing Systems (NIPS). Vancouver and Whistler: MIT Press, 2004: 553-560

[13] Feng S L, Manmatha R, Lavrenko V. Multiple Bernoulli relevance models for image and video annotation[C]. Proceedings of the IEEE Conference Computer Vision and Pattern Recognition. Washington DC: IEEE Computer Society, 2004: 1002-1009

[14] Lu H Q, Liu J. Image annotation based on graph learning[J]. Chinese Journal of Computer, 2008, 31(9): 1629-1639

[15] Thomas G, Dietterich R H. Lathrop T L P. Solving the multiple instance problem with axis-parallel rectangles[J]. Artificial Intelligence, 1997, 89 (12): 31-71

[16] Kwok J T, Cheung P M. Marginalized multi-instance kernels[C]. Proceedings of the 20th International Joint Conference on Artificial Intelligence. Hydrabad, 2007: 901-906

[17] Yang C B, Dong M, Hua J. Region-based image annotation using asymmetrical support vector machine-based multiple-instance learning[C]. Proceedings of the 2006 IEEE Computer

Society Conference on Computer Vision and Pattern Recognition. 2006:2057-2063

[18] Kennedy J, Eberhart R. Particle swarm optimization[C]. Proceedings of IEEE International Conference of Neural Networks. Piscataway: IEEE Press, 1995:1942-1948

[19] 段其昌,张红雷. 基于搜索空间可调的自适应粒子群优化算法与仿真[J]. 控制与决策, 2008,23(10):1192-1195

[20] 李大湘,彭进业,卜起荣. 基于 QPSO-MIL 算法的图像标注[J]. 计算机科学,2010,37(6): 278-282,296

[21] Yang C, Dong M, Fotouhi F. Region-based image annotation through multiple-instance learning[C]. Proceedings of ACM Multimedia. Singapore: ACM Press, 2005:435-438

第6章 基于视觉空间投影的多示例学习算法与图像检索

针对基于对象的图像检索(OBIR)问题,本章基于视觉空间投影,在包的层次上设计出另一种 MIL 算法。该算法将图像当做包,分割区域的视觉特征当做包中的示例,按"点密度"最大原则,提取"视觉语义"用来构造一个视觉投影空间,然后利用定义的非线性函数将包映射成视觉投影空间中的一个点,获得图像的"视觉投影特征",并采用粗糙集(rough set, RS)方法对其进行属性约简,再用半监督的直推式支持向量机(transductive support vector machine, TSVM)进行学习得到分类器。试验结果表明该方法是有效的且性能优于其他 MIL 方法。

6.1 引　　言

传统的基于内容的图像检索(CBIR)[1-3]通常都是度量图像之间的整体相似性,而基于对象的图像检索[4]问题,用户感兴趣的只是图像中的某个区域,而非整幅图像,即要求返回的图像具有相同的对象语义(即包含相同的主要目标对象)。由于基于对象的图像检索方法比基于全局的基于内容的图像检索方法更符合用户的检索需求,则此类方法已经成为图像检索领域的一个新的研究热点。例如,基于显著点的方法[5]、基于空间上下文的方法[6]以及基于对象语义的方法[4]等。

要在有监督的学习框架下进行对象图像检索,需要解决如下三个问题:①图像语义的表示问题,即研究如何表示图像所包含的各种高层语义;②小样本学习问题,即用户在进行图像检索过程中,不可能提供或反馈大量的图像用于分类器的训练;③训练样本的标注问题,因为有监督学习每个训练样本都要有一个明确的类别标号,这一般都是依靠手工标注的方式来获得的,不但费时费力,而且还带有主观偏差。如图 6.1 所示,假设这是两幅用户提供的"apple"类图像及其分割区域,若用传统的有监督机器学习方法训练"apple"分类器,用户还要在图像中指明感兴趣的具体区域(因为图像中还包含很多非"apple"区域)。

图 6.1　部分图像及分割区域示例[7]

　　1997 年,Dietterich 等[8] 在药物活性预测的研究工作中提出了 MIL 的概念,在传统的机器学习框架中,训练样本与概念标号是一一对应的,而在 MIL 问题中,训练样本称为包,每个包含有多个示例,示例没有概念标号,只有包具有概念标号,若包中至少有一个示例是正例,则该包标记为正,若包中所有示例都是反例,则该包标记为负。MIL 算法就是通过对训练包的学习,得到一个能对未知包进行预测的分类器。例如,要训练一个"apple"对象的分类器,若将图像当做包,分割区域对应的视觉特征当做包中的示例,对任一幅包含"apple"的图像对应的包标为正包,其他图像对应的包标为负包,就可用 MIL 的方法来训练"apple"对象分类器。因为 MIL 框架中的训练样本是包,训练过程中只要知道包(图像)的标号,所以在进行训练样本的标注时,标号只要分配给整幅图像,而不是图像的分割区域,简化了手工标注的复杂度,极大地提高了训练样本的手工标注效率。

　　在过去的近十年间,基于轴平行矩形[8]、多样性密度[9]、kNN 思想[10]、神经网络以及支持向量机等经典的 MIL 算法被相继提出,在药物活性预测与图像检索等领域得到成功的应用,具体请参阅相关综述文献[11,12]。本章先对基于支持向量机的主要 MIL 算法进行介绍,Andrews 等[13] 通过对支持向量机进行扩展,提出了两种基于支持向量机的 MIL 算法,即 mi-SVM 算法与 MI-SVM 算法,该类方法通过将 MIL 的约束引入支持向量机的目标函数中,因为这样的目标函数往往是非凸的,所以采用迭代的方法进行求解,往往得到的是局部最优解,而非全局最优解,Gehler 和 Chapelle[14] 则采用确定性退火的方法求解这个优化问题,可以得到更好的局部解;Gartner 等[15] 提出了集核(set kernel)和统计核(statistic kernel)等多示例核,用于度量包之间的相似性,将 MIL 问题转化成传统的支持向量机学习问题,但多示例核不能反映 MIL 问题的一个显著特性,即正包中至少含有一个正样本,负包中的所有示例全是负样本。对于这个问题,Kwok 和 Cheung[16] 则采用边缘核(marginalized kernel)的定义方法,给出了一种新的多示例核的计算方法;为了将 MIL 问题转化成标准的有监督学习问题进行求解,Chen 等提出了 DD-SVM[17] 与 MILES[18] 两种经典的 MIL 算法,其共同思想是:构造一个目标空间,通过定义的非线性投影函数,将多示例包嵌入成目标空间中的一个点,从而将多示例包转化成单个样本,再用支持向量机方法求解 MIL 问题。

　　近年以来,半监督 MIL 算法也被提出,其中 Rahmani 和 Goldman[19] 最先提出了一种基于图的半监督 MIL 算法——MISSL 算法,用于基于对象的图像检索问题,该方法首先计算包与包之间的相似性,建立基于包的相似矩阵,对每个包引入"能量"的概念,认为半监督学习就是一个正包中的标签向未标注包的传递过程。该方法存在的问题是,能量函数定义过于经验化,缺乏理论上的推导,包与包之间的相似性度量也不精确,常导致最后结果的偏差。除此之外,还有 Zhou 和 Xu[20] 提出的 missSVM 算法与 Wang 等[21] 提出的 GMIL 算法等,均用于对象图像检索问题。

6.2　现有工作与不足

将多示例包转化成单个样本,从而用有监督学习方法来求解 MIL 问题,是 MIL 算法中非常有效的一类方法。其中最为经典的有 Chen 等提出的 DD-SVM[17]与 MILES[18]算法,其中 DD-SVM 算法利用多样性密度函数,在示例属性空间寻找正负样本的概念点,称为"insance prototype",用来构造"包属性空间",再利用一个非线性映射,将每个训练包投影成"包属性空间"中的一个点,将 MIL 问题转化成一个有监督的学习问题。由于采用多样性密度函数寻找"insance prototype"是一个非常费时的过程,极大地影响了整个算法的效率,针对这一问题,在 MILES 算法中则简单地利用训练包中所有的示例构造投影空间,显然,通过这样的方式得到的投影特征维数将特别高,存在大量冗余的、与分类无关的信息,虽然 Chen 采用了 1-norm SVM(1 范数支持向量机),在支持向量机学习的同时,具有特征选择的功能,但 1-norm SVM 的学习与分类能力往往不如 2-norm SVM(2 范数支持向量机),从而影响了算法最终的预测精度。

针对上述问题,本章以图像的视觉语义为基础,设计了一种新空间转换模型,然后融合粗糙集属性约简与直推式支持向量机[22],提出了一种新的半监督 MIL 算法,称为 RSTSVM-MIL 算法[23],在 MIL 的框架下进行对象图像检索。该方法将图像当做包,分割区域的视觉特征当做包中的示例,根据"点密度"最大原则,提取"视觉语义"(visual semantic, VS),构造"视觉语义投影空间"(简称"视觉投影空间"),定义了一个非线性映射,将每一个包嵌入成"视觉投影空间"中的点,得到包的"视觉语义投影特征"(简称"视觉投影特征"),把包转化成单个样本;为了提高学习的效率与分类精度,以及利用大量的未标注图像来提高分类器的性能,先用粗糙集方法对"视觉投影特征"进行约简,约去冗余的、与分类无关的信息,然后再采用直推式支持向量机进行半监督的学习和对象图像检索。在 SIVAL 图像库的对比试验结果表明,RSTSVM-MIL 算法优于其他同类 MIL 算法,是一种有效的对象图像检索算法。

6.3　RSTSVM-MIL 算法

6.3.1　视觉投影空间构造

假设要训练一个针对对象 w 的 MIL 分类器,设 $L=\{(B_1,y_1),(B_2,y_2),\cdots,(B_{|L|},y_{|L|})\}$ 表示已标注的图像集,其中 $y_i\in\{-1,+1\}$,$i=1,2,\cdots,|L|$,$+1$ 表示包含对象 w 的图像,-1 表示不包含对象 w 的图像,$U=\{B_1,B_2,\cdots,B_{|U|}\}$ 表示未标注的图像集。不妨设任一图像 B_i 被分割成 n_i 个区域,每个区域对应的视

觉特征向量记作 $x_{ij} \in R^d, j = 1, 2, \cdots, n_i, d$ 表示视觉特征向量的维数,则称 $B_i = \{x_{ij} | j = 1, \cdots, n_i\}$ 为 MIL 训练包,x_{ij} 为包中的示例。将 L 中所有图像的所有示例排在一起,称为示例集,记为

$$S = \{x_k | k = 1, 2, \cdots, n\} \tag{6.1}$$

式中,$n = \sum_{i=1}^{|L|} n_i$ 表示示例的总数。基于"点密度"最大原则,就是对示例集 S 进行分析,选择点密度大的示例,称为"视觉语义",用来构造视觉投影空间。

定义 6.1(δ-邻域)　给定实数空间上的非空有限集合 $A = \{x_1, x_2, \cdots, x_n\}$,以 R^d 为论域,对于 A 上的任意对象 x_i,定义其 δ 邻域为

$$\delta(x_i) = \{x | x \in R^d, \Delta(x, x_i) \leqslant \delta\} \tag{6.2}$$

式中,$\delta \geqslant 0$;$\Delta(x, x_i) = \| x - x_i \|^2$ 为 x 与 x_i 之间的欧氏距离。

定义 6.2(点密度)　设 A 是一个非空有限集,对于任意对象 x_i,以 A 为论域,其 δ 邻域内的点的个数称为点 x_i 基于距离 δ 的点密度,记为

$$d(x_i) = |\delta(x_i)| = |\{x | x \in A, \Delta(x, x_i) \leqslant \delta\}| \tag{6.3}$$

定义 6.3(视觉语义)　根据局部"点密度"最大原则,在示例空间选择"点密度"大的示例,称为"视觉语义",记为 v_i;由视觉语义组成的集合称为"视觉投影空间",记为 $R = \{v_1, v_2, \cdots, v_N\}$,其中 N 为"视觉语义"的个数。

基于以上定义与原则,构造视觉投影空间步骤如下。

算法 6.1　构造视觉投影空间 VWT

输入:示例集 $S = \{x_k | k = 1, 2, \cdots, n\}$,邻域半径 δ。

输出:投影空间 R。

初始化:VWT $= \Phi$。

Step1:以 S 为论域,用式(6.3)计算每个示例 x_k 的点密度 $d(x_k)$,得

$$D = \{d(x_1), d(x_2), \cdots, d(x_n)\};$$

Step2:在 D 中选择点密度最大值 $d(x_k)$,设对应的示例为 v_k,进行如下操作。

(1) 将 v_k 加入 R,即 $v_k \rightarrow$ VWT。

(2) 对于 $\forall x_i \in \delta(v_k)$,在 D 中删除其对应的元素 $d(x_i)$。

Step3:如果 D 非空,跳转 Step2;否则输出 VWT,结束。

在有监督学习的训练样本中,往往具有相同概念标记的样本,在特征空间都会聚集成一簇或几簇,通过上述方法提取的"视觉语义"通常都是一簇示例的中心点,对应一个明确的高层语义,所以称为"视觉语义"。

自适应邻域半径 δ:在示例集 S 中,计算所有示例 x_k 与其第 K 个最近邻的示例之间的距离,记为 $\mathrm{Dist}(x_k)$,则

$$\delta = \frac{1}{n} \sum_{k=1}^{n} \mathrm{Dist}(x_k) \tag{6.4}$$

这是由于用户指定 K 比指定 δ 更容易,且算法能自动根据示例分布的疏密程度自动调节邻域半径,鲁棒性增强。

6.3.2　视觉投影特征计算

设 $R=\{v_1,v_2,\cdots,v_N\}$ 为投影空间,其中 v_i 为第 i 个"视觉语义",N 为"视觉语义"的个数。通过算法 6.1 提取的 v_i,往往代表一簇特征向量,反映一个潜在概念 θ,若将此目标概念 θ 当做隐变量,特征向量 x 当做观测变量,根据 x 与 v_i 之间的欧氏距离,x 与 θ 的相关度定义为

$$p(\theta|x,v_i)=\exp(-\parallel x-v_i\parallel^2) \tag{6.5}$$

则图像 $B_i=\{x_{ij}\,|\,j=1,2,\cdots,n_i\}$ 在投影空间 R 的投影特征定义为

$$\begin{cases} \phi(B_i)=[s(v_1,B_i),s(v_2,B_i),\cdots,s(v_N,B_i)] \\ s(v_k,B_i)=\max\limits_{j=1,2,\cdots,n_i}\exp(-\parallel x_{ij}-v_k\parallel^2) \end{cases} \tag{6.6}$$

式中,$k=1,2,\cdots,N$,称式(6.6)为非线性投影函数。根据式(6.5),投影特征各个维度上的值本质上体现了该图像包含每个"视觉语义"的可信度及共现关系。

虽然原图像被分割成多个区域,但通过式(6.6)的投影(空间转换),相当于将图像嵌入成"视觉投影空间"中的一个点,变成单个训练样本,若为感兴趣图像,对应的样本标为正;若为非感兴趣图像,则标为负。这样,MIL 问题则转化成标准的有监督学习问题。显然,在训练图像的手工标注过程中,只要给整个图像标注一个标号,而不是标注到具体的区域上,也就是说,用户具体是对图像中的哪个区域感兴趣不必标注,这样,极大地简化了训练样本的手工标注过程。

6.3.3　RSTSVM-MIL 算法步骤

利用算法 6.1 与式(6.6)得到多示例包的视觉投影特征,肯定存在与分类无关的冗余信息,本书先采用粗糙集方法对其进行属性约简,再用直推式支持向量机进行半监督学习,这样,既能提高 RSTSVM-MIL 算法的训练与预测效率,还能利用大量的未标注图像来提高分类器的整体性能。

1. 粗糙集属性约简

粗糙集理论是 20 世纪 80 年代初由波兰数学家 Pawlak 教授[24]首先提出的,属性约简是其核心内容之一,其主要思想是:知识库中知识(属性)并不是同等重要的,甚至其中某些知识是冗余的,在保持知识库分类能力不变的条件下,可以删除其中不相关或不重要的知识。因为 Pawlak 粗糙集模型只适合处理离散变量,胡清华等[25-28]基于邻域粗糙集模型,并利用依赖性函数,先后提出了多种适合数值型属性的贪心式属性约简算法。

在模式识别中,训练样本由一系列数值型特征进行描述,且样本被分成两个或多个类别,分类学习就是通过对这些样本集合进行学习而得到一个判别函数,实现从特征空间到决策的映射。可表示成如下形式。

定义 6.4(邻域决策系统)　给定样本集 $U=\{x_1,x_2,\cdots,x_n\}$,A 是描述 U 的实数型特征集合,D 是决策属性,如果 A 生成论域上的一族邻域关系,则称 NDT $=\langle U,A,D\rangle$ 为一个邻域决策系统。

定义 6.5(属性重要度)　给定一个邻域决策系统 NDT $=\langle U,A,D\rangle$,$B\subseteq A$,$a\in A-B$,定义 a 相对于 B 的重要度为

$$\mathrm{SIG}(a,B,D)=\gamma_{B\cup\{a\}}(D)-\gamma_B(D) \tag{6.7}$$

式中,$\gamma_B(D)=\mathrm{Card}(\underline{N_X}D)/\mathrm{Card}(U)$ 表示决策属性 D 对于条件属性 X 的依赖性,$\underline{N_X}D$ 表示决策 D 关于 X 的邻域下近似,$\mathrm{Card}(X)$ 表示 X 中的元素数量(相关定义与定理请参阅文献[25]~[28])。

利用属性重要度,文献[25]~[28]的贪心式属性约简算法是:以空集为起点,每次计算全部剩余属性的重要度,从中选择重要度最大的属性加入约简集,直到所有剩余属性的重要度为零,即加入任何新属性,系统依赖性函数值不再发生变化。步骤如下。

算法 6.2　贪心式属性约简

输入:NDT $=\langle U,A,D\rangle$。

输出:约简集 red。

初始化:red $=\Phi$。

Step 1:$a_i\in A-$red,计算其邻域关系 N_a。

Step 2:对于任意 $\forall a_i\in A-$red,按式(6.7)计算 $\mathrm{SIG}(a_i,\mathrm{red},D)$。

Step 3:选择 a_k,其满足:

$$\mathrm{SIG}(a_k,\mathrm{red},D)=\max_i(\mathrm{SIG}(a_i,\mathrm{red},D))$$

Step 4:if $\mathrm{SIG}(a_k,\mathrm{red},D)>0$

　　　red $=$ red $\cup\{a_k\}$; go to Step 2;

　　else

　　　return red;

　　end

2. 直推式支持向量机

设 v'_i 为约简后保留下来的特征所对应的"视觉语义",则记 $\overline{R}=\{v'_1,v'_2,\cdots,v'_M\}$ 为"约简投影空间",其中 $M\ll N$,"约简投影特征"可用类似于式(6.6)的方式计算,即

$$\overline{\phi}(B_i)=[s(v'_1,B_i),s(v'_2,B_i),\cdots,s(v'_M,B_i)] \tag{6.8}$$

通过 $\bar{\phi}(B_i)$ 变换,将每个包嵌入成约简投影空间中的一个点,在约简投影空间,为了同时在已标注和未标注样本上最大化 margin,下面简要介绍 Vikas 等提出的直推式支持向量机算法原理,具体的描述和证明参见文献[22]和[23]。

给定一组独立同分布的 $|L|$ 个已标记训练样本集 $L=\{(\bar{\phi}(B_1),y_1),\cdots,(\bar{\phi}(B_{|L|}),y_{|L|})\}$,$y_i \in \{-1,+1\}$ 和另一组具有同一分布的 $|U|$ 个未标记测试样本 $U=\{\bar{\phi}(B_1^*),\cdots,\bar{\phi}(B_{|U|}^*)\}$。直推式支持向量机方法的基本思想是同时在已标注和未标注样本上最大化 margin,其目标函数为[22,23]

$$
\begin{cases}
\min(w,y_1',\cdots,y_{|U|}'): & \dfrac{\lambda}{2}\parallel w\parallel^2 + \dfrac{1}{2|L|}\sum_{i=1}^{|L|}\mathrm{loss}(y_i w^{\mathrm{T}}\bar{\phi}(B_i)) \\
& \quad + \dfrac{\lambda^*}{2|U|}\sum_{j=1}^{|U|}\mathrm{loss}(y_j' w^{\mathrm{T}}\bar{\phi}(B_j')) \\
\mathrm{subject\ to:} & \dfrac{1}{|U|}\sum_{j=1}^{|U|}\max[0,\mathrm{sign}(w^{\mathrm{T}}\bar{\phi}(B_j'))]=r
\end{cases}
\tag{6.9}
$$

式中,$|L|$ 为已标注样本的总数;$|U|$ 为未标注样本的总数;$\mathrm{loss}(z)$ 为损失函数,通常 $\mathrm{loss}(z)=\max(0,1-z)$;$y_j^* \in \{-1,1\}(j=1,2,\cdots,|U|)$ 是在优化过程中分配给未标注样本的标号;r 为希望标记为正的样本数占未标注样本总数的比例;λ 为控制参数,用来调节算法复杂度与损失函数之间的平衡;λ^* 也是一个控制参数,用于控制未标注样本的影响强度。换句话说,直推式支持向量机就是要寻找一个最优分类超平面 w^* 和未标注样本的一组标号 $y_j^* \in \{-1,1\}(j=1,2,\cdots,|U|)$,使式(6.9)的目标函数最小化,且满足未标注样本的 r 部分必须标注为正的约束条件。设最优解为 w^*,则包分类器为

$$
\mathrm{label}(B)=\mathrm{sign}(w^{*\mathrm{T}}\bar{\phi}(B))
\tag{6.10}
$$

最后,本书提出的 RSTSVM-MIL 对象图像检索算法步骤总结如下。

算法 6.3　RSTSVM-MIL 算法

输入:已标注图像集 L、测试图像集 U(即未标注图像集)与 K 值。

输出:测试图像集 U 的标号 $\{y_j^*\}_{j=1}^{|U|}$ 和直推式支持向量机分类器(w^*)。

Step1:构造 MIL 训练包,对 $\forall B_i \in L \cup U$,用图像分割技术对其进行分割,设分割成 n_i 个区域,相应的 MIL 训练包记为 $B_i=\{x_{ij}|j=1,2,\cdots,n_i\}$,其中 $x_{ij} \in R^d$ 表示相应区域的底层视觉特征(即包中的示例)。

Step2:生成 VS,构造投影空间 R。① 将 L 中所有 MIL 包 B_i 中所有的示例 x_{ij} 排在一起,得到示例集 $S=\{x_t \mid t=1,2,\cdots,n\}$,其中 $n=\sum_{i=1}^{|L|}n_i$ 表示示例的总数;② 根据 K 值用式(6.4)自适应邻域半径 δ,再调用算法 6.1,提取视觉语义 v_k,构造投影空间 $R=\{v_1,v_2,\cdots,v_N\}$。

Step3:计算投影特征及粗糙集约简。①初始化 $A=\Phi$;②对 $\forall B_i \in L$ 为带有标号的图像,用式(6.6)计算其投影特征 $\phi(B_i)$,将$(\phi(B_i),y_i)$加入 A,其中 y_i 为包 B_i 的标号;③在 A 中,用粗糙集方法进行属性约简,消除与分类无关的冗余特征,设 $\overline{A}$ 为约简结果,根据 $\overline{A}$ 中保留下来的特征对应的"视觉语义",得到约简投影空间 $\overline{R}=\{v_1',v_2',\cdots,v_M'\}$。

Step4:训练直推式支持向量机分类器。①对 $\forall B_j \in U$ 为未标注的图像,用式(6.8)计算其约简投影特征 $\overline{\phi}(B_j)$,将$(\overline{\phi}(B_j),0)$加入 $\overline{A}$,其中未标注包的标号记为零;②根据 $\overline{A}$,求解式(6.9)优化问题。

Step5:返回测试图像 U 的类别标号$\{y_j^*\}_{j=1}^{|U|} \in \{-1,+1\}$和直推式支持向量机分类器$(w^*)$。

6.4 试验结果与分析

6.4.1 图像库及试验方法

选用 SIVAL 图像集进行对比试验,该图像集是一个人为设计的对象图像检索标准测试集,包含 25 类不同物体,分别放置在 10 个不同场景中,且物体放置在场景的 6 种不同的位置和光照条件下,如此构成一个 1500 幅图像的数据库。每幅图像被预先分割成约 30 个区域,提取每个区域 30 维的颜色、纹理和近邻的底层视觉特征,细节请参阅文献[12]。根据 MIL 的定义,将每幅图像当做一个包,每个分割区域的 30 维视觉特征当做包中的示例。试验平台为 AMD4200+处理器,1GB DDR800 RAM,Windows XP 操作系统,MATLAB7.01 仿真环境。

RSTSVM-MIL 中的直推式支持向量机来自 SVMlin 软件包(http://vikas. sindhwani. org/ svmlin. html),采用"one-vs-rest"的方法处理多类问题,具体方法是:在每次试验中,从某类图像中随机选取 8 幅,标为正包,其他 24 类的所有图像中随机选取 8 幅标为负包,剩下所有的图像为未标注的包。直推式支持向量机中有 λ,λ^* 和 r 参数,试验中固定 $r=0.03,\lambda=1$,然后利用"2-fold 交叉检验"方法在参数集 $\lambda^* \in \{0.01,0.1,1,10\}$ 上寻找最佳参数。由于 AUC 值(即 ROC 曲线下的面积)能够刻画检索结果排序的优劣,本书采用 AUC 值来评估算法的性能。

6.4.2 算法性能与 K 的关系

在构造投影空间时,要用式(6.4)自适应邻域半径 δ,K 必须预先设置,为了验证 K 值对检索精度的影响,K 以 10 为初值,步长为 5,最大值为 50,基于 CockCan 类图像,按照 6.4.1 节所述的试验方法,对 1-norm SVM 方法[18]和本书的 RSTS-VM 方法进行对比,特征选择(属性约简)后保留下来的"视觉语义"平均数量如图 6.2(a)所示,平均 AUC 值如图 6.2(b)所示(30 次随机选择训练集,重复 30 次试验）。

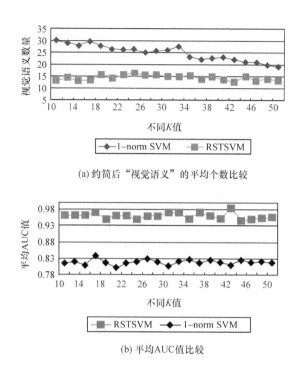

(a) 约简后"视觉语义"的平均个数比较

(b) 平均AUC值比较

图 6.2　K 取不同的值时对 1-norm SVM 与 RSTSVM 算法的影响

由图 6.2(b) 所示,虽然 K 从 10 变到了 50,本书的 RSTSVM 算法得到的 AUC 值(ROC 曲线下的面积)总保持在 0.96 左右,可见 RSTSVM 算法的性能受 K 影响不大,具有很强的鲁棒性。主要原因是:K 越小,邻域半径 δ 则越小,提取的初始视觉语义个数越多,在投影特征中带来的冗余信息也更多,但经粗糙集约简后,这些冗余信息会被粗糙集方法约掉,如图 6.2(a) 所示,剩下的对分类真正有意义的视觉语义个数保持在 15 个左右,波动范围很小。而 1-norm SVM 的方法,其选择的特征数不但多于粗糙集的方法,且波动范围更大,平均 AUC 值约为 0.82。这是由于粗糙集作为专门的数据工具,相对于 1-norm SVM,其具有更好的特征选择功能,并且直推式支持向量机的学习与分类能力也强于 1-norm SVM。

6.4.3　对比试验及分析

为了进一步验证 RSTSVM-MIL 算法的有效性(设置 $K=30$),将其与 GMIL[21]、MISSL[19] 以及 missSVM[20] 等半监督 MIL 算法进行对比试验。基于 25 类图像,按照 6.4.1 节所述的试验方法,每个试验均重复 30 次,平均 AUC 值如表 6.1 所示。为了验证半监督在 MIL 中的有效性,将 RSTSVM-MIL 算法与监督版本的 MILES 算法[18] 进行了对比试验,随着已标注图像数量 $|L|$ 的增加,30 次随机重复

试验的平均 AUC 值变化曲线如图 6.3(a)所示；然后将 $|L|$ 固定为 20，随着未标注图像数量 $|U|$ 的增加，30 次随机重复试验的平均 AUC 值变化曲线如图 6.3(b)所示(已标注图像确保一半是正一半是负)。

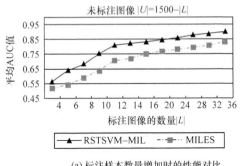

(a) 标注样本数量增加时的性能对比

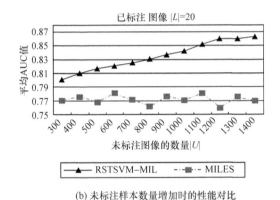

(b) 未标注样本数量增加时的性能对比

图 6.3　RSTSVM-MIL 与 MILES 算法[9] 比较结果

　　如表 6.1 所示，RSTSVM-MIL 算法总体上优于其他 MIL 算法，主要原因是：本书设计的视觉投影特征能很好地描述图像中所包含的各种对象语义，并且融合粗糙集约简与 TSVM 的半监督 MIL 算法，对环境具有很强的适应性与鲁棒性。而 GMIL、MISSL 和 missSVM 等算法都是基于图的半监督 MIL 算法，它们都要事先确定一个相似度函数，度量包之间的相似性，用来构造相似图，如果将包当做集合，包中的示例当做集合中的元素，计算包之间的相似性实际上就是要度量两个不同集合之间的相似性，这不但要增加计算机的计算量，且得到的相似性常偏向那些包含示例数较多的包，从而导致最终结果也不精确。

　　从图 6.3(a)可以看出，随着标注样本数量的增大，RSTSVM-MIL 与 MILES 算法[18] 的性能都在提高，但 RSTSVM-MIL 总是比 MILES 的好；从图 6.3(b)可以看出，随着未标注样本数量的增加，RSTSVM-MIL 算法的性能在慢慢提高，而MILES 算法的性能却在波动，这说明利用未标注样本的半监督 MIL 方法确实可以用来提高 MIL 算法性能,从而提高 MIL 的预测精度。

表 6.1　多种半监督 MIL 算法 30 次重复试验的平均 AUC 值与均方差对比(×100)

图像类别	RSTSVM-MIL	GMIL[20]	MISSL[18]	missSVM[19]
编织软盒	98.3±0.4	94.6±0.6	97.7±0.3	96.9±0.9
格子围巾	97.5±0.5	94.0±0.6	88.9±0.7	94.5±0.8
花毡地毯	97.2±0.6	93.1±0.8	90.5±1.1	87.8±2.0
可乐罐	96.8±054	94.1±0.6	93.3±0.9	94.2±0.8
脏跑鞋	96.3±0.7	86.3±0.8	78.2±1.6	86.7±1.7
WD40 罐	96.2±0.9	89.5±0.8	93.9±0.9	92.5±1.1
绿茶盒	94.6±1.0	88.2±1.2	80.4±3.5	89.2±1.6
烛台	93.2±1.1	86.0±1.3	84.5±0.8	82.4±2.0
雪碧罐	93.1±1.3	81.2±1.5	82.1±2.8	84.1±1.8
橙子	91.3±1.3	90.0±2.1	88.4±2.8	86.4±2.1
笑脸娃娃	90.5±1.2	80.4±1.7	80.7±2.0	77.6±2.0
锅	88.9±1.3	84.8±1.6	68.0±6.2	76.9±3.5
金牌	87.5±1.4	83.7±1.7	83.4±2.7	76.1±2.9
卡片盒	87.1±1.5	81.0±1.5	69.6±2.5	78.4±2.2
数据挖掘书	86.6±1.2	79.4±1.3	77.3±4.3	76.0±2.1
脏手套	86.3±1.3	81.1±1.4	73.8±3.4	76.4±2.2
蓝海绵	84.6±1.4	79.6±1.5	76.8±6.2	74.2±2.8
条纹记事簿	82.4±1.5	77.0±1.7	70.2±2.9	76.1±2.5
半透明的碗	78.8±1.3	78.1±1.7	63.2±6.2	73.1±3.1
香蕉	76.8±1.7	76.4±1.9	62.4±4.3	68.4±3.4
木擀面杖	76.8±1.5	69.5±1.6	51.6±2.6	63.5±2.0
苹果	74.2±1.5	72.7±1.5	51.1±4.4	62.7±2.8
大勺子	70.8±1.7	64.3±1.8	50.2±2.1	58.7±3.1
说唱书	67.2±1.6	72.4±1.9	61.3±2.8	66.9±2.3
釉面木锅	66.7±1.6	73.4±1.8	51.5±3.3	69.7±3.0
平均精度	86.3	82.0	74.8	78.6

6.5　本章小结

本章融合视觉空间投影、粗糙集属性约简与直推式支持向量机,提出了一种新的半监督 MIL 算法,称为 RSTSVM-MIL 算法,在 MIL 框架下进行对象图像检索,其创新性是:以视觉语义建立图像底层特征与高层语义之间的联系,可以缩小"语义鸿沟",能很好地表达图像中所含的对象语义;利用 MIL 训练包的性质,用户只要对整个图像给定一个标号,而不必对具体区域进行标注,可简化训练样本的手工标注过程；先采用粗糙集属性约简，再用半监督的直推式支持向量机训练分类器，使 RSTSVM-MIL 算法对生成"视觉语义"的 K 值具有很强的鲁棒性，且可以利用大量的未标注图像提高分类器的性能，使小样本学习问题在一定程度上也能得到解决。基于 SIVAL 图像库的对比试验结果表明，本章提出的 MIL 算法优于其他方法，是一种非常有效的基于对象的图像检索方法。

参 考 文 献

[1] Chen Y X, Hariprasad S, Luo B, et al. iLike: bridging the semantic gap in vertical image search by integrating text and visual features[J]. IEEE Transactions on Knowledge and Data Engineering, 2014, 25(10): 2257-2270

[2] Gong Y C, Lazebnik S, Gordo A, et al. Iterative quantization: a procrustean approach to learning binary codes for large-scale image retrieval[J]. IEEE Transactions on Pattern Analysis and Machine Intelligence, 2014, 35(10): 2916-2929

[3] Mensink T, Verbeek J, Perronnin F, et al. Distance-based image classification: generalizing to new classes at near-zero cost[J]. IEEE Transactions on Pattern Analysis and Machine Intelligence, 2014, 35(11): 2624-2637

[4] Philbin J, Chum O, Isard M, et al. Object retrieval with large vocabularies and fast spatial image matching[C]. Proceedings of IEEE Conference on Computer Vision and Pattern Recognition. Minneapolis: IEEE Press, 2007: 1-8

[5] 李杰, 程义民, 葛仁明, 等. 基于显著点特征多示例学习的图像检索[J]. 光电子·激光, 2008, 19(10): 1405-1409

[6] 高科, 林守勋, 张勇东, 等. 基于空间上下文的目标图像检索[J]. 计算机辅助设计与图形学学报, 2008, 20(11): 1452-1458

[7] 李大湘. 基于多示例学习的图像检索与分类算法研究[D]. 西安: 西北大学博士学位论文, 2011

[8] Dietterich T G, Lathrop R H, Lozano-Pérez T. Solving the multiple instance problem with axis-parallel rectangles[J]. Artificial Intelligence, 1997, 89(12): 31-71

[9] Maron O, Ratan A L. Multiple-instance learning for natural scene classification[C]. Proceedings of the 15th International Conference on Machine Learning. Madison: ACM Press, 1998: 341-349

[10] Wang J, Zucker J D. Solving the multiple-instance problem: a lazy learning approach[C]. Proceedings of the 17th International Conference on Machine Learning. San Francisco: IEEE Press, 2000: 1119-1125

[11] 蔡自兴, 李枚毅. 多示例学习及其研究现状[J]. 控制与决策, 2004, 19(6): 607-611

[12] 李大湘, 赵小强, 李娜. 图像语义分析的 MIL 算法综述[J]. 控制与决策, 2013, 28(4): 481-488

[13] Andrews S, Hofmann T, Tsochantaridis I. Multiple instance learning with generalized support vector machines[C]. Proceedings of the 18th National Conference on Artificial Intelligence. Edmonton: IEEE Press, 2002: 943-944

[14] Gehler P V, Chapelle O. Deterministic annealing for multiple-instance learning[C]. Proceedings of the 11th International Conference on Artificial Intelligence and Statistics (AISTATS 2007). San Juan: ACM Press, 2007: 123-130

[15] Gartner T, Flach P A, Kowalczyk A, et al. Multi-instance kernels[C]. Proceedings of the 19th International Conference on Machine Learning. Sydney: IEEE Press, 2002: 179-186

[16] Kwok J T, Cheung P M. Marginalized multi-instance kernels[C]. Proceedings of the 20th International Joint Conference on Artificial Intelligence. Hydrabad: IEEE Press, 2007: 901-906

[17] Chen Y X, Wang J Z. Image categorization by learning and reasoning with regions[J]. Journal of Machine Learning Research, 2004, 5(8): 913-939

[18] Chen Y X, Bi J B, Wang J Z. MILES: multiple-instance learning via embedded instance selection[J]. IEEE Transactions on Pattern Analysis and Machine Intelligence, 2006, 28(12): 1931-1947

[19] Rahmani R, Goldman S A. MISSL: multiple-instance semi-supervised learning[C]. Proceedings of the 23rd International Conference on Machine Learning. Pittsburgh: Carnegie Mellon University Press, 2006: 705-712

[20] Zhou Z H, Xu J M. On the relation between multi-instance learning and semi-supervised learning[C]. Proceedings of the 24th ICML. Corvalis: IEEE Press, 2007: 1167-1174

[21] Wang C H, Zhang L J, Zhang H J. Graph-based multiple-instance learning for object-based image retrieval[C]. Proceeding of the 1st ACM International Conference on Multimedia Information Retrieval. Vancouver: ACM Press, 2008: 156-163

[22] Vikas S, Keerthi S S. Large scale semi-supervised linear SVMs[C]. Proceedings of the 29th Annual International ACM SIGIR Conference on Research and Development in Information Retrieval. Washington DC: ACM Press, 2006: 477-484

[23] 李大湘, 彭进业, 李展. 基于半监督多示例学习的对象图像检索[J]. 控制与决策, 2010, 25(7): 981-986

[24] Pawlak Z. Rough sets[J]. International Journal of Computer and Information Sciences, 1982, 11(5): 341-356

[25] Hu Q H, Xie Z X, Yu D. Hybrid attribute reduction based on a novel fuzzy-rough model and information granulation[J]. Pattern Recognition, 2007, 40(12): 3509-3521

[26] Hu Q H, Yu D R, Xie Z X. Neighborhood classifiers[J]. Expert Systems with Applications, 2008, 34(2): 866-876

[27] Hu Q H, Yu D R, Liu J F, et al. Neighborhood rough set based heterogeneous feature subset selection[J]. Information Sciences, 2008, 178(18): 3577-3594

[28] 胡清华, 于达仁, 谢宗霞. 基于邻域粒化和粗糙逼近的数值属性约简[J]. 软件学报, 2008, 19(3): 640-649

第 7 章　基于模糊潜在语义分析的多示例学习算法与图像分类

针对自然图像的分类问题,本章提出另一种基于模糊潜在语义分析(latent semantic analysis,LSA)[1]与直推式支持向量机(TSVM)相结合的半监督 MIL 新算法。该算法也是将图像当做多示例包,分割区域的底层视觉特征当做包中的示例。为了将 MIL 问题转化成单示例问题进行求解,首先利用 K-Means 方法对训练包中所有的示例进行聚类,建立"视觉词汇表";然后根据"视觉字"与示例之间的距离定义模糊隶属度函数,建立模糊"词-文档"矩阵,再采用潜在语义分析方法获得多示例包(图像)的模糊潜在语义模型,并通过该模型将每个多示例包转化成单个样本;采用半监督的直推式支持向量机来训练分类器,以利用未标注图像来提高分类精度。基于 Corel 图像库的对比试验结果表明,与传统的潜在语义分析方法相比,模糊潜在语义分析的分类准确率提高了 5.6%,且性能优于其他 MIL 分类方法。

7.1　引　　言

图像语义分类,就是建立图像底层视觉特征与高层语义的联系,将其归类到预先定义的语义类别之中。随着数字图像数量的剧增,仅凭人工对其进行语义分类已不切实际,因此利用计算机按照人们理解的方式将图像分到不同的语义类别之中,已成为当今的一个研究热点[2,3]。为了建立图像与语义类别之间的联系,通常提取图像的全局视觉特征(颜色、纹理和形状等)、中间语义特征(自然性、开放性、粗糙性、辽阔性和险峻性等[4])或显著点特征[5],再结合有监督学习方法,实现图像场景分类。在有监督学习框架下进行图像分类,也面临类似于第 6 章图像检索中的三个主要问题[6,7]:①图像语义的表示问题,即研究如何表示图像所包含的各种高层语义;②训练样本的标注问题,由于以手工标注的方式为有监督学习获得训练样本时,不但费时费力,而且还带有主观偏差;③小样本学习问题,即用户在进行图像分类时,希望尽可能少地提供训练图像。针对上述问题,本书对潜在语义分析[1]进行改进,设计了一种新的模糊潜在语义描述模型,再结合直推式支持向量机[8],提出了一种半监督(semi-supervised,SS)MIL 新算法,即 FLSA-SSMIL 算法[7],在 MIL 框架下实现图像分类。

1997 年,Dietterich 等[9]在药物活性预测的研究工作中提出了 MIL 的概念,在有监督学习框架中,训练样本与类别标号是一一对应的,而在 MIL 问题中,训练样本称为包,每个包含有多个示例,示例没有概念标号,只有包具有概念标号,若包中至少有一个示例是正例,则该包被标记为正,若包中所有示例都是反例,则该包被标记为负。MIL 算法就是通过对训练包的学习,得到一个能对未知包进行预测的分类器。

近十年以来,基于轴平行矩形、多样性密度、K 近邻、神经网络以及支持向量机等很多 MIL 算法被提出,具体请参阅综述文献[10]和[11],本书仅对用于图像分类或检索的主要 MIL 算法进行介绍。Andrews 等[12]对支持向量机进行扩展,将 MIL 的约束引入支持向量机的目标函数中,提出了 mi-SVM 与 MI-SVM 两种基于支持向量机的 MIL 算法,但由于目标函数是非凸的,采用迭代的求解方法往往得到的是局部最优解,而非全局最优解,则 Gehler 和 Chapelle[13]采用确定性退火方法求解这个非凸优化问题,提出了 AL-SVM 算法;Gartner 等[14]提出了集核和统计核等多示例核,用于度量包之间的相似性,将 MIL 问题转化成标准的支持向量机学习问题,但这些多示例核因不能反映 MIL 问题中正包中至少含有一个正样本,负包中的所有示例全是负样本的显著特性,则 Kwok 和 Cheung[15]采用边缘核的定义方法,给出一种新的多示例核的计算方法;Chen 等通过空间转化方法,先后提出了 DD-SVM[16]与 MILES[17]两种 MIL 算法,其共同思想是:构造一个目标空间,通过定义的非线性映射函数,将多示例包嵌入成目标空间中的一个点,从而将多示例包转化成单个样本,再用标准的支持向量机方法求解 MIL 问题。因为 DD-SVM 算法在构造投影空间时,要基于多样性密度函数寻找正负样本的“概念点”,不但非常费时,而且对噪声敏感,所以 MILES 算法简单地利用训练包中所有的示例构造投影空间,其带来的问题是投影空间维数特别高,存在很多与分类无关的冗余信息,虽然 Chen 采用了 1 范数 SVM,在支持向量机学习的同时,具有特征选择的功能,但 1 范数 SVM 的学习与分类能力往往不如 2 范数 SVM。最近,半监督 MIL 算法也被提出,其中有 Rahmani 和 Goldman[18]提出的基于图的半监督 MISSL 算法,Zhou 和 Xu[19]提出的 missSVM 算法以及 Wang 等[20]提出的 GMIL 算法等,均用于图像分类或检索问题。

7.2　FLSA-SSMIL 算法

为了将多示例转化成单示例,针对 DD-SVM[16]和 MILES[17]存在的问题,本章将多示例包(图像)当做“文档”,由 K-Means 方法获得的聚类中心称为“视觉字”,然后利用潜在语义分析的方法将 MIL 问题转化为标准的有监督学习问题。算法框架如图 7.1 所示。

7.2.1　建立视觉词汇表

假设要训练一个针对某场景 C 的 MIL 分类器,设 $L = \{(B_1, y_1), (B_2, y_2), \cdots,$

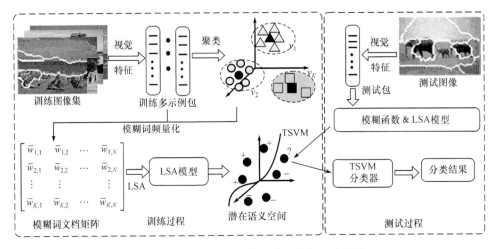

图 7.1 FLSA-SSMIL 算法流程框架示意图[7]

$(B_N, y_N)\}$ 表示已标注的图像集,其中 $y_i \in \{-1, +1\}$,$i=1, 2, \cdots, N$;$+1$ 表示属于场景 C 的图像;-1 表示不属于场景 C 的图像;$Q=\{B_1, B_2, \cdots, B_M\}$ 表示未标注的图像集。不妨设任一图像 B_i 被分割成 n_i 个区域,每个区域对应的视觉特征向量记为 $X_{ij} \in R^d$,$j=1, 2, \cdots, n_i$,d 表示视觉特征向量的维数,则称 $B_i = \{X_{ij} | j=1, \cdots, n_i\}$ 为 MIL 训练包,X_{ij} 为包中的示例。将 L 中所有图像的所有示例排在一起,称为示例集,记为

$$\text{IntSet} = \{X_t | t=1, 2, \cdots, P\} \tag{7.1}$$

式中,$P = \sum_{i=1}^{N} n_i$ 为示例的总数。

因为 K-Means 作为一种经典的聚类算法,在基于"词袋模型[21](bag-of-word)"和"概率潜在语义分析[22](pLSA)"的图像分类方法中,被成功地用于产生视觉字,所以本书也采用 K-Means 方法将 IntSet 中元素聚成 K 类,由于每个聚类中心通常都代表一组具有相同视觉特征的图像区域,称为"视觉字",记作 v_i;称这 K 个"视觉字"为"视觉词汇表",记作 $\Omega = \{v_1, v_2, \cdots, v_K\}$。

7.2.2 构造模糊"词-文档"矩阵

为了用潜在语义分析方法获得图像的潜在语义模型,根据欧氏距离最小原则,统计不同"视觉字"在多示例包中的出现次数,即用词频向量对多示例包进行表示。设多示例包 B_j 的词频向量为

$$F_{r_j} = [n_{1,j}, n_{2,j}, \cdots, n_{K,j}]' \tag{7.2}$$

式中,$n_{i,j}$ 表示第 i 个"视觉字"v_i 在 B_j 中出现的次数。在统计词频时,传统的

方法[1,21]是:如果示例 X 与"视觉字"v_i 的欧氏距离最近,则词频向量的第 i 个分量的值加上 1,即 $n_{i,j}=n_{i,j}+1$,该词频统计方式(称为传统潜在语义分析方法),存在如下不合理性。如图 7.2 所示,设 v_1 与 v_2 表示两个不同的"视觉字",E,F,G 和 H 表示四个不同的示例,可以直观地看出:E 较之 F 属于 v_1 的置信度更大(因为 E 离 v_1 更近),而 G 与 v_1,v_2 之间的距离相同,G 应该属于 v_1 还是 v_2 存在歧义性,传统的词频统计方法,这些差异和歧义性均没得到考虑。针对此问题,本书根据示例 X 与"视觉字"v 之间的欧氏距离,定义了模糊隶属度函数 $f(X,v)=\exp(-\|X-v\|^2)$,然后,可以这样认为:多示例包(图像)中的每个示例同时属于所有的"视觉字",只是按照距离远近,其隶属程度不同。因此,本书定义的模糊词频向量为(称为模糊潜在语义分析方法)

$$\begin{cases} S_j=[s_{1,j},s_{2,j},\cdots,s_{K,j}]' \\ s_{i,j}=\sum_{t=1}^{n_j}f(X_{jt},v_i)=\sum_{t=1}^{n_j}\exp(-\|X_{jt}-v_i\|^2) \end{cases} \qquad (7.3)$$

式中,X_{jt} 表示多示例包 B_j 中第 t 个示例;n_j 表示 B_j 中的示例个数。由式(7.3)可见,模糊词频向量的第 i 个分量的值 $s_{i,j}$ 由 B_j 中所有示例与 v_i 之间的模糊隶属度之和来决定。

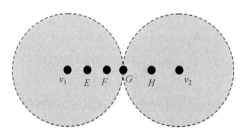

图 7.2　示例与"视觉字"之间的模糊关系

为了凸现不同的"视觉字"在图像分类中的重要程度,对模糊词频向量进行如下 TF-IDF 加权[1]:

$$w_{i,j}=s_{i,j}\times\mathrm{lb}(1+N/\mathrm{df}_i) \qquad (7.4)$$

式中,$s_{i,j}$ 表示 B_j 包含"视觉字"v_i 的模糊频数;df_i 表示训练集中包含"视觉字"v_i 的多示例包的个数;N 表示训练集中全部多示例包的总数。然后为了将 $w_{i,j}$ 的变化范围控制在相同的区间之内,再进行归一化,即 $\overline{w}_{i,j}=w_{i,j}\bigg/\sum_{i=1}^{K}w_{i,j}$,则加权且归一化的词频向量记作 $W_j=[\overline{w}_{1,j},\overline{w}_{2,j},\cdots,\overline{w}_{K,j}]'$。将训练集中所有多示例包对应的模糊词频向量排在一起,可得到模糊"词-文档"矩阵,记为

$$A_{K \times N} = [W_1, W_2, \cdots, W_N] = \begin{bmatrix} \overline{w}_{1,1} & \overline{w}_{1,2} & \cdots & \overline{w}_{1,N} \\ \overline{w}_{2,1} & \overline{w}_{2,2} & \cdots & \overline{w}_{2,N} \\ \vdots & \vdots & & \vdots \\ \overline{w}_{K,1} & \overline{w}_{K,2} & \cdots & \overline{w}_{K,N} \end{bmatrix} \tag{7.5}$$

式中，$A_{K \times N}$ 每一行对应一个"视觉字"，每一列对应一个多示例包（图像）。

7.2.3　模糊潜在语义特征

潜在语义分析作为一种自然语言处理方法[1,7]，其核心思想是：通过截断的奇异值分解建立潜在语义空间，将词和文档投影到代表潜在语义的各个维度上，进而可以获得词语之间的潜在语义关系，使得相互之间有关联的文档即使没有使用相同的词时也能获得相同的向量表示。根据奇异值分解定理，"词-文档"矩阵 $A_{K \times N}$ 可分解为 3 个矩阵乘积的形式，即

$$A_{K \times N} = U_{K \times n} D_{n \times n} (V_{N \times n})' \tag{7.6}$$

式中，K 为原特征空间的维数；N 为文档总数；$n = \min(K, N)$；U 和 V 分别为与矩阵 A 的奇异值对应的左、右奇异向量矩阵，且 $U'U = V'V = I$；D 是将矩阵 A 的奇异值按递减排列构成的对角矩阵。如果只取 $D_{n \times n}$ 中的前 T 个最大的奇异值，以及 $U_{K \times n}$ 与 $V_{N \times n}$ 的前 T 列，即 $U_{K \times T}, D_{T \times T}$ 与 $(V_{N \times T})'$，则可得到矩阵 $A_{K \times N}$ 在 T 阶最小二乘意义下的最佳近似，即

$$A'_{K \times N} = U_{K \times T} D_{T \times T} (V_{N \times T})' \tag{7.7}$$

通常，式(7.7)称为截断的奇异值分解。这样，可得到 $A_{K \times N}$ 降维后的矩阵，即

$$\overline{A}_{T \times N} = D_{T \times T} (V_{N \times T})' \tag{7.8}$$

式中，$\overline{A}_{T \times N}$ 中的每一列就是训练集中相应包（图像）的模糊"潜在语义特征"，由原来的 K 维降为 T 维。设 $W = [\overline{w}_1, \overline{w}_2, \cdots, \overline{w}_K]'$ 为任一新的多示例包 B 的模糊词频向量，其模糊潜在语义特征为

$$\phi(B) = (U_{K \times T})' W \tag{7.9}$$

这是由以下公式推导得出的：

$$A = UDV' \Rightarrow U'A = U'UDV' \Rightarrow U'A = DV' \tag{7.10}$$

式中，$U_{K \times T}$ 中 T 个列向量所张成的空间称为模糊潜在语义空间，可视为对原向量空间的压缩，$U_{K \times T}$ 中的 T 个列向量就是模糊潜在语义空间的基。

因为在 MIL 框架下，只要给整个图像（包）标注一个标号，不必标注到分割区域（示例）上，所以极大地简化了训练图像的手工标注过程。利用式(7.9)获得图像（包）的模糊潜在语义特征，将包转化成单个样本，不但可以降维，缩小问题的规模，而且还可以消减原模糊"词-文档"矩阵中包含的"噪声"因素，凸显了词与文档之间的语义关系，能很好地描述图像中所包含的各种高层语义。至此，前言中所述的前两个问题，即图像语义的表示与训练样本的标注问题，在一定程度上得到了

解决。

7.2.4 FLSA-SSMIL 算法步骤

在机器学习中,要获得大量的带有概念标记的训练样本往往比较困难,而要获得大量的未标注样本则非常容易。针对小样本学习问题,采用半监督直推式支持向量机来训练分类器,以利用未标注图像来提高分类精度。下面简单地介绍 Joachims 提出的直推式支持向量机算法原理,具体的描述和证明参见文献[8]。

设 $L=\{(\phi(B_1),y_1),\cdots,(\phi(B_N),y_N)\},y_i\in\{-1,+1\}$ 和 $Q=\{\phi(B_1^*),\cdots,\phi(B_M^*)\}$ 分别表示 N 个已标注和 M 个未标记训练样本。直推式支持向量机的基本思想是同时在已标注和未标注样本上最大化 margin,目标函数为[7,8]

$$
\begin{cases}
\min(w,y_1^*,\cdots,y_M^*): & \dfrac{\lambda}{2}\parallel w\parallel^2 + \dfrac{1}{2N}\sum_{i=1}^{N}\mathrm{loss}(y_iw^{\mathrm{T}}\phi(B_i)) \\[2mm]
& +\dfrac{\lambda^*}{2M}\sum_{j=1}^{M}\mathrm{loss}(y_j^*w^{\mathrm{T}}\phi(B_j^*)) \\[2mm]
\text{subject to}: & \dfrac{1}{M}\sum_{j=1}^{M}\max[0,\mathrm{sign}(w^{\mathrm{T}}\phi(B_j^*))]=r
\end{cases}
\tag{7.11}
$$

式中,N 为已标注样本的总数;M 为未标注样本的总数;$\mathrm{loss}(z)$ 为损失函数,通常 $\mathrm{loss}(z)=\max(0,1-z)$;$y_j^*\in\{-1,1\}(j=1,2,\cdots,M)$ 是在优化过程中,分配给未标注样本的标号;r 为希望标记为正的样本数占未标注样本总数的比例;λ 为控制参数,用来调节算法复杂度与损失函数之间的平衡;λ^* 也是一个控制参数,用于控制未标注样本的影响强度。直推式支持向量机就是要寻找一个最优分类超平面 w^* 和未标注样本的一组标号 $y_j^*\in\{-1,1\}(j=1,2,\cdots,M)$,使式(7.11)的目标函数最小化,且满足未标注样本的 r 部分必须标注为正的约束条件。设最优解为 w^*,则包分类器为

$$
\mathrm{label}(B)=\mathrm{sign}(w^{*\mathrm{T}}\phi(B)) \tag{7.12}
$$

最后,本书所提 FLSA-SSMIL 图像分类算法步骤总结如下[7]。

算法 7.1 FLSA-SSMIL 算法

(1) FLSA-SSMIL 训练。

输入:已标注图像集 L、未标注图像集 Q、K-Means 聚类数量 K 值、截断奇异值分解的 T 值。

输出:模糊潜在语义空间的基 $U_{K\times T}$、未标注图像集 Q 的类别标号 $\{y_j^*\}_{j=1}^{M}$ 和直推式支持向量机分类器(w^*)。

Step1:构造 MIL 训练包。对 $\forall B_i\in L\cup Q$,用图像分割技术对其进行分割,设分割成 n_i 个区域,相应的 MIL 训练包记为 $B_i=\{X_{ij}\mid j=1,2,\cdots,n_i\}$,其中 $X_{ij}\in R^d$

表示相应区域的底层视觉特征(即包中的示例)。

　　Step2:构造模糊潜在语义空间 $U_{K\times T}$。①利用已标注图像包 L,按7.2.1节方法,建立视觉汇表 $\Omega=\{v_1,v_2,\cdots,v_K\}$;②按7.2.2节方法,获得到模糊"词-文档"矩阵 $A_{K\times N}$;③按7.2.3节方法,用奇异值分解方法将 $A_{K\times N}$ 分解成式(7.6)所示形式,然后截取 $U_{K\times n}$ 中的前 T 列,记作 $U_{K\times T}$,其列向量则为模糊潜在语义空间的基。

　　Step3:训练直推式支持向量机分类器 (w^*)。①初始化 TS$=\varnothing$;②对 $\forall B_i\in L$ 为已标注包,用式(7.9)计算其模糊"潜在语义特征" $\phi(B_i)$,将 $(\phi(B_i),y_i)$ 加入 TS,其中 y_i 为包 B_i 的标号;③对 $\forall B_j\in Q$ 为未标注包,用式(7.9)计算其模糊"潜在语义特征" $\phi(B_j^*)$,将 $(\phi(B_j^*),0)$ 加入 TS,其中未标注包的标号记为零;④由 TS,求解式(7.11)优化问题,得到未标注图像集 Q 的类别标号 $\{y_j^*\}_{j=1}^M\in\{-1,+1\}$ 与直推式支持向量机分类器 (w^*)。

　　(2) FLSA-SSMIL 分类新图像。

　　对任一新图像 B,首先进行图像分割且提取各区域的视觉特征,计算加权且归一化的模糊词频向量,再由式(7.9)计算其模糊潜在语义特征 $\phi(B)$,最后用式(7.12)的直推式支持向量机分类器 (w^*) 进行类别预测。

7.3　试验结果与分析

　　试验中,分别将"模糊潜在语义分析""传统潜在语义分析"与直推式支持向量机相结合的算法称为 FLSA-SSMIL 和 LSA-SSMIL 算法,然后,在药物活性预测与图像分类试验中,与其他 MIL 方法进行了对比试验。直推式支持向量机程序来自 SVMlin 软件包(http://vikas. sindhwani. org/svmlin. html),选用 RBF 核函数 $\exp(-g\parallel x_i-x_j\parallel^2)$,针对 K 与 T 两个重要参数(即 K-Means 聚类数 K 值和截断奇异值分解时要截取的前 T 个列向量),K 的取值与训练集中示例的数量有关,试验发现,当 K 为示例总数的 $1/10$,前 T 个奇异值之和占 $D_{n\times n}$ 中所有奇异值总量的 90% 时,FLSA-SSMIL 算法的稳定性很好,且识别率最高。后述试验中,均采用此方法自适应 K 与 T 的值。试验平台是 AMD 4200+处理器,1GB DDR 400 内存,Windows XP 操作系统,MATLAB 7.01 仿真环境。

7.3.1　药物活性预测

　　所谓药物活性预测,就是通过对那些已知可以用来制药的分子形状的分析,从而预测一些新的分子是否也可用来制药。其中 Musk(下载于 http://www1. cs. columbia. edu/~andrews//mil/datasets. html)是从实际的麝香分子数据中生成的,包括 Musk1 和 Musk2 两个子集,并且成为衡量 MIL 算法性能好坏的标准测试集。

在 FLSA-SSMIL 算法中,针对直推式支持向量机中 λ,λ^* 和 r 三个参数,试验中固定 $r=0.5,\lambda=1$,再采用“2-fold 交叉检验”的方法在参数集 $\lambda^* \in \{0.001, 0.01,0.1,1,10\}$ 中,当 λ^* 为 0.1 与 0.01 时,分别在 Musk1 与 Musk2 数据集中识别率最高。然后,利用这些参数训练直推式支持向量机分类器,同其他 MIL 算法在 Musk 数据集中进行了“10-fold 交叉检验”对比试验,平均预测准确率如表 7.1 所示。

表 7.1　Musk 数据集的预测精度　　　　　　　　　　（单位:%）

MIL 算法	Musk1	Musk2
FLSA-SSMIL	92.8	89.5
LSA-SSMIL	89.1	87.2
DD-SVM[16]	85.8	91.3
MILES[17]	84.8	84.9
MI-SVM[12]	77.9	84.3
mi-SVM[12]	87.4	83.6
DD[23]	88.9	82.5
GMIL-M[20]	91.2	84.2
MissSVM[19]	87.6	80.0
IAPR[9]	92.4	89.2

在药物活性预测对比试验中,总体上 FLSA-SSMIL 算法的预测准确率明显高于 DD[23]、MILES[17] 和 MI-SVM[12] 等有监督 MIL 算法,可见利用未标注包的半监督学习方法,可以提高 MIL 算法的性能。而在 Musk2 数据库中,DD-SVM 算法预测准确率最高,其原因是:在 Musk2 中共有 6598 个示例,DD-SVM 算法可能提取了大量的“概念点”,得到很多对分类有用的信息,所以其性能在 Musk2 上最好。

7.3.2　图像分类试验

1. 图像集与图像特征

试验图像集来自 Corel 图像库[16],分成 20 种不同类别,分别是非洲(Africa)、海滩(Beach)、建筑(Building)、公交车(Buses)、恐龙(Dinosaurs)、大象(Elephants)、花(Flowers)、马匹(Horses)、山(Mountains)、食物(Food)、Dogs(狗)、Lizards(蜥蜴)、Fashion models(时尚模特)、Sunset scenes(黄昏)、Cars(汽车)、Waterfalls(瀑布)、Antique furniture(仿古家具)、Battle ships(军舰)、Skiing(滑雪)和 Desserts(甜品),每一类包含 100 幅彩色图像,共 2000 幅图像。本书称前 10 类的 1000 幅图像为“Corel 1k 库”,整个 2000 幅图像为“Corel 2k 库”。

在该图像集中,每幅图像采用改进的 K-Means 方法被预分割成多个区域,且每个区域的颜色、纹理与形状特征已经被提取出来,得到了一个九维的特征向量,特征的提取方法如下(具体细节也可参阅文献[16],并且所有图像与特征数据集也可直接下载于 http://cs. olemiss. edu/~ychen/ddsvm. html)。

(1) 三维颜色特征:将图像由 RGB 颜色空间(即红、绿、蓝三基色空间)转化到具有视觉一致性的 LUV 颜色空间,其中 L 表示亮度分量,U 和 V 均表示色度分量,然后用每个区域的 L、U 与 V 三个分量的均值作为颜色特征。

(2) 三维纹理特征:首先,在亮度分量 L 上,将图像分成大小为 4×4 的不相交的子块,利用 harr 小波进行一层小波分解,得到一个低频 LL 和三个高频 LH,HL,HH 的分解系数,并且每个频带均含有 2×2 个系数,不妨设某个频带的系数为 $\{z_{0,0}, z_{0,1}, z_{1,0}, z_{1,1}\}$,则小波纹理特征计算公式为

$$f = \mathrm{sqrt}\left(\frac{1}{4} \sum_{h=0}^{1} \sum_{q=0}^{1} z_{h,q}^2 \right) \tag{7.13}$$

按式(7.13),分别计算三个高频分量 LH,HL,HH 的小波纹理特征,作为每个子块的三维纹理特征;然后计算每个区域包含的所有子块的纹理特征的均值,作为分割区域最终的纹理特征。

(3) 三维形状特征:分别用阶数为 1,2,3 的归一化惯性因子(normalized inertia)描述每个区域的形状特征,对于图像中的区域 R,惯性因子计算公式为

$$\mathrm{NI}(R, \gamma) = \frac{\sum\limits_{r \in R} \| r - \bar{r} \|^{\gamma}}{S^{1+\gamma/2}} \tag{7.14}$$

式中,$\gamma = 1, 2, 3$ 表示阶数;r 表示区域 R 中每个像素的坐标;$\bar{r}$ 表示区域 R 的中心坐标;S 表示区域 R 中的像素总数。该惯性因子具有尺度不变性和旋转不变性,由于在二维空间中,各个阶的惯性因子中圆形的惯性因子最小,故采用圆形(即分割区域的最小外接圆)的惯性因子 NI_γ 进行归一化处理,则

$$\mathrm{SH} = \left[\frac{\mathrm{NI}(R,1)}{\mathrm{NI}_1}, \frac{\mathrm{NI}(R,2)}{\mathrm{NI}_2}, \frac{\mathrm{NI}(R,3)}{\mathrm{NI}_3} \right] \tag{7.15}$$

用 SH 作为区域 R 的三维形状特征。

这样,对于任一给定的图像 B,设其被分割成 n 个区域 $\{R_j : j = 1, 2, \cdots, n\}$,则图像 B 用其所有分割区域对应的特征向量表示为 $B = \{x_j : j = 1, 2, \cdots, n\}$,其中 x_j 是由颜色、纹理与形状等视觉特征组成的一个九维特征向量。

2. 试验方法与试验结果

在对比试验中,均采用"one-vs-rest""winner-take-all"的方法处理多类问题,即对每一类图像都训练一个区分它和其他类别图像的 MIL 分类器,具体方法是:首先,从每类图像中随机选出 50 幅,构成备用的训练集,其余的构成测试集;然后,在训练集中,把某类 40 幅图像全标为正包,其他各类的图像中随机再选取 40 幅标为负包,剩下所有的图像为未标注的包,再开始训练该类图像的 MIL 分类器。直

推式支持向量机中有三个参数需要指定,即 λ,λ^* 和 r,试验中固定 $r=0.015,\lambda=1$,每次训练中均利用"2-fold 交叉检验",在参数集 $\lambda^* \in \{0.01,0.1,1,10\}$,寻找最佳参数 λ^*。在"Corel $1k$ 库"上,10 次重复试验的平均分类准确率如表 7.2 所示;然后,分别利用"Corel $1k$"和"Corel $2k$"图像库,同其他 MIL 算法进行了对比试验,10 次重复试验的平均精度如图 7.3 所示;为了验证半监督在 MIL 中的有效性,利用"Corel $1k$"库,将 FLSA-SSMIL 算法与监督版本的 MILES[17] 算法进行了对比试验,随着已标注的图像数量 N 的增加,10 次随机重复试验的平均精度变化曲线如图 7.4(a)所示;然后将 N 固定为 80,随着未标注图像数量 M 的增加,10 次重复试验的平均精度变化曲线如图 7.4(b)所示(已标注图像中确保有一半是正的一半是负的)。

表 7.2　FLSA-SSMIL 算法在 Corel $1k$ 库上分类的混淆矩阵　　(单位:%)

	Cat. 0	Cat. 1	Cat. 2	Cat. 3	Cat. 4	Cat. 5	Cat. 6	Cat. 7	Cat. 8	Cat. 9
Cat. 0	**77.6**	3.8	3.2	1.3	0	7.2	1.2	1.2	2.3	3.2
Cat. 1	1.6	**68.2**	1.6	1.2	0	1.0	0.8	0	25.1	0.5
Cat. 2	4.1	8.8	**72.5**	4.0	0	2.9	0.4	0	5.7	1.6
Cat. 3	2.0	1.2	3.3	**89.1**	0	0.2	0	0.1	1.2	2.9
Cat. 4	0.1	0	0	0.1	**99.6**	0.1	0	0	0	0.1
Cat. 5	3.2	2.1-fold	2.0	0	0.1	**88.2**	0	0	4.2	0
Cat. 6	0.2	0	1.2	0.4	0.6	0	**95.2**	0.4	0.6	1.4
Cat. 7	2.1	0.3	0.4	0.4	0.5	1.4	0.8	**92.5**	1.2	0.4
Cat. 8	0	11.3	1.6	1.2	0	0	0.8	0	**84.8**	0.3
Cat. 9	5.0	2.5	0	0.4	0	1.6	0.6	0.3	0	**89.6**

注:表中的数据是 10 次随机试验的统计结果

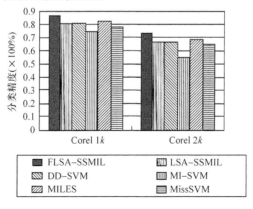

图 7.3　Corel 图像库中不同 MIL 算法分类精度对比

　　如表 7.2 所示,是 FLSA-SSMIL 算法对"Corel 1k 库"分类准确率的混淆矩阵,其中对角线的数字表示每类的分类准确率,非对角线上的数据表示相应的错误率。对于大部分类别,FLSA-SSMIL 算法分类准确率都很高,但在海滩类(Cat. 1)与山脉类(Cat. 8)之间的相互错分率很大,25.1%的海滩类图像被错分成山脉类,11.3%的山脉类图像被错分成海滩类,这是因为这两类图像都大量含有 sky、river、lake 和 ocean 等语义相关且视觉特征相似的图像区域,模糊潜在语义特征不能反映它们之间的差异。部分被相互错分的图像如图 7.4 所示。

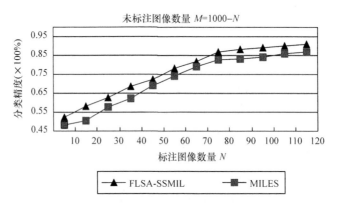

(a) 标注图像数量增加时的性能对比

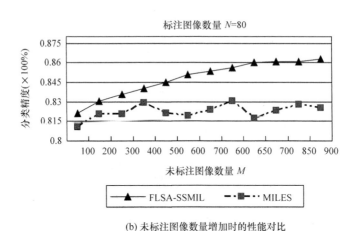

(b) 未标注图像数量增加时的性能对比

图 7.4　Corel 1k 图像库中 FLSA-SSMIL 与 MILES 算法的对比结果

　　如图 7.4 所示,FLSA-SSMIL 算法总体上优于其他 MIL 算法,主要原因是:本书设计模糊潜在语义提取方法,能更好地发现多示例包(图像)的模糊潜在语义模型,通过该模型将多示例包嵌入低维的模糊潜在语义空间,不但可以降维,缩小问题的规模,而且还可以消减原模糊"词-文档"矩阵中包含的"噪声"因素,凸显了词与文档之间的潜在语义关系,能很好地描述图像中所包含的各种语义[1]。在两个图像集中,FLSA-SSMIL 与 LSA-SSMIL 算法的分类精度分别为 0.864、0.729 和 0.801、0.673,分类精度分别提高了 7.3% 与 5.6%。

从图 7.4(a)可以看出,随着标注样本数量的增大,FLSA-SSMIL 的分类精度总高于 MILES[17]算法;从图 7.4(b)可以看出,随着未标注样本数量的增加,FLSA-SSMIL 算法的分类精度在慢慢提高,而 MILES 算法的性能在波动,这说明利用未标注样本的半监督方法,确实可以提高 MIL 算法的性能。

7.3.3　算法效率

在图像分割与特征提取已离线完成的情况下,FLSA-SSMIL 算法训练一个 MIL 分类器,其时间主要花费在:①获得模糊潜在语义模型;②"2-fold 交叉检验" 寻找直推式支持向量机的最优参数;③直推式支持向量机训练。例如,在本书的试验平台上,基于"Corel 1k"图像库,在一个由 500 幅图像组成的训练集以及 500 幅图像组成的测试集中,训练一个二类 MIL 分类器以及完成对测试图像的分类, 表 7.3列出了几种主要 MIL 算法所需的时间。相对而言,FLSA-SSMIL 算法效率较高。

表 7.3　多种 MIL 算法的效率比较　　　　　　（单位：min）

MIL 算法	FLSA-SSMIL	DD-SVM	MILES	MI-SVM
训练	0.14	2.6	0.31	1.03
测试	0.09	1.01	0.12	0.31

7.4　本 章 小 结

针对有监督学习框架下场景图像分类的三个问题(在引言中所述),本章结合模糊潜在语义分析与直推式支持向量机,提出了一种新的半监督 MIL 算法,在 MIL 框架下进行场景图像分类。首先,利用 MIL 训练包的独特性质,一幅图像只要标注一个标号,能极大简化训练样本的手工标注过程;然后,通过设计的模糊潜在语义空间模型,更适合描述图像所包含的各种语义特征,而且较之非模糊潜在语义模型,性能更优;最后,采用半监督的直推式支持向量机来训练分类器,以利用大量的未标注图像来提高分类器的性能,使小样本学习问题在一定程度上也能得到解决。基于 Musk 和 Corel 数据集的对比试验结果表明,本书提出的 FLSA-SSMIL 算法性能优于其他 MIL 方法,是一种有效的图像分类方法。

参 考 文 献

[1] Dumais S T, Furnas G W, Landauer T K, et al. Using latent semantic analysis to improve ac-

cess to textual information[C]. Proceedings of the SIGCHI Conference on Human Factors in Computing Systems. Washington DC:ACM Press,1988:281-285

[2] 韩东峰,朱志良,李文辉. 图像分类的随机半监督采样方法[J]. 计算机辅助设计与图形学学报,2009,21(9):1333-1338

[3] Li L J,Socher R,Li F F. Towards total scene understanding:classification, annotation and segmentation in an automatic framework[C]. 2009 IEEE Conference on Computer Vision and Pattern Recognition (CVPR 2009). Miami:IEEE Press,2009:2036-2043

[4] Oliva A,Torralba A. Modeling the shape of the scene:a holistic representation of the spatial envelope[J]. International Journal of Computer Vision,2001,42(3):145-175

[5] Yang J,Jiang Y G,Alexander G H,et al. Evaluating bag-of-visual-words representations in scene classification[C]. Proceedings of the International Workshop on Workshop on Multimedia Information Retrieval. Augsburg:ACM Press,2007:197-206

[6] Rajavel P. Directional hartley transform and content based image retrieval[J]. Signal Processing,2010,90(4):1267-1278

[7] 李大湘,彭进业,李展. 集成模糊 LSA 与 MIL 的图像分类算法[J]. 计算机辅助设计与图形学学报,2010,22(10):1796-1802

[8] Vikas S,Keerthi S S. Large scale semi-supervised linear SVMs[C]. Proceedings of the 29th Annual International ACM SIGIR Conference on Research and Development in Information Retrieval. Washington DC:ACM Press,2006:477-484

[9] Dietterich T G,Lathrop R H,Lozano-Pérez T. Solving the multiple instance problem with axis-parallel rectangles[J]. Artificial Intelligence,1997,89(12):31-71

[10] 蔡自兴,李枚毅. 多示例学习及其研究现状[J]. 控制与决策,2004,19(6):607-611

[11] 李大湘,赵小强,李娜. 图像语义分析的 MIL 算法综述[J]. 控制与决策,2013,28(4):481-488

[12] Andrews S,Hofmann T,Tsochantaridis I. Multiple instance learning with generalized support vector machines[C]. Proceedings of the 18th National Conference on Artificial Intelligence. Edmonton:IEEE Press,2002:943-944

[13] Gehler P V,Chapelle O. Deterministic annealing for multiple-instance learning[C]. Proceedings of the 11th International Conference on Artificial Intelligence and Statistics (AISTATS 2007). San Juan:ACM Press,2007:123-130

[14] Gartner T,Flach P A,Kowalczyk A,et al. Multi-instance kernels[C]. Proceedings of the 19th International Conference on Machine Learning. Sydney:IEEE Press,2002:179-186

[15] Kwok J T,Cheung P M. Marginalized multi-instance kernels[C]. Proceedings of the 20th International Joint Conference on Artificial Intelligence. Hydrabad:IEEE Press, 2007:901-906

[16] Chen Y X,Wang J Z. Image categorization by learning and reasoning with regions[J]. Journal of Machine Learning Research,2004,5(8):913-939

[17] Chen Y X,Bi J B,Wang J Z. MILES:multiple-instance learning via embedded instance selec-

tion[J]. IEEE Transactions on Pattern Analysis and Machine Intelligence, 2006, 28(12): 1931-1947

[18] Rahmani R, Goldman S A. MISSL: multiple-instance semi-supervised learning[C]. Proceedings of the 23rd International Conference on Machine Learning. Pittsburgh: Carnegie Mellon University Press, 2006: 705-712

[19] Zhou Z H, Xu J M. On the relation between multi-instance learning and semi-supervised learning[C]. Proceedings of the 24th ICML. Corvalis: IEEE Press, 2007: 1167-1174

[20] Wang C H, Zhang L, Zhang H J. Graph-based multiple-instance learning for object-based image retrieval[C]. Proceeding of the 1st ACM International Conference on Multimedia Information Retrieval. Vancouver: ACM Press, 2008: 156-163

[21] Li F F, Perona P. A bayesian hierarchical model for learning natural scene categories[C]. 2005 IEEE Computer Society Conference on Computer Vision and Pattern Recognition (CVPR). Pasadena: IEEE Press, 2005: 524-531

[22] Lu Z W, Peng Y X, Horace H S. Image categorization via robust pLSA[J]. Pattern Recognition Letters, 2010, 31(1): 36-43

[23] Maron O, Ratan A L. Multiple-instance learning for natural scene classification[C]. Proceedings of the 15th International Conference on Machine Learning. Madison: ACM Press, 1998: 341-349

第 8 章　基于多示例学习的目标跟踪算法

目标跟踪是计算机视觉研究的热点,在视频监控、视频检索、智能交通等领域都得到了广泛应用。然而,监控场景的复杂性以及目标运动的复杂性都增加了视觉跟踪的难度。本章介绍近年来主要的基于外观模型的跟踪算法、常用的公开数据集及算法评价标准,重点阐述基于 MIL 的跟踪算法基本原理,并在此基础上,提出基于混合高斯模型和 MIL 的跟踪算法,进行对比试验和相关分析,最后总结本章内容。

8.1　引　　言

近年来,随着计算机数据处理能力的不断提高以及图像处理技术的快速发展,对视频进行智能分析的需求日益增长,这极大地促进了智能检测和跟踪技术的发展。目标跟踪是智能分析的前提,是人机交互、目标识别和目标分类的基础。基于视频的目标跟踪是指在各帧图像中检测出用户感兴趣的目标(如行人、车辆等),并提取其相关信息(如位置、尺寸、速度及加速度等),得到各个目标的运动轨迹,为进一步的目标分类、行为理解、基于对象的编码,以及基于内容的视频检索等奠定基础。因此,目标跟踪技术具有重要的现实意义和应用价值。目前,目标跟踪已广泛应用于视频监控、视频压缩编码、视频检索、智能交通等领域[1]。

然而,目标跟踪仍然面临着许多挑战:三维世界向二维图像投影过程中信息的丢失、图像噪声的影响、复杂的目标运动模式、目标的部分或严重遮挡、场景照明条件改变、应用的实时性要求等都增加了目标跟踪的难度[2],如图 8.1 所示。

(a) 严重遮挡

(b) 光照改变

(c) 运动模糊

(d) 翻转

(e) 外观改变

(f) 相似目标干扰

图 8.1　影响跟踪效果的因素[2]

为了解决如上问题,国内外学者提出了很多解决方案。8.2 节将对主要的基于外观模型的跟踪算法进行分析和总结。

8.2　基于外观模型的跟踪算法

8.2.1　概述

根据匹配原理的不同,现有的跟踪方法可分为基于模型、区域、特征以及活动轮廓的跟踪算法。而其中基于外观模型的跟踪算法已成为目前视觉跟踪领域的一个重要分支[2]。

一个完整的基于外观模型的目标跟踪算法通常由以下四部分组成:目标初始化、外观建模、运动估计和目标定位[2],如图 8.2 所示。

目标初始化即确定要跟踪的目标,通常有两种方法: ①由用户在原始视频上手动标注目标位置;②由人脸、行人或车辆等检测器自动检测出目标位置。

外观建模[2-4]是指为跟踪目标建立反映其外观特征的数学模型,通常包括两部分:视觉表示和统计建模。视觉表示重在采用不同类型的视觉特征构造鲁棒的描述算子以表示目标,而统计建模侧重于采用统计学习的方法构造有效的数据模型来表征目标。

运动估计是指通过寻找运动向量来估计目标在当前帧中可能出现的位置,从而达到缩小搜索范围的目的。通常采用线性回归[5]、卡尔曼滤波[6]或粒子滤波[7]等技术来实现。

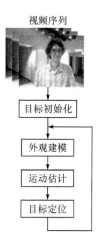

图 8.2　基于外观模型的目标跟踪流程[2]

目标定位是指在当前帧中确定目标位置。在运动估计缩小搜索范围之后,通常采用贪婪搜索法[8]、梯度下降法[9]、最大化后验估计[10]等方法来确定目标位置。

当用户输入视频序列的第一帧时,需要对目标进行初始化操作,记录目标所处的位置以及尺寸,并为目标建立合适的外观模型。当下一帧到来时,需要根据目标的运动规律,预估目标可能出现的范围,并依据建立的外观模型,采用特定的搜索策略,确定目标在当前帧中的位置以及尺寸,并更新外观模型,以适应外界环境以及目标外观的变化。重复该过程,直到所有的视频帧处理完毕。

该过程看似简单,然而在实际应用中,遇到诸多困难:照明条件的改变、遮挡的发生、目标的快速运动以及旋转等都会导致目标外观发生显著变化,从而影响跟踪的效果。因此,建立鲁棒的外观模型对目标跟踪算法至关重要。

8.2.2 分类

根据建模原理的不同,基于外观模型的跟踪方法可以分为两大类:产生式方法和判别式方法[2]。

1. 产生式方法

产生式方法旨在为跟踪目标建立鲁棒的外观模型,并在后续帧中搜寻与该模型具有最小误差的区域作为跟踪目标。这类方法主要包括产生式混合建模法、核跟踪法和子空间学习法。

1) 产生式混合建模方法

产生式混合建模方法[2]采用由多个分支构成的混合模型对目标外观建模,以反映其不同的时空特性。其中,高斯混合模型(Gaussian mixture model, GMM)[11-14]广泛应用于目标建模,采用多个服从高斯分布的分支来对变化的目标外观进行建模,如图 8.3 所示。

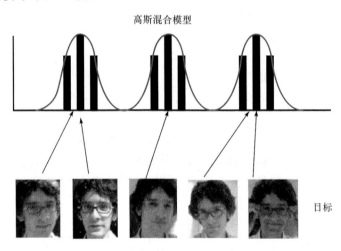

图 8.3　GMM 建立外观模型[2]

为了利用被跟踪物体的时空特征,Wang 等提出了基于空间颜色的混合高斯(spatial-color mixture of Gaussian,SMOG)外观模型[12]。为了进一步提高算法的鲁棒性和稳定性,Wang 等在 SMOG 模型中,增加了三个特征:空间分布、梯度信息和尺寸信息[13]。Noureldaim 等[14]采用 GMM 和 2DPCA 对目标外观建模,并结合卡尔曼滤波进行跟踪,试验表明该方法对单目标和多目标跟踪同样有效。

产生式混合建模方法原理简单,但由于目标的旋转、尺度变换、照明改变等因素的影响,很难为目标建立一个鲁棒的外观模型,同时,模型中分支数目的自动选择以及模型参数的自动调节也是该方法的难点所在。

2) 核跟踪方法

核跟踪方法[2]采用核概率密度估计来构造基于核的外观模型。首先将原始图像转换到特征空间,并将目标模型和候选目标在特征空间中用直方图表示。提取直方图时采用一个单调递减凸函数作为核函数进行加权,目的是降低边缘像素点的权重。

Comaniciu 等[15]提出了基于颜色直方图的外观表示方法,采用空间光滑各向同性的核进行正则化,并结合 Mean Shift 来跟踪目标。然而,该方法只利用了颜色信息,而忽略了边缘、形状等信息,导致该方法对背景杂波和遮挡敏感的影响。Leichter 等[16]提出了反映目标时空特性的外观模型,采用两个空间归一化和旋转对称的核来描述目标的颜色和边界信息。针对对称核在估计复杂密度函数的过程中容易出现较大偏差的问题,Yilmaz[17]提出了一种基于非对称核的 Mean Shift 跟踪方法,能处理目标的尺度和方向变化。Sevilla-Lara 和 Learned-Miller[9]首次采用分布场(distribution field,DF)来描述目标外观模型,通过把图像投影到不同的灰度层上并利用高斯核进行卷积运算,以实现目标的表示和跟踪。Felsberg[18]对文献[9]中的方法进行了改进,提出了结合通道表示的分布场跟踪方法。

核跟踪方法在寻找局部最优模型时,容易导致跟踪失败。为了解决这个问题,模拟退火算法和退火重要性抽样引入核跟踪方法,以实现全局最优模型搜索。如何将目标多个不同属性的视觉特征(如颜色、纹理、运动特征等)以一种自适应的方式集成在核跟踪框架中,来实现复杂场景下鲁棒的目标跟踪,是这类算法的难点所在。

3) 基于子空间学习的外观模型跟踪方法

子空间学习方法利用基模板将跟踪目标映射到子空间中表示。记 O 为目标,η 为子空间中的一组基模板,则目标可表示为

$$O=k_1\alpha_1+k_2\alpha_2+\cdots+k_n\alpha_n=(k_1,k_2,\cdots,k_n)(\alpha_1,\alpha_2,\cdots,\alpha_n)^{\mathrm{T}} \tag{8.1}$$

式中,$(k_1,k_2,\cdots,k_n)$ 是系数向量。

因此,子空间学习方法关键在于如何利用各种子空间分析技术,有效快速地找到这些子空间及其基模板,从而把待跟踪目标映射到子空间中表示。例如,增量主成分分析[19]和增量奇异值分解[20]被广泛应用于线性子空间的外观建模。Black 和 Jepson[21]通过学习一个离线的子空间模型来描述跟踪目标,但是该方法不能适应目标外观的变化。Ho 等[22]采用一系列预先学习好的子空间模型来跟踪目标。如果训练数据是非线性流形的,那么线性子空间分析技术不再可用。因此,Chin 和 Suter[23]提出了核主成分分析(kernel principal component analysis,KPCA),用来提取目标样本的核特征空间信息。ℓ_1 范数最小化跟踪(ℓ_1 norm minimum tracking)方法[24]利用压缩感知理论在子空间建模来跟踪目标,其计算复杂度制约了它在实际中的应用。为了提高算法的运行效率,Li 等[25]采用降维和正交匹配跟踪算

法加速整个基于压缩感知的跟踪过程,其运行速度得到大幅度提高,满足了实时处理的需求。

由于产生式跟踪方法原理的限制,需要设计非常复杂的外观模型才能应对复杂环境下的目标跟踪。然而,试图设计一个能够适应目标外观不确定性变化的模型是一项极具挑战的任务。

2. 判别式方法

判别式方法把目标跟踪问题当做一个分类问题,旨在训练一个分类器,将运动目标从背景中分离出来,目前已成为跟踪领域的一个重要发展方向。此类方法主要包括基于支持向量机的跟踪方法、基于 MIL 的跟踪方法、基于相关滤波的跟踪方法和基于随机学习的跟踪方法。

1) 基于支持向量机的外观模型跟踪方法

基于支持向量机的外观建模跟踪方法旨在利用正、负样本训练一个二类分类器,以得到一个判别式外观模型,并采用相应的学习方法对此模型进行更新,以实现自适应的目标跟踪。通常,正样本来自于目标,负样本来自于目标附近的区域。支持向量机试图在特征空间中寻找一个超平面,以最小的错分率把正负样本分开,如图 8.4 所示。根据学习的机理不同,该类方法可分为自学习的支持向量机跟踪方法和协同学习的支持向量机跟踪方法。

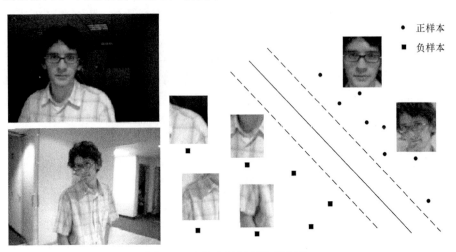

图 8.4　支持向量机训练样本[4]

自学习的支持向量机跟踪方法,以自学习的方式构造支持向量机分类器来区分目标与背景。Avidan[26]将离线训练的支持向量机引入基于光流的跟踪方法中,与现有其他算法相比,取得了较好的跟踪结果,但是当目标外观发生显著变化时,跟踪出现漂移。为了解决这一问题,Tian 等[27]采用线性支持向量机集成方法构造外观模型,其中支持向量机分类器的权重可随其判别能力动态调整。王震宇等[28]将支持向量机分类器与 Adaboost 方法相结合,从前一帧中获取样本训练分类器,以实现对当前帧中目标与背景分离。为了提高分类器的准确性,Hare 等[29]提出了一种基于结构输出预测的自适应目标跟踪框架,通过在帧间直接预测目标位置的变化和引入预算机制,避免了更新分类器需要标记样本的中间环节和跟踪过程中支持向量的过增长。这类方法需要大量已经准确标记的样本作为训练集,忽略了来自未标记数据的判别信息。

协同学习的支持向量机跟踪方法采用半监督或多核学习方法来构造用于分类的支持向量机分类器。Tang 等[30]提出了一种基于半监督学习的协同训练跟踪框架,该方法采用在线的支持向量机为目标外观建模,然后以加权的方式构建一个最终的分类器,并用半监督的方法产生新样本以更新支持向量机分类器。该方法的不足之处在于需要大量的初始帧来产生足够多的带标签的样本用于分类器的训练,这极大地限制了它在现实中的应用和推广。Lu 等[31]提出了基于多核学习的支持向量机跟踪方法,旨在学习一个最优的基于不同特征核函数的线性组合,来为目标外观建模。Zhang 等[32]提出了基于 Latent SVM 的跟踪算法,将尺度作为潜在变量,以迭代的方式优化潜在变量和支持向量机中的参数,在跟踪过程中能适应目标尺度的变化。

基于支持向量机的外观模型跟踪方法通常在目标当前位置附近选择正负样本来更新支持向量机分类器。一旦跟踪算法出现误差,目标位置不再精确,使得训练支持向量机分类器的正负样本不够准确,长时间的误差累积将使得外观模型退化,出现漂移现象,甚至导致跟踪失败。为了解决该问题,出现了基于 MIL 的跟踪方法。

2）基于 MIL 的外观模型跟踪方法

在 MIL 框架中,训练样本以包作为单位,包有确定的标记,而包内示例标记则不确定。如果包被标记为负,则表明包中所有示例都为负示例;如果包被标记为正,则表明包中至少有一个正示例[33]。

Viola 等[34]提出了使用 MIL 方法来检测运动目标,以克服跟踪过程中的漂移问题。Babenko 等[35,36]将 MIL 引入目标跟踪,提出了基于在线 MIL 的跟踪方法。Zhang 等[37]对 Babenko 等[35]的方法进行了改进,提出了一种加权的多示例跟踪方法,在分类器构造中,不同正示例依据距离目标的远近被赋予不同的权值,从而提高了分类器训练的准确性;同时,提出了一种求解包似然函数最大化的近似方法,提高了算法的运行速度。Chen 等[38]提出了结合示例级半监督学习的 MIL 跟踪算法,采用半监督学习方法求得正包中各示例的标记以及重要性,提高了分类器的判别能力。

为了适应外界场景和目标外观的变化,需要对分类器进行更新。然而,如何选择具有判别力的正、负包用于模型更新是这类方法的关键所在。由于其只用到了目标在首帧中的位置信息,未充分利用其他先验信息,在遮挡情况下,跟踪容易出现漂移,甚至导致失败。

3) 基于相关滤波的外观模型跟踪方法

基于相关滤波的外观模型跟踪方法[39]旨在训练一个具有判别能力的相关滤波器,然后通过卷积运算,在置信图上找到最大的响应信号位置,作为目标在当前帧中的跟踪结果。

Henriques 等[40]提出了利用循环结构快速计算基于核的相关滤波器的方法,极大地提高了算法的运行效率。为了解决基于核的相关系数滤波器中模板大小固定的问题,Li 和 Zhu[41]提出了一种有效的尺度估计方法,并结合方向梯度直方图(histogram of oriented gradient,HOG)和颜色命名特征进一步提升了跟踪效果。Danelljan 等[42]采用具有判别能力的相关滤波器为目标外观建模,提出了一种有效的自适应尺度跟踪算法,其中尺度估计方法是独立的,可与其他跟踪算法相结合,因此易于推广。

相关滤波器因其对旋转、噪声干扰以及几何形变的鲁棒性,在视频跟踪方面得到了广泛的应用。然而,相关滤波器的训练和更新是较为重要的步骤,是影响整个跟踪性能和计算复杂度的重要因素。

4) 随机学习方法

随机学习方法通过随机输入和随机特征选择构造分类器。其中,基于随机森林(random forest)和随机蕨丛(random ferns)的跟踪算法层出不穷。Godec 等[43]提出了基于在线随机朴素贝叶斯分类器的跟踪算法,其计算的时间复杂度和空间复杂度较低,与基于在线随机森林的跟踪算法[44]相比,实时性更好。Leistner 等[45]将 MIL 引入随机森林的构造过程中,提出了一个名为 Miforests 的算法。Quan 等[46]采用改进的随机蕨丛算法进行跟踪,通过在特征空间对蕨丛中每个叶子节点聚类,找到称为隐藏类的特征向量的分布特性,并用核密度估计预测未标记的样本以实现跟踪。

不同于支持向量机,随机学习方法计算效率更高,更易于扩展处理多类分类问题。特别是该类方法能实现并行计算,利用多核处理以及 GPU 运算能极大地提高代码运行效率[47]。该类方法因随机选择特征,在不同场景下性能不够稳定。

综上所述,判别式方法对目标和背景的分离效果较好,模型区分力强,但容易受噪声干扰,外观模型的通用性相对产生式模式稍弱。此外,样本的有效选择机制有待深入研究。各类外观建模方法对比如表 8.1 所示。

表 8.1　各类外观建模方法对比[2]

外观建模方法	时间复杂度	空间复杂度	判别力	自适应性	典型算法
混合产生式建模方法	适中	低	适中	强	SMOG
核密度建模方法	低	低	弱	弱	DFT、EDFT
子空间学习方法	适中	适中	适中	适中	ℓ_1 tracking
支持向量机学习方法	高	高	强	强	Struck
MIL 方法	适中	适中	强	强	MIL、WMIL
相关滤波方法	适中	适中	强	强	DSST、SAMF
随机学习方法	低	高	弱	强	Miforests

8.2.3　数据库

为了评价各种跟踪算法的性能,需要采用相同的数据库进行测试。目前,视觉跟踪领域综合性的公共数据库主要如下。

(1) OOTB(online object tracking:a benchmark)[48]:共包含 100 个视频序列,图 8.5 列举了其中一部分,每个视频截图下方的第一行文字代表该视频的名称,其

Baskeball
IV,OCC,DEF,
OPR,BC

Biker
SV,OCC,MB,FM,DEF,FM,OV
OPR,OV,LR

Bird1
SV,DEF,MB,
FM,IPR

BlurBody
SV,MB,FM

BlurCar2
SV,MB,FM

BlurFace
MB,FM,IPR

BlurOwl
SV,MB,FM,IPR

Bolt
OCC,DEF,IPR,
OPR

Box
IV,SV,OCC,MB,
IPR,OPR,OV,
BC,LR

Car1
IV,SV,MB,FM,
BC,LR

Car4
IV,SV

CarDark
IV,BC

CarScale
SV,OCC,FM,
IPR,OPR

ClifBar
SV,OCC,MB,
FM,IPR,OV,BC

Couple
SV,DEF,FM,OPR,
BC

Crowds
IV,DEF,BC

David
IV,SV,OCC,
DEF,MB,IPR,
OPR

Deer
MB,FM,IPR,
BC,LR

Diving
SV,DEF,IPR

DragonBaby
SV,OCC,MB,
FM,IPR,OPR,
OV

Dudek
SV,OCC,DEF,
FM,IPR,OPR,
OV,BC

Football
OCC,IPR,OPR,
BC

Freeman4
SV,OCC,IPR,
OPR

Girl
SV,OCC,IPR,
OPR

Human3
SV,OCC,DEF,
OPR,BC

Human4
IV,SV,OCC,
DEF

Human6
SV,OCC,DEF,
FM,OPR,OV

Human9
IV,SV,DEF,MB,
FM

图 8.5　OOTB 数据集部分截图[48]

余文字代表该视频的属性,包括照明变化(illumination variation,IV)、尺度变化(scale variation,SV)、遮挡(occlusion,OCC)、非刚体形变(deformation,DEF)、运动模糊(motion blur,MB)、快速运动(fast motion,FM)、平面内旋转(in-plane rotation,IPR)、平面外旋转(out-of-plane rotation,OPR)、目标出视场(out-of-view,OV)、相似背景干扰(background clutters,BC)、低分辨率(low resolution,LR)等。

(2) VOT(visual object tracking)[49]:共包含 193 个测试视频,其属性由 10 维特征向量表示。与 OOTB 数据集相比,其特点是:包含了更多类型的测试视频;目标用可旋转的矩形框标识,与实际情况更相符;对每帧图像都进行了标记,其属性由特征向量表示。

8.2.4　评价标准

评价跟踪算法性能时,通常采用以下标准。

1) 中心位置误差

中心位置误差(center location error,CLE)用来度量跟踪结果和真实目标之间的距离。该值越小,说明跟踪结果距离目标真实位置越近,跟踪精度越高;反之,说明跟踪误差越大。其定义为

$$\text{error}_k = \sqrt{(\text{center}_k - \text{gt}_k)^2} \tag{8.2}$$

式中,center_k 为跟踪算法求得的目标中心在第 k 帧中的坐标,gt_k 为目标中心在第 k 帧中的真实坐标,error_k 为第 k 帧的中心位置误差。

2) 成功率

成功率(success rate,SR)是指正确跟踪的帧数所占的百分比。该值越大,说明正确跟踪的帧数越多,跟踪效果越好;反之,说明跟踪效果越差。

如果 $\dfrac{G \cap T}{G \cup T} > 0.5\alpha$,则认为当前帧跟踪成功;否则,跟踪失败。其中,$T$ 为当前帧中跟踪算法所获取的目标的外接矩形区域,G 为当前帧中目标真实位置所对应的矩形区域。

3) 帧率

帧率(frame per second,FPS)是指跟踪算法每秒能处理的帧数,该值越大,说明单位时间内处理的帧数越多,实时性越好;反之,实时性越差。

8.3　基于多示例学习的跟踪算法原理

MIL 的概念是由 Dietterich 等[33]在药物活性预测的研究中首次正式提出的。不同于传统的学习方法,在 MIL 框架中,训练样本以包作为单位,而包由若干个示例组成,每个包有确定的标记,而包中示例的标记则不确定。如果包中所有示例都

为负示例,则包被标记为负;如果包中至少有一个正示例,则包被标记为正。

在基于 MIL 的跟踪框架[35]中,把图像块与图像块的集合分别看成示例和包。将包含目标的图像集合标记为正包,否则,标记为负包。记训练集为$\{(X_1,y_1),\cdots,(X_n,y_n)\}$,其中 $X_i=\{x_{i1},\cdots,x_{im}\}$ 代表第 i 个包,x_{ij} 代表第 i 个包中的第 j 个示例,y_i 代表第 i 个包的标记(0 代表负包,1 代表正包)。包标记定义为

$$y_i=\max_j(y_{ij}) \tag{8.3}$$

式中,y_{ij} 代表第 i 个包中的第 j 个示例的标记(0 代表负示例,1 代表正示例),在训练阶段示例标记是未知的。

8.3.1　算法框架

基于 MIL 的目标跟踪算法的基本思路如图 8.6 所示,需要利用的先验信息仅包含运动目标在视频第一帧中的位置信息。记 $t-1$ 帧中目标所在位置为 l_{t-1}^*,利用 MIL 分类器,找到目标在当前帧 t 帧中最有可能出现的位置 l_t^*,然后在该位置的不同邻域范围内,找出正包 X^γ 和负包 $X^{\gamma,\beta}$,并更新 MIL 分类器,当下一帧到来时,利用新的 MIL 分类器寻找目标在该帧中最有可能出现的位置,并更新 MIL 分类器,依次循环处理,直到所有的视频帧处理完毕。该算法的具体过程描述如下。

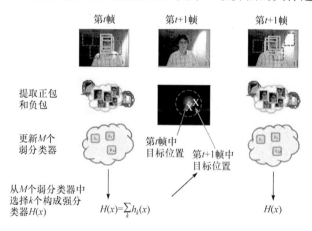

图 8.6　基于 MIL 的目标跟踪流程[36]

算法 8.1　基于 MIL 的跟踪算法

输入:第 $t-1$ 帧中目标所在位置坐标、视频第 t 帧。

输出:第 t 帧中目标所在位置坐标、更新后的 MIL 分类器。

(1) 从第 t 帧中找到图像集合 $X^s=\{x:\|l(x)-l_{t-1}^*\|<s\}$,并计算该图像集合中每个图像块 x 的特征向量。其中,s 为搜索半径,$l(x)$ 为图像块 x 的位置,用目标中心点二维坐标表示。X^s 中的任意图像块与 $t-1$ 帧中目标位置的距离小于 s。

（2）使用最新的 MIL 分类器，计算 $l_t^* = l(\arg\max\limits_{x \in X^s} p(y=1|x))$，即找出 X^s 中可能为目标的概率最大的图像块，并将其作为第 t 帧中目标所在位置。

（3）在 l_t^* 的邻域内，找到两个图像集合 $X^\gamma = \{x: \| l(x) - l_t^* \| < \gamma\}$ 和 $X^{\gamma, \beta} = \{x: \gamma < \| l(x) - l_t^* \| < \beta\}$，将 X^γ 作为正包，$X^{\gamma, \beta}$ 作为负包，对 MIL 分类器进行更新。其中，γ, β 分别是正包、负包的选择半径。

在该跟踪算法中，最重要的就是如何训练得到 MIL 分类器，以及如何对其进行更新。

8.3.2　在线多示例学习分类器

在线多示例学习分类器是由多个弱分类器级联而成的，目的是要从 M 个弱分类器 $\phi = \{h_1, h_2, \cdots, h_M\}$ 中依次选出 K 个弱分类器，使其满足：

$$h_k = \arg\max_{h \in \phi} L(H_{k-1} + h) \tag{8.4}$$

式中，$L = \sum\limits_i (y_i \lg p_i + (1 - y_i) \lg (1 - p_i))$ 是包的对数似然函数，$\sum\limits_{i,t}$ 是从 η 中选出的 $k - 1$ 个弱分类器构成的强分类器。

要求在线 MIL 分类器，问题就转化为如何求包的概率 p_i，以及如何得到弱分类器 $h_j (j = 1, 2, \cdots, M)$。

采用 noisy-or(NOR)模型对包概率建模，即

$$p(y_i \mid X_i) = 1 - \prod_j (1 - p(y_i \mid x_{ij})) \tag{8.5}$$

但在求包标记时会用到示例标记 $p(y_i | x_{ij})$，因此需要对示例标记建模，即

$$p(y_i | x_{ij}) = p_{ij} = \sigma(H(x)) = \frac{1}{1 + e^{-H(x)}} \tag{8.6}$$

式中，$H(x)$ 是前面提到的由 K 个弱分类器级联的强分类器，其生成方法描述如下。

算法 8.2　在线 MIL 分类器

输入：数据集数据集 $\{X_i, y_i\}_{i=1}^N$，其中 $X_i = \{x_{i1}, \cdots, x_{im}\}$，$y_i \in \{0, 1\}$。

输出：分类器 $H(x) = \sum\limits_{k=1}^K h_k(x)$。

（1）用数据 (x_{ij}, y_i) 更新 M 个弱分类器 $\{h_j(x)\}_{j=1}^M$。

（2）对所有的 i 和 j，初始化 $H_{i,j}(x) = 0$，令 $k = 1$。

（3）依次遍历 M 个弱分类器，用它和强分类器的组合，估计每个示例 α 为正示例的概率，即

$$p_{ij}^m = \sigma(H_{ij} + h_m(x_{ij}))$$

（4）估计每个包 α 为正包的概率，即

$$p_i^m = 1 - \prod_j (1 - p_{ij}^m)$$

（5）计算每个包的似然函数，即

$$L^m = \sum_i (y_i \lg p_i^m + (1 - y_i) \lg (1 - p_i^m))$$

（6）从 M 个 L^m 中，选出使得 L^m 取得最大值的弱分类器，即

$$m^* = \arg \max_m L^m$$

$$h_k(x) = h_{m^*}(x)$$

（7）把该弱分类器添加到强分类器中，即

$$H_{i,j}(x) = H_{i,j}(x) + h_k(x)$$

（8）如果 $k = K$，停止计算；否则令 $k = k + 1$，跳转步骤（3）。

8.3.3　弱分类器构造

求在线 MIL 分类器的问题又转换为如何求得弱分类的问题。在更新 MIL 分类器时，也在不断更新弱分类器。假设正包中的 Haar-like 特征服从正态分布，即

$$p(f_k(x_{ij}) \mid y_i = 1) \sim N(\mu_1, \sigma_1^2) \tag{8.7}$$

负包中的 Haar-like 特征服从正态分布，即

$$p(f_k(x_{ij}) \mid y_i = 0) \sim N(\mu_0, \sigma_0^2) \tag{8.8}$$

可计算求得弱分类器 $h_k(x)$，即

$$h_k(x) = \lg \left[\frac{p(y = 1 \mid f_k(x))}{p(y = 0 \mid f_k(x))} \right] = \lg \left[\frac{p(f_k(x) \mid y = 1)}{p(f_k(x) \mid y = 0)} \right] \tag{8.9}$$

当新数据到来时，分别更新正态分布的参数 μ_1, σ_1^2，即

$$\mu_1 = \alpha \mu_1 + (1 - \alpha) \frac{1}{n} \sum_{j \mid y_i = 1} f_k(x_{ij}) \tag{8.10}$$

$$\sigma_1^2 = \alpha \sigma_1^2 + (1 - \alpha) \frac{1}{n} \sum_{j \mid y_i = 1} (f_k(x_{ij}) - \mu_1)^2 \tag{8.11}$$

式中，$0 < \alpha < 1$ 代表参数更新的速度。μ_0, σ_0^2 按类似方法更新。

综上所述，基于 MIL 的方法为目标跟踪提供了一个全新的、鲁棒的解决方案，无需太多参数调整即可实现目标的准确跟踪。

8.4　基于混合高斯模型和多示例学习的跟踪算法

在基于 MIL 的跟踪文献中[35,36]，通常假设正负包中的示例特征均服从高斯分布。然而，正包中示例（图像块）既包含目标也包含背景部分，如图 8.7 所示。因此，假设正包中的示例特征服从单一的高斯分布是不合理的。本节提出一种基于混合高斯模型（GMM）和 MIL 的跟踪算法[50]，采用 GMM 为正包中的示例特征建

模,并充分考虑示例和模型之间的差异,提出新的 GMM 参数更新规则,并结合 MIL 的方法进行跟踪,在常用数据集上进行测试和对比。试验结果表明,该方法对照明改变、旋转、目标外观改变具有较好的准确性和鲁棒性。

8.4.1　算法概述

基于 GMM 和 MIL 的跟踪算法流程如图 8.7 所示,其主要步骤描述如下。

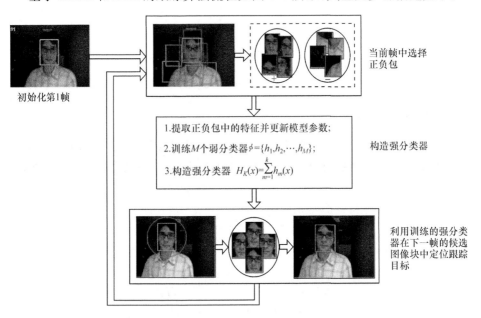

图 8.7　基于 GMM 和 MIL 的跟踪算法流程[50]

算法 8.3　基于 GMM 和 MIL 的跟踪算法

输入:第 1 帧中目标所在位置坐标 l_1^*,视频第 t 帧。

输出:第 t 帧中目标所在位置坐标 l_t^*,更新后的分类器。

(1) 选定跟踪目标,并初始化参数:正负包选择半径 γ,ζ,β,目标搜索半径 s,弱分类器总数 M,构造强分类器的弱分类器总数 K,GMM 分支数 C,并令 $t=1$。

(2) 在第 t 帧目标所在的邻域范围内,找到两个图像集合 $X^{\gamma}=\{x: \| l(x)-l_t^* \| < \gamma\}$ 和 $X^{\zeta,\beta}=\{x: \zeta < \| l(x)-l_t^* \| < \beta\}$,将 X^{γ} 作为正包,$X^{\zeta,\beta}$ 作为负包。其中,γ,ζ,β 是正负包的选择半径,$l(x)$ 为图像块 x 的位置,用目标中心点的二维坐标表示。

(3) 采用 8.4.2 节中方法,分别对正负包中的示例特征进行建模,并按照 8.4.3 节的方法训练 M 个弱分类器 $\phi=\{h_1,h_2,\cdots,h_M\}$,然后采用 8.4.4 节中方法依次从 ϕ 中顺序选择 K 个分类器构造强分类器 $H_K(x)=\sum_{m=1}^{K} h_m(x)$。

(4) 令 $t=t+1$,并读入第 t 帧图像,根据目标在前一帧中的位置 l_{t-1}^*,在当前

帧中找到图像集合 $X^s = \{x: \| l(x) - l_{t-1}^* \| < s\}$,并计算该图像集合中每个图像块 x 的特征向量。其中,s 为搜索半径,X^s 中的任意图像块与 $t-1$ 帧中目标位置的距离小于 s。

(5) 使用最新的 MIL 分类器,计算 $l_t^* = l(\arg \max\limits_{x \in X^s} p(y=1|x))$,即找出 X^s 中可能为目标的概率最大的图像块,并将它作为第 t 帧中目标所在位置。重复步骤 (2)~(5),直到所有的视频帧处理完毕。

8.4.2　包中示例特征建模

1. 正包示例特征建模

在 MIL 框架中,尽管包的大小(即包中示例总数)可变,但是负包中的所有示例必须都是负示例,而正包中只需要存在一个正示例即可。换言之,正包中可能既有正示例(包含目标的图像块)又有负示例(包含背景的图像块)。因此,正包中示例的特征既包含目标特征又包含背景特征。于是,GMM 引入正包示例特征建模中。

设特征 f_t 出现的概率为

$$P(f_t) = \sum_{i=1}^{C} w_{i,t} \times \eta\left(f_t, \mu_{i,t}, \sum_{i,t}\right) \tag{8.12}$$

式中,C 为 GMM 分支数,通常取 $3 \sim 5$;$w_{i,t}$ 为第 i 个分支在时刻 t 的权重;$\mu_{i,t}$ 为第 i 个分支在时刻 t 的均值;$\sum_{i,t}$ 为第 i 个分支在时刻 t 的协方差矩阵;η 为其对应的概率密度函数,可按公式(8.13)求得,且 $w_{i,t}$ 需满足公式(8.14)中的约束条件。

$$\eta\left(f_t, \mu_{i,t}, \sum_{i,t}\right) = \frac{1}{(2\pi)^{\frac{n}{2}} \left| \sum\limits_{i,t} \right|^{\frac{1}{2}}} e^{-\frac{1}{2}(f_t - \mu_{i,t})^T \sum\limits_{i,t}^{-1} (f_t - \mu_{i,t})} \tag{8.13}$$

$$\sum_{i=1}^{C} w_{i,t} = 1 \tag{8.14}$$

对于 $t+1$ 时刻的特征 f_{t+1},需判断它是否与现有的 C 个分支匹配。如果 f_{t+1} 处于 GMM 某一分支标准差的 D 倍范围之内,则认为该特征与该分支匹配,其中 D 为标量,通常取 2.5。若该特征与 GMM 中第 i 个分支匹配,则该分支的参数按如下规则更新:

$$w_{i,t+1} = (1-\alpha)w_{i,t} + \alpha \tag{8.15}$$

$$\mu_{i,t+1} = (1-\rho)\mu_{i,t} + \rho f_{t+1} \tag{8.16}$$

$$\sigma_{i,t+1}^2 = (1-\rho)\sigma_{i,t}^2 + \rho (f_{t+1} - \mu_{i,t+1})^T (f_{t+1} - \mu_{i,t+1}) \tag{8.17}$$

式中,α 为权重的更新速率;ρ 为均值和方差的更新速率,分别按式(8.18)和式(8.19)求得:

$$\alpha = B \times \left(1 - \tanh \left(\frac{|f_{t+1} - \mu_t|}{2\sigma_t} \right) \right) \tag{8.18}$$

$$\rho = \alpha \eta (f_{t+1} | \mu_{i,t}, \sigma_{i,t}) \tag{8.19}$$

对于未匹配上的分支 j，其 μ 和 σ^2 保持不变，只更新其权重：

$$w_{j,t+1} = (1-\alpha) w_{j,t} \tag{8.20}$$

如果当前特征与 GMM 中 C 个分支都匹配不上，则 $\frac{w}{\sigma}$ 取值最小（出现概率最低）的分支将被新的高斯分布所取代，该分布被初始化为：以当前值为均值，并被赋予较大的标准差及较小的权重。

值得注意的是，式(8.18)中，α 是 GMM 中一个较重要的参数。如果选择一个较大的 α，模型将更新得较快从而表现出不稳定；相反，模型会更新得较慢可能不能适应场景的变化。因此，该方法充分考虑了特征和模型之间的差异，采用单调递减的函数 $y = (1 - \tanh(x))$ 来控制更新速率。当特征与模型差异较大时，α 取值较小，模型更新较慢；否则，α 取值较大，模型更新较快。在试验中，引入标量 B 来控制权重的最大更新速率。同时，为了避免 α 过小而不更新模型，引入阈值 T，当 α 小于 T 时，取 $\alpha = T$。

2. 负包示例特征建模

假设负包中示例的各特征均服从高斯分布，即

$$p(f_k(x_{ij}) | y_i = 0) \sim N(\mu_0, \sigma_0^2) \tag{8.21}$$

当新的样本到来时，高斯分布的参数按如下规则更新：

$$\mu_0 = \alpha \mu_0 + \lambda \frac{1}{n} \sum_{j | y_i = 0} f_k(x_{ij}) \tag{8.22}$$

$$\sigma_0^2 = \alpha \sigma_0^2 + \lambda \frac{1}{n} \sum_{j | y_i = 0} (f_k(x_{ij}) - \mu_0)^2 \tag{8.23}$$

式中，$f_k(x_{ij})$ 是第 i 个负包中第 j 个示例的特征；n 是第 i 个负包中的示例总数，μ_0 是高斯分布的均值；σ_0 是其标准差；λ 是更新速率，且 $0 < \lambda < 1$，λ 越大代表模型更新得越快；否则，模型更新得越慢。

8.4.3　训练弱分类器

每一个弱分类器 h_m 由 Haar-like 特征 f_k 和特征分布参数构成。8.4.2 节中，假设正负包中示例的特征分别服从 GMM 和单高斯分布，弱分类器按如下公式求得：

$$h_k(x) = \lg \left[\frac{p(y=1 | f_k(x))}{p(y=0 | f_k(x))} \right] \tag{8.24}$$

令 $p(y=1)=p(y=0)$,并利用 Bayes 公式,化简得

$$h_k(x)=\lg\left[\frac{p(f_k(x)\mid y=1)}{p(f_k(x)\mid y=0)}\right] \tag{8.25}$$

式中,$p(f_k(x)\mid y=1)$ 和 $p(f_k(x)\mid y=0)$ 可通过 8.4.2 节中对包中示例的特征建模求得。

按照式(8.25),可求得 M 个弱分类器 $h_k(x)(k=1,2,\cdots,M)$,作为构造强分类器的候选项。

8.4.4 构造强分类器

MIL 强分类器 H_k 由若干弱分类器 h_k 级联而成,而每一个弱分类器与 Haar-like 特征 f_k 密切相关。K 个弱分类器依次从集合 $\phi=\{h_1,h_2,\cdots,h_M\}$ 中按如下标准选出:

$$h_k=\arg\max_{h\in\phi}L(H_{k-1}+h) \tag{8.26}$$

式中,$L=\sum_i(y_i\lg p(y_i\mid X_i)+(1-y_i)\lg(1-p(y_i\mid X_i)))$ 是包的对数似然函数,H_{k-1} 是由前 $k-1$ 个弱分类器构成的强分类器。

通过最大化目标函数 L,K 个弱分类器依次从集合 ϕ 中顺序选出,最终级联为强分类器 $H_K=\sum_{m=1}^{K}h_m$。当新的一帧到来时,该强分类器 H_k 被用于判断图像集 X^s 中的目标图像块。

在构造强分类器 H_k 时,需求得弱分类器 h_k(见 8.4.3 节)和 X_i 为正包的概率 $p(y_i\mid X_i)$(见 8.3.2 节)。

8.4.5 试验

本节将基于 GMM 和 MIL 的跟踪算法与 online AdaBoost(OAB)tracker[51]、MIL tracker[35] 和 WMIL tracker[37] 方法在 OOTB 数据集上进行测试对比。所有试验均在主频为 2.93GHz 的双核 CPU、2GB 内存的个人计算机上进行。

本节提出的新算法参数设置如下:每帧图像中采用 $\gamma=4\sim6$ 来采集正示例,可产生 $45\sim190$ 个正示例;采集负示例的内外半径分别为 $\zeta=1.5\gamma$ 和 $\beta=2s$,其中,s 为目标所在位置的搜索半径,通常取值为 $25\sim35$ 像素,可产生 $42\sim100$ 个负示例;本试验中,取 $\gamma=4,s=25$;候选弱分类器数目通常设置为 $M=150\sim250$,用于构造强分类器的弱分类器数目通常设置为 $K=15\sim50$,本试验中,取 $M=150$ 和 $K=15$;GMM 中分支数通常设置为 $C=3\sim5$,考虑到计算复杂度,试验中取 $C=3$,更新参数 α 所用阈值 $T=0.00001$,标量 $B=0.0015$,负包特征更新速率 $\lambda=0.85$。

1. 定性分析

视频序列"大卫室内（David indoor）"由 462 帧 320×240 的图像构成，包含照明、位置、外观以及尺度变化。如图 8.8(a) 所示，OAB 不能适应场景中的这些变化，在第 386、436、461 帧中出现严重漂移。尽管 MIL 和 WMIL 都比 OAB 的跟踪效果稳定，但是当目标姿态和外观发生变化时，特别是当 David 佩戴和摘掉眼镜时，见第 311、386、436 帧，提出的新算法跟踪效果优于 MIL 和 WMIL。

视频序列"唐宁（Twinings）"由 471 帧 320×240 的图像构成，包含大量的旋转和外观变化。如图 8.8(b) 所示，在第 216、241、316 和 381 帧中，当目标发生旋转时，OAB 产生严重漂移；在第 381、421 和 446 帧中，随着目标的旋转，MIL 和 WMIL 也出现误差。相比较，提出的新算法取得了更加准确和稳定的跟踪效果。

视频序列"克利夫酒吧（Cliff bar）"由 327 帧 320×240 的图像构成，包含显著的外观变化、运动模糊以及相似背景的干扰。如图 8.8(c) 所示，在第 91 帧和 156 帧中出现轻微模糊时，WMIL 和提出的新算法都能较好地应对；在第 81 帧和 226 帧中，由于目标快速运动导致图像模糊较严重时，四种跟踪算法都不准确。值得注意的是，测试序列中目标和背景具有相似的纹理，WMIL 和提出的新算法比 OAB 和 MIL 跟踪效果更好。

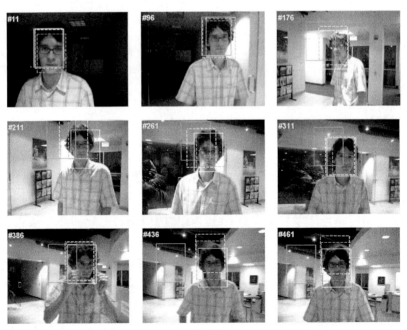

(a) 大卫室内

(b) 唐宁

(c) 克利夫酒吧

| - - - | MIL | ──── | 本书方法 |
| ──── | OAB | - - - | WMIL |

图 8.8　跟踪结果截图[50]

2. 定量分析

　　本节将从位置中心误差和成功率两方面来评价四种跟踪算法的性能,这两种评价标准的定义参看 8.2.4 节。

　　中心位置误差曲线如图 8.9 所示。图 8.9(a) 中,视频序列"大卫室内"的前 150 帧中,WMIL 跟踪效果较好,但在余下的视频帧中,提出的新算法表现更加稳定,平均误差较小。图 8.9(b) 中,视频序列"唐宁"的 MIL、WMIL 和提出的新算法精度相似,但 350 帧后,提出的新算法平均误差更小。图 8.9(c) 中,OAB 在视频序列"克利夫酒吧"中效果较差,特别是运动模糊时,而其他三个算法相对比较稳定。

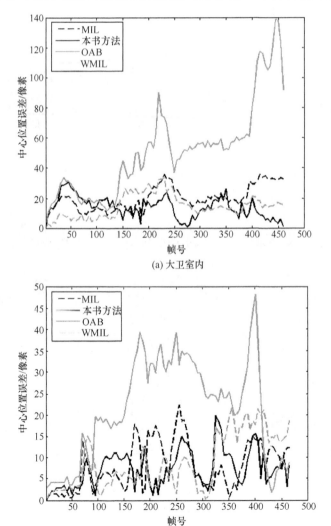

(a) 大卫室内

(b) 唐宁

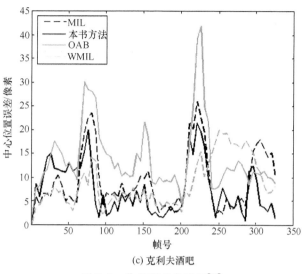

(c) 克利夫酒吧

图 8.9　位置误差曲线图[50]

各种算法在不同视频序列上的位置最大误差、平均误差和标准差如表 8.2 所示,其中粗体表示结果最好。提出的新算法在视频序列"大卫室内"和"唐宁"上的中心位置最大误差、平均误差和标准差在四种算法中最小。对视频序列"克利夫酒吧",提出的新算法具有最小的平均误差,而 WMIL 算法的最大误差和标准差最小。表 8.3 反映了四种算法的跟踪成功率,其中粗体表示结果最好。提出的新算法在测试序列上取得较高的成功率,这表明该算法具有较好的准确性和鲁棒性。

表 8.2　中心位置误差[50]　　　　　　　　　　（单位:像素）

视频序列	OAB			MIL			WMIL			本书方法		
	最大误差	平均误差	标准差	最大误差	平均误差	标准差	最大误差	平均误差	标准差	最大误差	平均误差	标准差
大卫室内	138.96	51.03	30.83	35.63	19.63	0.18	3.44	4.44	74	**30.42**	**13.55**	**0.10**
唐宁	48.24	21.13	11.93	22.29	8.00	0.56	1.73	8.78	0.37	**19.80**	**0.26**	**0.24**
克利夫酒吧	41.85	14.00	7.43	25.99	9.19	6.30	**9.97**	8.64	**5.08**	21.52	**0.41**	0.31

表 8.3　成功率(SR)[50]　　　　　　　　　　（单位:%）

视频序列	OAB	MIL	WMIL	本书方法
大卫室内	25.81	72.04	92.47	**95.7**
唐宁	41.49	94.68	81.91	**96.81**
克利夫酒吧	57.58	75.76	75.76	**87.88**

综上所述,基于 GMM 和 MIL 的跟踪算法在 MIL 框架下,采用 GMM 对正包中的示例特征建模,将示例和模型之间的差异引入 GMM 参数更新中,通过在公开数据集上的对比试验结果表明,该算法对照明、旋转、姿势和外观变化更加稳定和有效。

8.5　本章小结

本章系统介绍了基于外观模型的跟踪算法,并对基于 MIL 的跟踪方法进行了深入分析,在此基础上,提出了基于 GMM 和 MIL 的跟踪算法。试验结果表明,该算法具有较好的准确性和鲁棒性。

参 考 文 献

[1] Yilmaz A,Javed O,Shah M. Object tracking:a survey[J]. ACM Computing Surveys,2006,38(4):13-57

[2] Li X,Hu W M,Shen C H,et al. A survey of appearance models in visual object tracking[J]. ACM Transactions on Intelligent Systems and Technology,2013,4(4):58-99

[3] Salti S,Cavallaro A,di Stefano L. Adaptive appearance modeling for video tracking:survey and evaluation[J]. IEEE Transactions on Image Processing,2012,21(10):4334-4348

[4] 张焕龙,胡士强,杨国胜. 基于外观模型学习的视频目标跟踪方法综述[J]. 计算机研究与发展,2015,52(1):177-190

[5] Ellis L,Dowson N,Matas J,et al. Linear regression and adaptive appearance models for fast simultaneous modelling and tracking[J]. International Journal of Computer Vision,2011,95(2):154-179

[6] Yun X P,Bachmann E R. Design,implementation,and experimental results of a quaternion-based Kalman filter for human body motion tracking[J]. IEEE Transactions on Robotics,2006,22(6):1216-1227

[7] Shen C H,Brooks M J,van Hengel A D. Augmented particle filtering for efficient visual tracking[C]. Proceedings of the IEEE International Conference on Image Processing,2005,3:856-859

[8] Murphey R A,Pardalos P M,Pitsoulis L S. A greedy randomized adaptive search procedure for the multitarget multisensor tracking problem[J]. Network Design:Connectivity and Facilities Location,1998,40:277-301

[9] Sevilla-Lara L,Learned-Miller E. Distribution fields for tracking[C]. Proceedings of the IEEE Conference on Computer Vision and Pattern Recognition,2012:1910-1917

[10] Gauvain J L,Lee C H. Maximum a posterior estimation for multivariate Gaussian mixture observations of Markov chains[J]. IEEE Transactions on Speech and Audio Processing,1994,2(2):291-298

[11] Stauffer C, Grimson W E L. Learning patterns of activity using real-time tracking[J]. IEEE Transactions on Pattern Analysis and Machine Intelligence, 2000, 22(8): 747-757

[12] Wang H Z, Suter D, Schindler K, et al. Adaptive object tracking based on an effective appearance filter[J]. IEEE Transactions on Pattern Analysis and Machine Intelligence, 2007, 29(9): 1661-1667

[13] Wang J Q, Yagi Y. Integrating color and shape-texture features for adaptive real-time object tracking[J]. IEEE Transactions on Image Processing, 2008, 17(2): 235-240

[14] Noureldaim E, Jedra M, Zahid N. Tracking of moving objects with 2DPCA-GMM method and Kalman filtering[J]. International Journal of Signal Processing, Image Processing and Pattern Recognition, 2012, 5(4): 83-92

[15] Comaniciu D, Ramesh V, Meer P. Kernel-based object tracking[J]. IEEE Transactions on Pattern Analysis and Machine Intelligence, 2003, 25(5): 564-577

[16] Leichter I, Lindenbaum M, Rivlin E. Tracking by affine kernel transformations using color and boundary cues[J]. IEEE Transactions on Pattern Analysis and Machine Intelligence, 2009, 31(1): 164-171

[17] Yilmaz A. Object tracking by asymmetric kernel mean shift with automatic scale and orientation selection[C]. Proceedings of the IEEE Conference on Computer Vision and Pattern Recognition, 2007: 1-6

[18] Felsberg M. Enhanced distribution field tracking using channel representations[C]. Proceedings of the IEEE International Conference on Computer Vision Workshops, 2013: 121-128

[19] Li Y M. On incremental and robust subspace learning[J]. Pattern Recognition, 2004, 37(7): 1509-1518

[20] Ross D A, Lim J, Lin R S, et al. Incremental learning for robust visual tracking[J]. International Journal of Computer Vision, 2008, 77(1-3): 125-141

[21] Black M J, Jepson A D. Eigentracking: robust matching and tracking of articulated objects using a view-based representation[J]. International Journal of Computer Vision, 1998, 26(1): 63-84

[22] Ho J, Lee K C, Yang M H, et al. Visual tracking using learned linear subspaces[C]. Proceedings of the IEEE Computer Society Conference on Computer Vision and Pattern Recognition, 2004, 1: 782-789

[23] Chin T J, Suter D. Incremental kernel principal component analysis[J]. IEEE Transactions on Image Processing, 2007, 16(6): 1662-1674

[24] Mei X, Ling H B. Robust visual tracking using l_1 minimization[C]. Proceedings of the IEEE 12th International Conference on Computer Vision, 2009: 1436-1443

[25] Li H X, Shen C H, Shi Q F. Real-time visual tracking using compressive sensing[C]. Proceedings of the 2011 IEEE Conference on Computer Vision and Pattern Recognition, 2011: 1305-1312

[26] Avidan S. Support vector tracking[J]. IEEE Transactions on Pattern Analysis and Machine

Intelligence,2004,26(8):1064-1072

[27] Tian M,Zhang W W,Liu F Q. On-line ensemble SVM for robust object tracking[C]. Proceedings of the Computer Vision—ACCV 2007,2007:355-364

[28] 王震宇,张可黛,吴毅,等. 基于 SVM 和 AdaBoost 的红外目标跟踪[J]. 中国图像图形学报,2007,12(11):2052-2057

[29] Hare S,Saffari A,Torr P H S. Struck:structured output tracking with kernels[C]. Proceedings of the IEEE International Conference on Computer Vision,2011:263-270

[30] Tang F,Brennan S,Zhao Q,et al. Co-tracking using semi-supervised support vector machines[C]. Proceedings of the 11th IEEE International Conference on Computer Vision,2007:1-8

[31] Lu H C,Zhang W L,Chen Y W. On feature combination and multiple kernel learning for object tracking[J]. Computer Vision-ACCV,2011:511-522

[32] Zhang J,Liu K,Cheng F,et al. Scale adaptive visual tracking with latent SVM[J]. Electronics Letters,2014,50(25):1933-1934

[33] Dietterich T G,Lathrop R H,Lozano-Pérez T T. Solving the multiple-instance problem with axis-parallel rectangles[J]. Artificial Intelligence,1997,89(1-2):31-71

[34] Viola P A,Platt J C,Zhang C. Multiple instance boosting for object detection[C]. Proceedings of the Advances in Neural Information Processing Systems,2005:1417-1424

[35] Babenko B,Yang M H,Belongie S. Visual tracking with online multiple instance learning[C]. Proceedings of the IEEE Conference on Computer Vision and Pattern Recognition,2009:983-990

[36] Babenko B,Yang M H,Belongie S. Robust object tracking with online multiple instance learning[J]. IEEE Transactions on Pattern Analysis and Machine Intelligence,2011,33(8):1619-1632

[37] Zhang K H,Song H H. Real-time visual tracking via online weighted multiple instance learning[J]. Pattern Recognition,2013,46(1):397-411

[38] Chen S,Li S Z,Su S Z,et al. Online MIL tracking with instance-level semi-supervised learning[J]. Neurocomputing,2014,139:272-288

[39] Bolme D S,Beveridge J R,Draper B,et al. Visual object tracking using adaptive correlation filters[C]. Proceedings of the IEEE Conference on Computer Vision and Pattern Recognition,2010:2544-2550

[40] Henriques J F,Caseiro R,Martins P,et al. Exploiting the circulant structure of tracking-by-detection with kernels[C]. Proceedings of the Computer Vision—ECCV,2012:702-715

[41] Li Y,Zhu J K. A scale adaptive kernel correlation filter tracker with feature integration[C]. Proceedings of the Computer Vision—ECCV Workshops,2014:254-265

[42] Danelljan M,Häger G,Khan F S,et al. Accurate scale estimation for robust visual tracking[C]. Proceedings of the British Machine Vision Conference,2014

[43] Godec M,Leistner C,Saffari A,et al. On-line random naive bayes for tracking[C]. Procee-

dings of the 2010 20th International Conference on Pattern Recognition,2010:3545-3548

[44] Saffari A,Leistner C,Santner J,et al. On-line random forests[C]. Proceedings of the 2009 IEEE 12th International Conference on Computer Vision Workshops,2009:1393-1400

[45] Leistner C,Saffari A,Bischof H. Miforests:multiple-instance learning with randomized trees [C]. Proceedings of the Computer Vision—ECCV 2010. Berlin:Springer,2010:29-42

[46] Quan W,Chen J X,Yu N Y. Robust object tracking using enhanced random ferns[J]. The Visual Computer,2014,30(4):351-358

[47] Sharp T. Implementing decision trees and forests on a GPU[C]. Proceedings of the Computer Vision—ECCV,2008:595-608

[48] Wu Y,Lim J,Yang M H. Visual Tracker Benchmark. http://cvlab. hanyang. ac. kr/tracker _benchmark/datasets. html[2016-05-10]

[49] Kristan M,Leonardis A,Matas J,et al. VOT Challenge. http://www. votchallenge. net [2016-05-10]

[50] Li N,Zhao X M,Li D X,et al. Object tracking with multiple instance learning and Gaussian mixture model[J]. Journal of Information & Computational Science, 2015, 12 (11): 4465-4477

[51] Grabner H,Grabner M,Bischof H. Real-time tracking via online boosting[C]. Proceedings of the Conference on British Machine Vision,2006:47-56

第9章 基于多示例集成学习的色情图像识别

随着多媒体与通信技术的飞速发展,互联网已成为人们获取信息、生活娱乐的主要手段。但是,在互联网的信息海洋中,不仅包含人们需要的有用信息,而且充斥着不法分子传播的暴力、色情、谣言等有害信息,而且每天还在不断增加。因此,净化网络环境,防止青少年接触到色情信息,保护青少年健康上网,是广大父母最为关心的问题,且得到了国家相关部门的高度重视[1]。由于图像比文本具有更丰富的信息,在网络色情信息传播中,色情图像对青少年的身心健康毒害性最为严重[2]。所谓"色情图像"就是指具有色情意味的图片,如脱衣、露体、暴露敏感部位、与性行为有关的动作等,均属于需要过滤的色情图像。为了有效地阻止色情图像在网络上的肆意传播,本章对多示例学习(MIL)[3]进行研究,从基于图像语义分析的角度入手,设计新的色情图像识别方法。

9.1 研究现状及趋势

9.1.1 色情图像识别研究现状

色情图像识别是在涉黄内容到达用户之前对其进行分析,然后将符合过滤条件的图像屏蔽掉。目前色情图像识别技术主要有三种,分别是基于 URL 的识别方式、基于关键字的识别方式和基于图像内容的识别方式[1,2]。

1. 基于 URL 的识别方式

该技术分为两种情况:一种是白名单方法,将已知的允许访问的网址加入一个白名单中,识别系统只允许访问白名单中的网站,此方法的优点是实现起来比较容易,识别效果也不错,缺点是限制太大,一般只适合儿童或者访问网站比较单一的特殊用户;另一种是黑名单方法,将已知的色情网站的网址加入黑名单中,用户在浏览网页时,识别系统会检查所访问的网址是否在黑名单中,如果是则禁止访问。此方法比前一种灵活,其不足之处是需要定期收集新的色情 IP 地址并更新到 IP 地址库中,其更新难以跟上色情网站的增长速度,不能适应互联网的迅速发展和动态变化。

2. 基于关键字的识别方式

基于关键字的识别方法是另外一种普遍采用的更加具有主动性和适应能力的

方法。此方法通过建立一个可定期更新的敏感关键字数据库,收集各种敏感关键字,如"性""sex""porn""xxx"等,然后从网页中提取出关键字,并把这些关键字和预先建立好的敏感关键字进行匹配,根据匹配结果判断网页是否为色情网页。该方法实现简单,但是效果并不理想,容易把正常网页判别为色情网页,而且当网页中不包含敏感文字或者文字用图像方式显示时,此识别方式就会失去作用。基于网页中文本关键字的识别技术不能充分地利用网页中的其他信息,如图像等,这一局限性使其对于大部分内容由图片组成和更改关键字的色情网站起不到封锁作用。

3. 基于图像内容的识别方式

基于内容的色情图像检测方法是最有效的识别技术之一,它利用计算机视觉技术、图像处理和图像理解的方法,判断图片内容是否是色情的[4]。其中,特征提取、特征选择和分类器是决定性能的关键因素,鉴于支持向量机(SVM)的优越性能,许多敏感图像检测系统[5-8]都采用了支持向量机分类器。特征提取的速度与选择的特征密切相关,一般而言,全局颜色特征与全局纹理特征的提取速度较快,而形状特征与局部特征的提取速度较慢。根据特征的种类与提取的区域,将基于内容的敏感图像检测方法分为三类:①基于全局特征(形状、颜色和纹理等)的检测方法,从整幅图像中提取特征;②基于 BoW(bag-of-visual-words)的检测方法,从图像中的兴趣点中提取局部特征;③基于感兴趣区域(ROI)的检测方法,从感兴趣区域中提取更能表征"敏感部位或敏感姿态"的特征。下面简要予以综述与分析。

最早的工作是 Forsyth 和 Fleck[9]根据人体形状设定组合规则来构建人体轮廓模型,再依据肤色区域能否组合成为人体轮廓来检测敏感图像;Zheng 等[10]使用基于边缘的 Zernike 矩以检测有害标志物,这些方法由于使用形状特征,因此速度很慢;基于全局颜色特征和全局纹理特征的检测方法速度较快,但误检率偏高,例如,Jones 和 Rehg[11]提出的统计模型,根据皮肤表面抽取的特征,采用神经网络分类器识别敏感图像,其中 Daubechies 小波变换、归一化中心矩和颜色直方图用于构成语义匹配向量以分类图像;Zheng[12]运用肤色检测的最大熵模型来识别敏感图像;AIRS[13]用 MPEG-7 描述子来识别和分级敏感图像;WIPE 系统[14]将直方图分析、纹理分析和形状匹配方法用于截获敏感图像;Zeng 等[6]采用多种全局特征开发了图像卫士系统;Rowley 等[7]在 Google 中利用 27 个视觉特征来识别互联网上的敏感图像;Tang 等[8]采用隐含狄利克雷分布(latent Dirichlet allocation)模型[15]依据全局特征将图像分成若干子类后,再用支持向量机进行分类。

9.1.2　色情图像识别技术发展趋势

如果在网络色情图像识别系统只通过对网页中的文本信息进行截取和分析,

或结合基于 URL 访问控制列表的网络过滤技术实现色情图像识别,其缺点是不能适应互联网的迅速发展和动态变化,具有明显的滞后性[1,2]。因此,近几年来,基于内容的图像识别方式成为色情图像识别研究的热点,此方式直接利用图像识别技术检测网页中的图像是否包含色情内容,它能克服传统网络色情图像识别方式存在的缺点,可以应付网页内容的不断变化而具有更广泛的适应性,是一种非常有效的识别方式,也是一种更具应用前景的色情图像识别方法[16,17]。

在传统的基于内容的色情图像识别方法中,往往采用肤色检测的方法来判断图像是否色情。此方法存在的问题是:自然图像中有许多物体,例如,沙漠、火焰、花朵、动物皮毛以及金黄色的头发等在颜色上跟人类皮肤相似,导致它们也被列为色情图像,大大地降低了色情图像识别的准确率[18]。因此,通过深入地分析与研究大量的色情图像,发现图像中的"性动作"或"敏感部位暴露"是鉴别色情图像的关键因素,所以,要提高色情图像识别精度,需要从图像中提取各种能区分色情和正常图像的特征,然后采用恰当的机器学习方法,训练出一个分类器来识别色情图像,这就是基于内容的色情图像识别技术的发展趋势[19]。

在基于机器学习的色情识别方法中,首先要用手工的方式对色情或正常图像进行标注,建立机器学习训练数据集,然后通过对训练数据集的学习而建立分类器,从而达到对新图像的自动识别与分类。这样一来,又会面临如下三个主要问题:①训练样本的标注问题,因为用手工方式标注训练样本不但非常烦琐、费时费力,而且还容易带有主观偏差;②图像内容的表征问题,即如何描述图像所包含的各种语义概念,以达到对色情图像进行鉴别;③分类器参数的设置问题,即在采用机器学习方法训练语义识别分类器时,算法参数对分类器的适应性、鲁棒性与精度影响很大,要想设置最优参数,对于非专业的普通用户极具难度。因此,需要提高整个算法的自适应能力,避免过多地依赖用户去设置算法参数。

基于上述应用背景与方法分析,本章将图像当做包,分块区域对应的视觉特征当做包中的示例,如果某图像被用户指定为色情图像,则该图像所对应的包标为正包,否则标为负包,在 MIL 的框架下建立图像底层特征与高层语义的联系,即通过对训练集中正包与负包的学习,挖掘色情图像的本质特征,找出语义间的关联规则,来进行色情图像识别,提高识别的精度。这是因为:①在 MIL 训练过程中,只要知道包的标号,而不需要知道包中示例的标号,所以可简化训练样本的手工标注过程,即标签只要分配到图像级,而不是区域级;②MIL 的训练样本是包,包中的示例对应着"色情图像"所有分块的底层视觉信息,它们作为一个整体更能表征图像的语义概念;③提出一种新的集成 MIL 算法,以提高算法的适应能力,缓解参数依赖问题。

为了在 MIL 框架下实现色情识别,本章提出一种基于极限学习机(extreme learning machine,ELM)[20]的多示例集成学习算法。首先,采用空间金字塔划分

(spatial pyramid partition,SSP)[21]的方法,将图像划分成很多不同的小块,并提取每个小块的颜色、纹理与形状等特征,然后将整个图像当做一个多示例包,每个分块的底层视觉特征当做包中的示例,这样一来,色情图像识别问题被转化成 MIL问题;第二,为了将示例包转化成一个代表性向量,以便于用单示例学习算法求解 MIL问题,设计了一种基于稀疏编码的元数据提取方法;最后,采用分类器集成策略,对多个极限学习机进行融合,提出了一种新的多示例集成学习算法,称为ELMCE-MIL 算法,图 9.1 是该算法的主要流程框图。

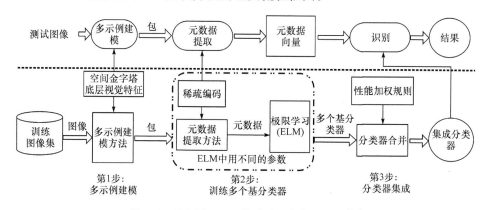

图 9.1　ELMCE-MIL 算法流程框架示意图[21]

9.2　基于 SSP 多示例建模

9.2.1　多示例建模

在 MIL 框架中,由于它的训练样本称为包,本节提出一种基于 SSP 的多示例建模方案。首先,采用"空间金字塔网格分块"的方法对图像进行由粗到精的自动分块,即块越分越小;然后,再提取每个分块的颜色、纹理、形状等不同的底层视觉特征,分别建立多示例包,从而将图像语义分析问题转化成 MIL 问题[21]。

1. 空间金字塔划分

空间金字塔分块具体步骤如下。
输入:图像 IMG,分块的层数 L。
输出:多个多示例包。
Step1:for Level＝0:$L-1$
① 采用均匀网格划分的方法,对图像 IMG 分成 $2^{\text{Level}} \times 2^{\text{Level}}$ 个不同的小块;
② 提取每个小块的多种底层视觉特征,作为示例添加到相应的多示例包中;
end Level

Step2:图像多示例建模结束,输出图像 IMG 对应的多个由不同视觉特征构成的多示例包。

图 9.2 是一个 3 层空间金字塔划分的多示例建模流程示意图,第 1 层是原图像,第 2 层对该图像进行了 2×2 分块,而第 3 层则对该图像进行了 4×4 分块,一共得到了 21 个图像分块。此方案简单高效,且普适性与鲁棒性很强,能克服基于图像分割多示例建模中存在的运算量大、鲁棒性弱等问题。

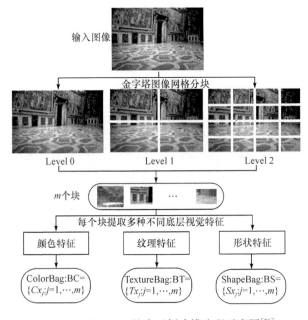

图 9.2　基于 SSP 的多示例建模流程示意图[21]

2. 底层特征提取

通过上述方法将图像划分为不同的小块之后,每个小块特征提取方法如下。

1) HSV 颜色矩特征[21]

在图像的颜色特征表示方法中,颜色矩是一种简洁而清楚的特征描述方法,其依据是:颜色矩能描述图像或区域内的颜色分布状况。由于颜色分布特点都是集中于低阶矩中,即对于三个颜色分量,在每个分量上用一阶、二阶等这类低次矩就能很好地描述图像的颜色分布信息。

要合理地描述图像的颜色特征,关键问题是选择恰当的颜色空间,常用的颜色空间有 RGB 颜色空间与 HSV 颜色空间。图 9.3 是 HSV 颜色的颜色模型,其中 H(hue)表示色调,S(saturation)表示饱和度,V(value)表示亮度。由于 HSV 模型是一种能够用感觉器官直接感受到的空间模型,它的依据是人眼的视觉原理,表示彩色的直观特性,并且 H(色调)、S(饱和度)与 V(亮度)三者相互独立,因此,本节选择在 HSV 颜色空间计算颜色矩特征。

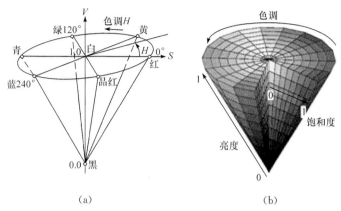

(a)　　　　　　　　　　　　　(b)

图 9.3　HSV 圆锥状颜色空间模型示意图

设图像第 j 个分块 Block$_j$ 的第 $i(i=1,2,3)$ 个颜色通道的像素记为$\{p_i(t)|t=1,2,\cdots,N\}$,则一阶(均值)与二阶(方差)颜色矩特征定义为

$$M_i = \frac{1}{N}\sum_{t=1}^{N} p_i(t) \tag{9.1}$$

$$\sigma_i = \sqrt{\frac{1}{N}\sum_{t=1}^{N}(p_i(t)-M_i)^2} \tag{9.2}$$

式中,N 表示分块 Block$_j$ 中像素的总数。这样,可得到分块 Block$_j$ 的六维颜色矩特征,记为

$$Cx_j = [M_1,\sigma_1,M_2,\sigma_2,M_3,\sigma_3] \tag{9.3}$$

2) Gabor 纹理特征

何为纹理特征目前尚无准确定义,但对图像的纹理特征有如下两点共识[22]:①图像的纹理特征与灰度或颜色等特征不同,它是通过图像中的每个像素及其周围空间邻域像素的灰度分布来表现的,即局部纹理信息;②局部纹理信息在整个图像中不同程度地重复出现,即全局纹理信息。

(1) Gabor 小波函数。为了得到色情图像的局域化频率描述,将频域带宽规定在一个固定长度的尺度范围之内,通常采用的方法就是在空间域中设置一个固定宽度的"窗",显然,为了描述图像的纹理信息肯定不能采用单一局域化的频率描述。因此,为了在多种尺度下检测色情图像的纹理特征,需要设计多种尺度与方向的滤波器。

为了采用基小波为 Gabor 函数的小波变换来提取图像的纹理特征,二维 Gaobr 函数定义为[22,23]

$$g(x,y) = \frac{1}{2\pi\sigma_x\sigma_y}\exp\left[-\frac{1}{2}\left(\frac{x^2}{\sigma_x^2}+\frac{y^2}{\sigma_y^2}\right)+2\pi\mathrm{j}W\right] \tag{9.4}$$

式中,W 是高斯函数复调制频率。

则 $g(x,y)$ 的傅里叶变换 $G(u,v)$ 为

$$G(u,v)=\exp\left\{-\frac{1}{2}\left[\frac{(u-W)^2}{\sigma_u^2}+\frac{v^2}{\sigma_v^2}\right]\right\} \tag{9.5}$$

式中,$\sigma_u=1/2\pi\sigma_x$;$\sigma_x=1/2\pi\sigma_y$。

使用 $g(x,y)$ 作为母函数,通过对 $g(x,y)$ 进行适度尺度扩张和旋转变换,可以得到一组自相似的滤波器,即 Gabor 小波

$$g_{mn}(x,y)=\alpha^{-m}g(x',y') \tag{9.6}$$

$$x'=\alpha^{-m}(x\cos\theta+y\sin\theta),\ y'=\alpha^{-m}(-x\sin\theta+y\cos\theta) \tag{9.7}$$

式中,$\alpha>1$;m,n 为整数;$\theta=n\pi/k$,且 k 是方向的数目,m 和 n 分别表示相应的尺度和方向,$n\in[0,k]$,式(9.7)中的尺度因子 α^{-m} 保证能量大小与 m 无关。根据傅里叶变换的线性特性,有

$$u=\alpha^{-m}(u\cos\theta+v\sin\theta),v=\alpha^{-m}(-u\sin\theta+v\cos\theta) \tag{9.8}$$

通过改变 m 和 n 的值,就可以得到一组尺度和方向都不相同的滤波器。

(2) 纹理特征提取。Gabor 滤波方法的主要思想是:不同纹理一般具有不同的中心频率及带宽,根据这些频率和带宽可以设计一组 Gabor 滤波器对纹理图像进行滤波,每个 Gabor 滤波器只允许与其频率相对应的纹理顺利通过,而使其他纹理的能量受到抑制,从各滤波器的输出结果中分析和提取纹理特征,用于之后的分类或分割任务。Gabor 滤波器提取纹理特征主要包括两个过程:①设计滤波器(如函数、数目、方向和间隔);②从滤波器的输出结果中提取有效纹理特征集。Gabor 滤波器是带通滤波器,它的单位冲激响应函数(Gabor 函数)是高斯函数与复指数函数的乘积。它是达到时频测不准关系下界的函数,具有最好地兼顾信号在时频域的分辨能力。

利用 Gabor 滤波器组,实现纹理特征提取的步骤如下。

(1) 建立 Gabor 滤波器组:选择 4 个尺度,6 个方向,这样组成了 24 个 Gabor 滤波器。

(2) Gabor 滤波器组与每个图像块在空域卷积,每个图像块可以得到 24 个滤波器输出。

(3) 每个图像块经过 Gabor 滤波器组的 24 个输出,利用这些输出系数的"均值"与"方差",共 48 维的特征向量作为该图像块的纹理特征。

通过上述方法,对图像第 j 个分块 $Block_j$ 可得到其 48 维 Gabor 纹理特征,记为

$$Tx_j=\{(u_t,\sigma_t)|t=1,2,\cdots,24\} \tag{9.9}$$

式中,u_t,σ_t 分别表示第 t 个滤波器输出系数的均值与方差。

3) 梯度方向直方图形状特征

梯度方向角直方图能表示图像的结构特征,其主要计算方法如下[21,24]。

　　首先,采用水平、垂直方向 Sobel 差分算子分别获得图像每个像素处的水平和垂直方向的梯度信息,设图像上的任意一点记为 $P(x,y)$,则 P 位置处的梯度矢量为 $\nabla = (d^{(x)}, d^{(y)})$,其对应的模值和方向角分别为

$$M(x,y) = \sqrt{\left[d^{(x)}(x,y)\right]^2 + \left[d^{(y)}(x,y)\right]^2} \tag{9.10}$$

$$\theta(x,y) = \arctan\{d^{(x)}(x,y)/d^{(y)}(x,y)\} \tag{9.11}$$

式中,$d^{(x)}$,$d^{(y)}$ 分别为水平方向与垂直方向的差分,$\theta \in [0, 2\pi)$,当 $d^{(x)}(x,y) = 0$ 且 $d^{(y)}(x,y) \geqslant 0$ 时,取 $\theta = \pi/2$,当 $d^{(x)}(x,y) = 0$ 且 $d^{(y)}(x,y) < 0$ 时,取 $\theta = -\pi/2$。

　　为了克服"弱边缘"的影响,设置一个阈值 β,只有当其模值大于 β(后续实验中取 $\beta = 50$)时,该位置处的方向角才参入直方图的统计。

　　为了计算梯度方向角直方图,首先,将梯度方向角 θ 的取值区间 $[0, 2\pi)$ 分成 L(后续试验中取 $L = 8$)等份,每份宽度为 $2\pi/L$,记为 A_j,$j = 1, 2, \cdots, L$;然后,统计每个图像分块中梯度方向角处于 A_j 内的像素点数,记为 $s(j)$,且对其进行归一化处理,则可得

$$H(j) = s(j) / \sum_{t=1}^{L} s(t) \tag{9.12}$$

式中,$j = 1, 2, \cdots, L$。通过上述方法,对图像第 j 个分块 Block_j 可得到其八维梯度方向角直方图形状特征,记为

$$Sx_j = \{H(j) \mid j = 1, 2, \cdots, 8\} \tag{9.13}$$

　　总之,通过上述空间金字塔划分与三种特征提取,每幅图像都将被转化成三个不同的多示例包。在该建模过程中,对于任意一幅图像 I,设其被划分成 m 个分块 $\{R_j : j = 1, 2, \cdots, m\}$,则图像 I 所对应的三个多示例包记为

$$\begin{cases} \text{ColorBag:BC} = \{Cx_j : j = 1, \cdots, m\} \\ \text{TextureBag:BT} = \{Tx_j : j = 1, \cdots, m\} \\ \text{ShapeBag:BS} = \{Sx_j : j = 1, \cdots, m\} \end{cases} \tag{9.14}$$

式中,Cx_j,Tx_j,Sx_j 分别表示第 j 个分块的颜色、纹理与形状特征。

　　较之传统基于"图像分割"的单包多示例建模方案,此方案的优点有:①简单高效,且普适性与鲁棒性更强,能够从不同的分辨率获取图像的局部信息;②底层特征分开的多包 MIL 建模,不同特征将被分开处理,一则可避免特征在数值上的较大差异而导致特征湮没,二则可利于后续的分类器集成。

9.2.2　基于稀疏编码的"元数据"提取

　　为了将 MIL 问题转化成有监督学习问题,本章采用稀疏表示(sparse representation,SR)的方法[25,26]来提取多示例包的"元数据",将多示例包转化成单个的表征向量。

假设要训练一个针对色情识别的 MIL 分类器,设 $D=\{(B_n,y_n)\,|\,n=1,2,\cdots,$ $N\}$ 表示已标注的训练图像集对应的多示例包,其中 $y_i\in\{-1,+1\}$,$i=1,2,\cdots,$ N;$+1$ 表示属于色情图像;-1 表示不属于色情图像。不妨设任一图像 B_i 被分成 n_i 个块,每个块对应的视觉特征向量记作 $X_{ij}\in R^d$,$j=1,2,\cdots,n_i$,d 表示视觉特征 向量的维数,则称 $B_i=\{X_{ij}\,|\,j=1,\cdots,n_i\}$ 为 MIL 训练包,X_{ij} 为包中的示例。基于 稀疏表示的“元数据”提取基本步骤如下。

①将 D 中所有图像的所有示例排在一起,称为示例集,记为

$$\text{IntSet}=\{X_t\,|\,t=1,2,\cdots,P\} \tag{9.15}$$

式中,$P=\sum_{i=1}^{N}n_i$ 为示例的总数。采用 $K\text{-Mean}$ 聚类的方法构造字典:$D=[d_1,d_2,\cdots,$ $d_s]\in R^{d\times s}$,其中 D 的每一列表示字典的一个基向量,s 表示字典的长度。

②对于任意信号 X,求解如下优化问题,得到稀疏编码系数 α

$$\min_{\alpha}\parallel x-D\alpha\parallel_2^2+\lambda\parallel\alpha\parallel_1 \tag{9.16}$$

式中,$\lambda>0$ 表示正则化系数,$\parallel\alpha\parallel_1$ 表示系数 α 的 L_1 范数。

③计算包 $B_i=\{X_{ij}\,|\,j=1,\cdots,n_i\}$ 的元数据 b。

对于包中的每一个示例 $X_{ij}\in R^d$,$j=1,2,\cdots,n_i$,求出它的稀疏编码系数 $\alpha_j\in$ $R^{1\times s}$;然后,采用如下公式计算元数据:

$$b=\phi(B_i)=\text{sum}[\alpha_1,\alpha_2,\cdots,\alpha_{n_i}] \tag{9.17}$$

因为本章采用视觉特征分开 MIL 建模方案,所以每幅图像对应多个不同的 包。如图 9.2 所示,假设每幅图像对应 3 个包,如图 9.4 所示,分别采用上述基于

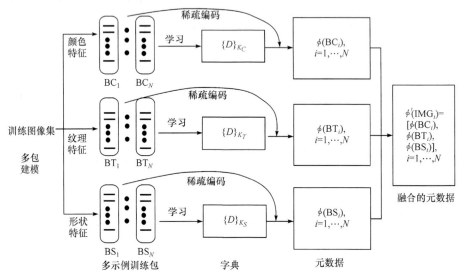

图 9.4　元数据提取流程示意图

稀疏编码的元数据提取方案,提取每个包的元数据,然后合并在一起,得到图像的最终特征表示。采用该方法,图像的多个多示例包被转化成一个特征向量,不但能把 MIL 问题转化成标准的机器学习问题,还能很好地表征图像中的语义概念。

9.3　基于极限学习机的集成多示例学习算法

极限学习机(ELM)[20] 是一种简单易用、有效的单隐含层前馈神经网络 SLFNs 学习算法。2004 年由南洋理工大学黄广斌副教授提出。传统的神经网络学习算法(如 BP 算法)需要人为设置大量的网络训练参数,并且很容易产生局部最优解。极限学习机只需要设置网络的隐含层节点个数,在算法执行过程中不需要调整网络的输入权值以及隐元的偏置,并且产生唯一的最优解,因此具有学习速度快且泛化性能好的优点。

9.3.1　基于极限学习机的基分类器

极限学习机的网络训练模型采用前向单隐含层结构。设 m,M,n 分别为网络输入层、隐含层和输出层的节点数,$g(x)$ 为隐含层神经元的激活函数,b_i 为阈值。设有 N 个不同样本 $(x_i,t_i)(1 \leqslant i \leqslant N)$,其中 $x_i = [x_{i1},x_{i2},\cdots,x_{im}]^T \in R^m$,$t_i = [t_{i1},t_{i2},\cdots,t_{in}]^T \in R^n$,则极限学习机的网络训练模型如图 9.5 所示[20,27-29]。

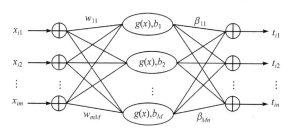

图 9.5　极限学习机的网络训练模型

极限学习机的网络模型可用数学表达式表示为

$$\sum_{i=1}^{M} \beta_i g(\omega_i \cdot x_i + b_i) = o_j, j = 1,2,\cdots,N \tag{9.18}$$

式中,$\omega_i = [\omega_{1i},\omega_{2i},\cdots,\omega_{mi}]$ 表示连接网络输入层节点与第 i 个隐含层节点的输入权值向量;$\beta_i = [\beta_{i1},\beta_{i2},\cdots,\beta_{in}]^T$ 表示连接第 i 个隐含层节点与网络输出层节点的输出权值向量;$o_i = [o_{i1},o_{i2},\cdots,o_{in}]^T$ 表示网络输出值。

极限学习机的代价函数 E 可表示为

$$E(S,\beta) = \sum_{j=1}^{N} \| o_j - t_j \| \tag{9.19}$$

式中,$s=(\omega_i,b_i,i=1,2,\cdots,M)$包含网络输入权值及隐含层节点阈值。Huang 等指出极限学习机的悬链目标就是寻求最优的 S,β,使得网络输出值与对应实际值误差最小,即 $\min(E(S,\beta))$,进一步写为

$$\min(E(S,\beta))=\min_{\omega_i,b_i,\beta}\parallel H(\omega_1,\cdots,\omega_M,b_1,\cdots,b_M,x_1,\cdots,x_N)\beta-T\parallel \quad (9.20)$$

式中,H 表示网络关于样本的隐含层输出矩阵;β 表示输出权值矩阵;T 表示样本集的目标值矩阵,H,β,T 分别定义为

$$H(\omega_1,\cdots,\omega_M,b_1,\cdots,b_M,x_1,\cdots,x_N)=\begin{bmatrix} g(\omega_1 x_1+b_1)\cdots g(\omega_M x_1+b_M)\\ \vdots \qquad\qquad\qquad \vdots \\ g(\omega_1 x_N+b_1)\cdots g(\omega_m x_N+b_M) \end{bmatrix}_{N\times M}$$

$$(9.21)$$

$$\beta=\begin{bmatrix} \beta_1^{\mathrm{T}}\\ \vdots \\ \beta_M^{\mathrm{T}} \end{bmatrix}_{M\times N},T=\begin{bmatrix} t_1^{\mathrm{T}}\\ \vdots \\ t_N^{\mathrm{T}} \end{bmatrix}_{N\times N} \quad (9.22)$$

极限学习机的网络训练过程可归结为一个非线性优化问题。当网络隐含层节点的激活函数无限可微时,网络的输入权值和隐含层节点阈值可随机赋值,此时矩阵 H 为一常数矩阵,极限学习机的学习过程可等价为求取线性系统 $H\beta=T$ 最小范数的最小二乘解 $\hat{\beta}$,其计算式为

$$\hat{\beta}=H^+T \quad (9.23)$$

式中,H^+ 为矩阵 H 的 MP 广义逆。这样一来,对于任意待识别的图像 Img,有

$$F(\mathrm{Img})=\phi(B_i)H^+T \quad (9.24)$$

9.3.2　ELMCE-MIL 算法及步骤

在"极限学习"过程中,隐含节点的数量 M 对于算法识别精度有较大影响,对于普通用户要寻找到最优参数 M,则颇具难度。本章的集成多示例学习思路是:通过大范围地设置不同参数 M,分别训练多个极限学习机分类器,作为基分类器;再用"性能加权"的方法[30,31]来对这些基分类器进行融合,得到最终的集成分类器,避免使用户盲目去设置参数 M,导致算法性能的波动与不稳定,从而提高算法的自适应性与鲁棒性,增强分类器的泛化能力。性能加权具体实施方法为:设 $F_i(\mathrm{Img})$是第 i 个极限学习机基分类器,采用如下动态的方法为其分配权值 w_i

$$w_i=\frac{1-E_i}{\sum_{t=1}^{C}(1-E_t)} \quad (9.25)$$

式中,C 为基分类器的数量;$E_t(t=1,2,\cdots,C)$ 是第 t 个基分类器基于评估集中的归一化的错误率。最后,集成的分类器为

$$CE(\text{Img}) = \text{sign}\left(\sum_{i=1}^{C} w_i * F_i(\text{Img})\right) \tag{9.26}$$

式中，$F_i(\text{Img})$；w_i 表示第 i 个分类器及其权重。

通过上述方法，本章提出的多示例集成学习算法称为 ELMCE-MIL 算法，其详细步骤总结如下。

1. ELMCE-MIL 训练

输入：训练图像集 $D = \{(\text{IMG}_1, y_1), (\text{IMG}_2, y_2), \cdots, (\text{IMG}_N, y_N)\}$，$P_{\min}$，$P_{\max}$，Step，即极限学习机算法中的最小、最大隐含层节点数与变化步长。

输出：集成极限学习机分类器 CE(IMG)；

第 1 步：对每一幅图像 $\text{IMG}_i \in D$。采用 SPP 方法将 IMG_i 划分成不同的块，并且提取每个块的颜色、纹理与形状等底层视觉特性，由此每幅图像转化成三种不同的多示例包，记作 BC_i，BT_i，BS_i，并且用稀疏表示方法提取其元数据 $\phi(\text{Img}_i)$。

第 2 步：构造训练集与评估集。根据一定的比例，将所有的多示例包对应的元数据划分成两部分，即训练集与评估集，记作 T 和 V。

第 3 步：训练基分类器。

$\text{for}(P = P_{\min} : \text{Step} : P <= P_{\max})$

基于训练集 T，训练具有 P 个隐含节点的极限学习机基分类器 $F_i(\text{IMG})$；

end for

第 4 步：分类器集成。首先，利用评估集 V，计算每个基分类器 $F_i(\text{IMG})$ 的权值 w_i；然后，获得集成分类器 $CE(\text{IMG}) = \text{sign}\left(\sum w_i * F_i(\text{IMG})\right)$。

2. ELMEC-MIL 识别

设 IMG 表示一幅图像，首先，采用 SPP 与特征提取方法，将其转化成三个不同的多示例包，并用稀疏表示方法提取其元数据 $\phi(\text{IMG})$；然后，用集成分类器 CE(IMG) 对其进行识别。

9.4　试验结果与分析

9.4.1　试验图像与方法

为了测试本章提取色情图像识别算法的性能，从网络中收集了 15000 幅图像，建立了测试图像库[21]。该图像库包含 3000 幅色情图像，12000 幅正常的图像，这些正常的图像中 4000 幅属于纯净的风景图像，3000 幅属于人物图像，另外 5000 幅为混合性图像，其中包含人物与其他内容。

在后续所有试验中，均采用"5-折交叉检验"的方法来统计识别精度。也就是说,在每次试验中,可用的训练图像共 12000 幅,记为 TrnSet(12000),其中共包含 2400 幅色情图像与 9600 幅正常图像,分别记为 TrnPorSet(2400)与 TrnNorSet(9600)。然后,从 TrnPorSet(2400)随机选取 800 幅色情图像,从 TrnNorSet(9600)随机选取 1800 幅正常图像,构成真正的训练图像集,记为 RealTrainSet(2600),所有剩下的图像组成评估图像集 ValTrnSet(8400)。利用这个真正的训练集与评估集,获得一个分类器之后,再在测试图像集 TestSet(3000)中进行测试,该测试集中共包含 600 幅色情图像与 2400 幅正常图像,并统计识别精度。在 ELM-MIL 基分类器训练时,选择 Sigmoid 函数作为隐含层的激活函数,并且每个试验都随机重复 20 次,给出平均识别精度。

因为在色情图像识别中,不能简单地采用真阳率(true positive,TP)与假阳率(false positive,FP)来衡量算法的性能。相反,假阴率(false negatives,FN)与假阳率通常会更加重要,所以,本章采用正确率(correct classification rate,CCR)(CCR=TP+TN)与错误率(false classification rate,FCR)(FCR=FP+FN)等指标来对色情图像识别算法进行性能评估[21]。

9.4.2　多示例建模方法对比试验

为了验证本章所设计的基于 SSP 的多示例建模的有效性,与基于 JSEG 图像分割[32]及 SBN[33]等方法进行比对试验,为了算法的公平性,均采用经典的 MIL 算法,即 MI-SVM[34]与 MILES[35]进行训练与分类。20 次重复试验之后,平均 CCR 与 FCR 值如表 9.1 所示。

表 9.1　多示例建模方法比对试验结果

多示例建模方法	MI-MIL		MILES	
	CCR	FCR	CCR	FCR
SPP	86.6±1.5	13.4±1.2	89.2±1.1	10.8±1.0
JSEG	81.2±2.2	18.8±2.0	84.1±2.0	15.9±1.8
SBN	75.1±2.8	24.9±2.6	78.3±2.2	21.7±2.4

注:±表示方差值

如表 9.1 所示,本章所提出的 SSP 方法在两种不同的 MIL 的算法中,均优于 SBN 与 JSEG 方法。其原因是:SSP 对图像进行多分辨率的空间划分,能够从不同尺度空间捕获图像的视觉信息,对图像语义进行全面描述。

9.4.3　试验结果与分析

在 ELM 算法中用户唯一必须设置的一个参数是隐含层节点数 P,为了证实 P 值对识别精度的影响,这里采用 3600 幅图像 RealTrainSet(3600)训练分类器,对 3000 幅图像 TestSet(3000)进行测试,并且隐含层节点数量以 50 为步长,由 100

变化到 1000,对每一个基分类器 ELM-MIL 进行测试。20 次"5-折交叉检验"之后,平均 CCR 与 FCR 值如图 9.6 所示。

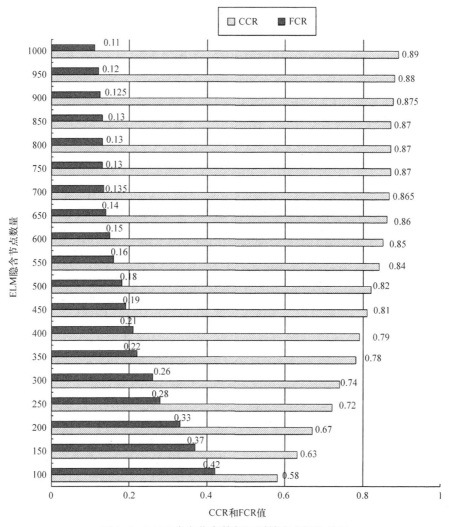

图 9.6 ELM 隐含节点数与识别精度之间的关系

由图 9.6 可见,随着 P 值的增大,ELM-MIL 算法的识别精度保持上升,这个现象说明 P 值对 ELM 性能具有一定的影响。但是,当 P 值超过 800 之后,识别精度提升得不再很明显。同时,由图 9.6 及表 9.2 也可以看到,本章提出的 ELMCE-MIL 算法在 CCR 与 FCR 方面均超过所有的基分类器,最好的基分类器的 CCR 值是 0.89,FCR 值是 0.11,但 ELMCE-MIL 的 CCR 值可达到 0.93,FCR 值达到 0.07。这些现象说明,基分类器在采用 ELM 学习时,对隐含层的节点数 P 还是比较敏感的,而经过集成之后,就能得到更加稳定的识别精度与性能。

表 9.2　多种色情图像识别算法精度对比　　　　　　　（单位:%)

方法	CCR	FCR
ELMCE-MIL	93.0±1.2	7.0±1.2
Milis	87.5±1.4	10.1±1.2
MILES	86.5±1.6	10.5±1.3
DD-SVM	85.6±1.7	11.7±2.5
MI-SVM	83.2±1.8	15.2±1.6
Hue-SIFT	81.0±2.3	18.2±2.5
SIFT	78.0±2.6	20.3±2.9
ROI-based	84.0±1.7	14.3±1.7

为了进一步验证本章所提 ELMCE-MIL 算法的有效性,设置 $P_{\min}=100$, $P_{\max}=1000$,Step=50,将 ELMCE-MIL 算法与 Milis[36]、MILES[35]、DD-SVM[37]、MI-SVM[34]、Hue-SIFT[38]、SIFT[38] 和 ROI-based[39] 等色情图像识别算法进行比对,20 次随机重复试验平均 CCR 与 FCR 值如表 9.2 所示。从表 9.2 可见,ELMCE-MIL 算法性能优于其他方法,其根本原因是 ELMCE-MIL 采用了分类器集成策略,能提高整个算法的自适应能力与泛化能力。

9.5　本章小结

集成学习是一种新的机器学习范式,对于同一问题训练许多基分类器,然后对它们的输出结果进行集成,则能显著提高学习系统的泛化能力。关于色情图像识别问题,本章基于极限学习机与集成学习策略提出了一种新的 MIL 算法,称为 ELMCE-MIL 算法。该方法首先基于 SPP 方法将图像划分为不同分辨率的小块,并提取每个小块的底层视觉特征(如颜色、纹理与形状等),从而将图像转化成三种不同的多示例包;然后采用稀疏表示方法将 MIL 问题转化成单示例学习问题,以用极限学习机方法来训练基分类器;最后采用性能加权的方式,对多个基分类进行融合,从而得到 ELMCE-MIL 算法,对比试验证明该方法具有更高的识别精度与自适应能力。

总之,由于"语义鸿沟"的存在,要在图像的视觉特征与高层语义之间建立一座尽善尽美的桥梁非常困难。本章就是在 MIL 的框架下,对图像的各种特征进行分析,用于色情图像识别,其不但符合色情识别的发展趋势,还为色情识别技术引入了新思路与新方法,具有广阔的应用前景。

参 考 文 献

[1] 卞佳丽. 不良图片过滤系统设计与仿真[D]. 北京: 北京邮电大学硕士学位论文, 2010

[2] 王宇石. 基于图像内容的成人图像检测[D]. 沈阳: 哈尔滨工业大学博士学位论文, 2009

[3] Dietterich T G, Lathrop R H, Lozano-Pérez T. Solving the multiple instance problems with axis-parallel rectangles[J]. Artificial Intelligence, 1997, 89(12): 31-71

[4] 刘毅志, 杨颖, 唐胜. 基于视觉注意模型 VAMAI 的敏感图像检测方法[J]. 中国图像图形学报, 2011, 16(7): 1226-1233

[5] Deselaers T, Pimenidis L, Ney H. Bag-of-visual-words models for adult image classification and filtering[C]. Proceedings of the 19th International Conference on Pattern Recognition. Tampa: University of South Florida, 2008: 1-4

[6] Zeng W, Gao W, Zhang T, et al. Image guarder: an intelligent detector for adult images[C]. Proceedings of the 6th Asian Conference of Computer Vision. Jeju Island: Asian Federation of Computer Vision Society, 2004: 198-203

[7] Rowley H A, Yushi J, Baluja S. Large scale image-based adult-content filtering[C]. Proceedings of the 1st International Conference on Computer Vision Theory and Applications. Berlin: Springer, 2006: 290-296

[8] Tang S, Li J, Zhang Y, et al. Porn probe: an LDA-SVM based pornography detection system[C]. Proceedings of the 17th ACM International Conference on Multimedia. New York: ACM Press, 2009

[9] Forsyth D A, Fleck M M. Body plans[C]. Proceedings of IEEE International Conference on Computer Vision and Pattern Recognition. Washington DC: IEEE Computer Society Press, 1997: 678-683

[10] Zheng Q F, Zeng W, Gao W, et al. Shape-based adult images detection[C]. Proceedings of the 3rd International Conference on Image and Graphics. Washington D C: IEEE Computer Society Press, 2004: 150-153

[11] Jones M J, Rehg J M. Statistical color models with application to skin detection[J]. International Journal of Computer Vision, 2002, 46(1): 81-96

[12] Zheng H. Maximum Entropy Modeling for Skin Detection: With an Application to Internet Filtering[D]. France: University Sciences Technologies de Lille PhD thesis, 2004

[13] Yoo S J. Intelligent multimedia information retrieval for identifying and rating adult images[C]. Proceedings of the 8th International Conference on Knowledge-Based Intelligent Information & Engineering Systems. Berlin: Springer-Verlag, 2004: 164-170

[14] Wang J Z, Li J, Wiederhold G, et al. System for screening objectionable images[J]. Computation Communication, 1998, 21: 1355-1360

[15] Wang Y S, Li Y N, Gao W. Detecting pornographic images with visual words[J]. Transactions of Beijing Institute of Technology, 2008, 28(5): 410-413

[16] 郑清芳. 图像管理中检索与过滤的关键技术研究[D]. 北京: 中国科学院计算技术研究所博

士学位论文,2007

[17] 王一丁. 实际网络环境中不良图片的过滤方法[J]. 通信学报,2009,10(30):103-106

[18] Shih J,Lee C,Yang C. An adult image identification system employing image retrieval technique[J]. Pattern Recognition Letters,2007,28:2367-2374

[19] Axel L. Large Scale Adult Image Filter[D]. Gothenbury:University of Gothenburg Master thesis,2010

[20] Huang G B,Zhu Q Y,Siew C K. Extreme learning machine:theory and applications[J]. Neurocomputing,2006,70(1-3):489-501

[21] Li D X,Li N,Wang J,et al. Pornographic images recognition based on spatial pyramid partition and multi-instance ensemble learning[J]. Knowledge-Based Systems, 2015, 84(8): 214-223

[22] 刘丽,匡纲要. 图像纹理特征提取方法综述[J]. 中国图像图形学报,2009,14(4):622-635

[23] 王龙. 图像纹理特征提取及分类研究[D]. 青岛:中国海洋大学硕士学位论文,2014

[24] Dalal N,Triggs B. Histograms of oriented gradients for human detection[C]. IEEE International Conference on Computer Vision and Pattern Recognition,2005:886-893

[25] Song X F,Jiao L C,Yang S Y,et al. Sparse coding and classifier ensemble based multi-instance learning for image categorization[J]. Signal Processing,2013,93(1):1-11

[26] Lee H,Battle A,Raina R,et al. Efficient sparse coding algorithms[J]. Advances in Neural Information Processing Systems,2007,19:801-808

[27] Xin J C,Wang Z Q,Qu L X,et al. Elastic extreme learning machine for big data classification[J]. Neurocomputing,2015,149:464-471

[28] Gou C,Wang K F,Yu Z D,et al. License plate recognition using MSER and HOG based on ELM[C]. Proceedings of 2014 IEEE International Conference on Service Operations and Logistics,and Informatics,November,2014:217-221

[29] Chen X,Koskela M. Skeleton-based action recognition with extreme learning machines[J]. Neurocomputing,2015,149:387-396

[30] Opitz D W,Shavlik J W. Generating accurate and diverse members of a neural-network ensemble[J]. Advances in Neural Information Processing Systems,1996,8:535-541

[31] Polikar R. Ensemble based systems indecision making[J]. IEEE Circuits and Systems Magazine,2006,6(3):21-45

[32] Deng Y,Manjunath B S. Unsupervised segmentation of color-texture regions in images and video[J]. IEEE Transactions on Pattern Analysis and Machine Intelligence,2001,23(8): 800-810

[33] Maron O,Ratan A L. Multiple-instance learning for natural scene classification[C]. Proceedings of the 15th International Conference on Machine Learning,1998:341-349

[34] Andrews S,Hofmann T,Tsochantaridis I. Multiple instance learning with generalized support vector machines[C]. Proceedings of the 18th National Conference on Artificial Intelligence,Edmonton,2002:943-944

[35] Chen Y X, Bi J B, Wang J Z. MILES: multiple-instance learning via embedded instance selection[J]. IEEE Transactions on Pattern Analysis and Machine Intelligence, 2006, 28 (12): 1931-1947

[36] Fu Z, Robles-Kelly A, Zhou J. Milis: multiple instance learning with instance selection[J]. IEEE Transactions on Pattern Analysis and Machine Intelligence, 2011, 33(5): 958-977

[37] Chen Y X, Wang J Z. Image categorization by learning and reasoning with regions[J]. Journal of Machine Learning Research, 2004, 5(8): 913-939

[38] Lopes A P B, De Avila S E F, Peixoto A N A, et al. A bag-of-features approach based on Hue-SIFT descriptor for nude detection[C]. The 17th European Signal Processing Conference, Glasgow, 2008: 24-28

[39] Yan C C, Liu Y Z, Xie H T, et al. Extracting salient region for pornographic image detection[J]. J. Vis. Commun. Image R, 2014, 25(5): 1130-1135

第10章 多示例框架下的刑侦图像检索及实现

随着信息技术的发展,图像检索技术在社会的各行各业中均具有重要的应用前景。在我国公安法制建设过程中,与案件相关的各种刑侦图像数据越来越多,若用人工方法对这些图像进行分类与管理,工作量大又容易出错。本章在深入分析刑侦图像特点的基础上,研究与仿真了一种基于多示例学习(MIL)的刑侦图像检索方法,其中包括多示例建模、特征提取、相似比对等内容,用于刑侦图像相似性检索,为公安系统中的刑侦图像自动比对问题提供一套解决方案。

10.1 引　　言

在我国,随着经济的不断发展和城市化进程的不断推进,城市的治安、消防和交通等成为市政管理和建设的主要任务。特别是随着"天网工程"和"平安城市"的不断建设与完善,社会面上(如政府机关、学校、银行、社区、网吧和超市等)的视频监控设备在不断增多,从而为公安机关利用视频监控网络维护社会治安,预防打击犯罪提供了物质基础和技术支撑。正如香港电影《跟踪》中团伙头目"隐形人"告诫手下:"现在街头到处都是摄像头,就算掉根头发,警察也会查到"。视频监控录像对刑事犯罪产生了强大的震慑力。利用视频监控预防犯罪、获取证据已经成为各级公安机关侦查破案的一种重要途径,在公安机关维护社会治安、提高破案效率中发挥了重要作用[1-3]。

事实上,拥有海量的视频或图像信息,并不等于直接拥有不法分子的犯罪证据。据了解,西安每个主要监控路口的摄像头每周拍摄的车辆照片就多达8万余张,如果公安机关想排查嫌疑车辆,只能将这些抓拍图像与刑侦图像库中的所有图像逐张进行比对;全国犯罪在逃人员超过10万,若发现嫌疑人员但无真实姓名和身份信息,照片比对完全就是大海捞针。因此,设计一种高效的图像检索算法,来帮助警察从刑侦图像库(主要由各种案发现场的现勘图像、作案工具、被盗车辆、逃犯人相和肇事车辆等图像组成)中找出与当前抓拍图像相似的其他图像,由此获得一些破案线索,已经成为公安系统中亟待解决的关键问题。

近年来,随着公安部《全国公安机关视频图像信息整合与共享工作任务书》的下发与执行,犯罪现场的各种视频及图像资料得到有效的采集与保存,建立共享"刑侦图像库"。但随着时间的推移,图像库中积累的图像越来越多,在串案并案分析或寻找破案线索时,想要在库中查找到相关或感兴趣的其他图像资料,已变得效率低下,非常困难。如图 10.1 所示,如果能够根据图像的语义与视觉特征,利用计算机按照人们理解的方式对库中图像进行自动分类与检索,以帮助警察从库中快速查找到与样图相似的其他图像,提高破案速度,将具有重要意义,也是当前"科技强警"工作中极具挑战性的一个研究课题[4-8]。

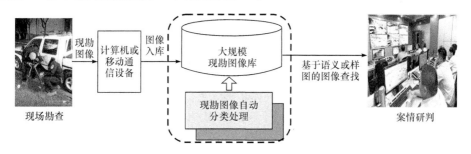

图 10.1　刑侦图像管理与检索应用系统示意图

在国内外的文献中,当前的图像检索方法可分成三大类[3-5],即基于文本、内容与语义的图像检索方法,在此对它们不进行详细描述。本课题组曾对刑侦图像提取全局小波纹理、Gabor 纹理、YUV 颜色直方图、梯度方向直方图(HOG)等多种底层视觉特征,再结合支持向量机等机器学习算法,进行过很多刑侦图像分类与检索仿真试验。由于"语义鸿沟"的存在,要在图像的底层视觉特征与高层语义之间建立联系,进行刑侦图像自动检索,存在的实际问题如下[9-12]。

(1) 图像语义表征问题。即由于图像内容的多样性,同一物件对象,在不同的视角、光照、距离、背景等情况下获得的图像,其形状、大小、纹理及颜色等视觉特征都会有不同程度的变化。如何从原始图像中提取具有较强鉴别能力的特征向量,用于表示图像所包含的各种高层语义概念,不仅直接影响后续算法的设计和精度,而且关系到整个算法是否可行与有效。

(2) 训练样本标注问题。刑侦图像库中只有少量图像带有明确的语义标注,并且这些标注也只是标注给整个图像,而没有标注到图像的局部区域。通常情况下,刑侦图像的兴趣对象只是图像中的局部区域,则要进行区域级手工训练样本标注,费时费力,且易带来主观偏差。

(3) 分类器泛化能力问题。即在采用机器学习方法训练语义识别分类器时,算法参数对分类器的适应性、鲁棒性与精度影响很大,要想设置最优参数,对于非专业的普通用户极具难度。因此,要增强算法的自适应能力,避免过多地依赖用户去设置算法参数,提高分类器的泛化能力。

针对刑侦图像自动相似检索应用需求,基于前面章节在 MIL 方面的研究基础,本章将图像当做包,局部区域的视觉特征当做包中的示例,在 MIL 框架下[13]进行刑侦图像检索仿真与探索,作为刑侦图像检索的基础性工作,为刑侦图像检索与比对技术引入新思路与新方法,具有重要的理论意义与广阔的应用前景。

10.2　基于多示例学习的刑侦图像检索

10.2.1　有重叠网格分块方法

首先,对刑侦图像进行高斯平滑与直方图均衡化预处理,采用"网格分块"的方法将刑侦图像划分成多个子块[14-16],并提取每个子块的纹理和形状等底层特征,作为包(图像)中的示例,将刑侦图像检索问题转化成标准的 MIL 问题。

空间金字塔有重叠网格分块,具体步骤如下。

输入:图像 IMG、分块的高度 H 与宽度 W、步长 S 与缩放因子 α。

输出:多示例包 Bag。

Step1:当图像 IMG 的高度大于 H,且宽度大于 W 时

　　　for $r=1:S:$ 图像 IMG 的高度 $-H$

　　　　　for $c=1:S:$ 图像 IMG 的高度 $-W$

　　　　　　　　①局部块 Block $=$ IMG$(r:r+H,c:c+W)$;

　　　　　　　　②提取 Block 的多种底层视觉特征,作为示例添加到相

　　　　　　　　　应的多示例包 Bag 中;

　　　　　end r

　　　end c

Step2:将图像 IMG 按比率 α 进行缩小,返回 Step1。

Step3:建模结束,输出图像 IMG 对应的多示例包 Bag。

图 10.2 是一个多示例建模流程的示意图,每幅图像都将被转化成一个多示例包。在该建模过程中,对于任一图像 IMG,设其被划分成 m 个分块 $\{R_j:j=1,2,\cdots,m\}$,则图像 IMG 所对应的多示例包记为

$$\text{Bag}=\{X_j:j=1,\cdots,m\} \tag{10.1}$$

式中,X_j 表示第 j 个分块的颜色、纹理与形状特征。较之传统基于"图像分割"的单包多示例建模方案,此方案的优点有:简单高效,且普适性与鲁棒性更强,能够从不同的分辨率获取图像的局部信息。具体采用的特征提取方法如下。

10.2.2　分块视觉特征提取

1. HSV 颜色矩特征

提取每个分块的 HSV 颜色矩特征[3,16],具体方法详见第 9 章相应章节。

2. 旋转不变局部二值模式纹理特征

基本局部二值模式(local binary patterns,LBP)算子原理是[17-19]:①选取一个

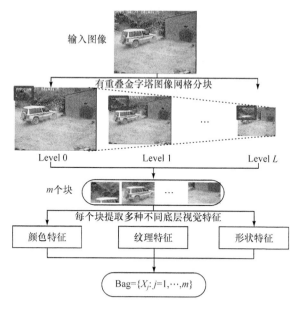

图 10.2　金字塔网格分块 MIL 建模流程示意图

3×3 窗口,以窗口中心像素为阈值,对窗口中的 8 个邻域像素点进行二值化,即当邻域内 8 个像素点之中的某一个像素点的灰度值若是大于中心像素点的灰度值时,则该像素点置为 1,否则将置为 0,最终得到一个八位的二进制码;②将阈值化后的 8 个二进制数分别与各位置对应的权值相乘;③把所得的 8 个乘积相加,得出一个十进制数,这个数就是这个 3×3 邻域的 LBP 特征值,并用这个值来反映该区域的纹理信息,其计算过程如图 10.3 所示。LBP 数学定义为

$$\mathrm{LBP}(x_c, y_c) = \sum_{p=0}^{P-1} 2^p \cdot \mathrm{sign}(i_p - i_c) \tag{10.2}$$

式中,(x_c, y_c) 表示中心像素坐标,其灰度值为 i_c;i_p 表示邻域像素的灰度值;sign() 表示符号函数,即

$$\mathrm{sign}(x) = \begin{cases} 1, & \text{如果 } x \geqslant 0 \\ 0, & \text{其他} \end{cases} \tag{10.3}$$

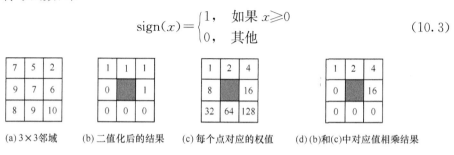

(a) 3×3 邻域　　(b) 二值化后的结果　　(c) 每个点对应的权值　　(d) (b) 和 (c) 中对应值相乘结果

图 10.3　LBP 特征值的计算过程示意图

旋转不变 LBP 算子：为了提高 LBP 特征的表达能力，使其具有灰度和旋转不变性，并能描述不同尺度的纹理特征，Ojala 等[18]对基本 LBP 算子改进，定义了一个半径为 R 的圆环型邻域、P 个邻域像素均匀分布在圆周上的 LBP 算子 $LBP_{P,R}$，该算子能够产生 2^P 种不同的模式输出值。

显然，若图像发生旋转变化，因邻域中心像素点是固定不动的，而周边的邻域点会随着圆周进行移动，则 LBP 值一定就会随着旋转的发生而发生改变。为了使 LBP 模式不随着旋转发生改变，一种新的旋转不变 LBP 算子 $LBP_{P,R}^{ri}$定义为

$$LBP_{P,R}^{ri} = \min(ROR(LBP_{P,R}^{ri}, i)), i = 0, 1, \cdots, P-1 \quad (10.4)$$

式中，$ROR(x, i)$ 是旋转函数，即对 P 比特的二进制数 x 按位右移 i 次。通俗地说，旋转不变性 LBP 算子 $LBP_{P,R}^{ri}$，即不停地旋转圆形窗口中的像素而得到一系列原始定义的 LBP 值，然后取最小值作为该窗口的旋转不变 LBP 特征值，用 $LBP_{P,R}^{ri}$ 表示。通过引入旋转不变 LBP 算子，则 LBP 特征值对图像的旋转具有不变性，且减少了模式种类，使 LBP 纹理识别更加容易。

3. Hu 不变矩形状特征

1962 年，Hu[20]利用代数不变矩理论构造出 7 个不变矩，用来表示图像的形状特征，且具有平移、旋转和尺度变化不变性。设"子块"坐标 (x, y) 处的像素值记为 $f(x, y)$，定义"子块"$(p+q)$ 阶的原点矩 $M_{p,q}$ 和中心矩 $u_{p,q}$ 分别为[21]

$$M_{p,q} = \sum_{x=1}^{W} \sum_{y=1}^{H} x^p y^q f(x, y) \quad (10.5)$$

$$u_{p,q} = \sum_{x=1}^{W} \sum_{y=1}^{H} (x - x_c)^p (y - y_c)^q f(x, y) \quad (10.6)$$

式中，H, W 分别表示子块的高度与宽度；p, q 均表示非负整数；(x_c, y_c) 表示"子块"重心的坐标值，即 $x_c = M_{1,0}/M_{0,0}, y_c = M_{0,1}/M_{0,0}$。进而定义 $(p+q)$ 规范化中心矩 $\eta_{p,q}$ 为

$$\eta_{p,q} = \frac{\mu_{p,q}}{\mu_{0,0}^r}, \quad r = \frac{p+q}{2} + 1 \quad (10.7)$$

然后，基于归一化的二阶和三阶中心矩，Hu 构造了如下 7 个不变矩[10]

$$\begin{aligned}
\psi_1 &= \eta_{2,0} + \eta_{0,2} \\
\psi_2 &= (\eta_{2,0} - \eta_{0,2})^2 + 4\eta_{1,1}^2 \\
\psi_3 &= (\eta_{3,0} - 3\eta_{1,2})^2 + (\eta_{0,3} - 3\eta_{2,1})^2 \\
\psi_4 &= (\eta_{3,0} + \eta_{1,2})^2 + (\eta_{0,3} + \eta_{2,1})^2
\end{aligned} \quad (10.8)$$

$$\begin{aligned}
\psi_5 &= (\eta_{3,0} - 3\eta_{1,2})(\eta_{0,3} + \eta_{1,2})[(\eta_{3,0} + \eta_{1,2})^2 - 3(\eta_{0,3} + \eta_{1,2})^2] \\
&\quad + (3\eta_{2,1} - \eta_{0,3})(\eta_{2,1} + \eta_{0,3})[3(\eta_{3,0} + \eta_{1,2})^2 - (\eta_{0,3} + \eta_{2,1})^2] \\
\psi_6 &= (\eta_{2,0} - \eta_{0,2})[(\eta_{3,0} + \eta_{1,2})^2 - (\eta_{0,3} + \eta_{2,1})^2]
\end{aligned} \quad (10.9)$$

$$+4\eta_{1,1}(\eta_{3,0}+\eta_{1,2})(\eta_{0,3}+\eta_{2,1})$$
$$\psi_7=(3\eta_{2,1}-\eta_{0,3})(\eta_{3,0}+\eta_{1,2})\big[(\eta_{3,0}+\eta_{1,2})^2-3(\eta_{0,3}+\eta_{2,1})^2\big] \tag{10.10}$$
$$+(3\eta_{1,2}-\eta_{3,0})(\eta_{2,1}+\eta_{0,3})\big[3(\eta_{3,0}+\eta_{1,2})^2-(\eta_{0,3}+\eta_{2,1})^2\big]$$

10.2.3　基于推土机距离的多示例包相似度量

在多示例框架中,每幅图像对应着一个包,也可视作由数量不等元素组成的集合。当以单张样图为检索起点时,其关键问题是如何度量多示例包(集合)之间的相似距离。首先,基于第 3 章的研究基础,采用推土机距离(EMD)[22,23]来度量多示例包之间的相似度;然后,再采用两个多示例包中所有示例两两之间的欧氏距离之和作为度量距离进行对比试验。具体方法如下。

设检索样图对应的多示例包记为 $Q=\{X_i\,|\,i=1,2,\cdots,m\}$,刑侦图像库中某图像对应的多示例包记为 $B=\{X_j\,|\,j=1,2,\cdots,n\}$,其中,$X_i$,$X_j$ 表示包中的示例,n 与 m 分别为两个包中示例的数量。设 $c_{i,j}=\|X_i-X_j\|_2$ 为示例 X_i 与 X_j 之间的欧氏距离,则求解 Q 与 B 之间的推土机距离可转化成以下线性优化问题:

$$\begin{cases} \min \quad \displaystyle\sum_{i=1}^{n}\sum_{j=1}^{m}c_{i,j}\times a_{i,j} \\[2mm] \text{s. t.} \quad a_{i,j}\geqslant 0, \quad \displaystyle\sum_{j=1}^{n}a_{i,j}\leqslant 1, \quad \sum_{i=1}^{m}a_{i,j}=1 \end{cases} \tag{10.11}$$

该优化问题中 $\displaystyle\sum_{i=1}^{n}\sum_{j=1}^{m}c_{i,j}\times a_{i,j}$ 为目标函数,三个约束条件为 $a_{x,y}\geqslant 0$,$\displaystyle\sum_{j=1}^{n}a_{i,j}\leqslant 1$ 和 $\displaystyle\sum_{i=1}^{m}a_{i,j}=1$。求解推土机距离就是在满足三个线束条件的前提下,寻找最优流量 $F=[a_{i,j}]_{m\times n}$,使 $\displaystyle\sum_{i=1}^{n}\sum_{j=1}^{m}c_{i,j}\times a_{i,j}$ 达到最小值。求得 F 之后,Q 与 B 之间的推土机距离定义为

$$\text{EMD}(Q,B)=\frac{\displaystyle\sum_{i=1}^{m}\sum_{j=1}^{n}a_{i,j}\times c_{i,j}}{\displaystyle\sum_{i=1}^{m}\sum_{j=1}^{n}a_{i,j}} \tag{10.12}$$

由上述推土机距离的定义可知,在计算多示例包(刑侦图像)之间的推土机距离时,图像分块的权值 w_i 非常重要,这里采用"归一化边缘像素数"方法来分配权值 w_i:设某刑侦图像 P 被分成 n 不同的块,记为 $P=\{(p_1,w_1),\cdots,(p_m,w_n)\}$,先采用 Canny 算法对该图像 P 进行边缘检测,然后统计每个分块区域边缘像素的个

数,不妨记第 i 个块的边缘像素数为 edge_i,则权值 w_i 定义为

$$w_i = \frac{\mathrm{edge}_i}{\sum\limits_{t=1}^{n} \mathrm{edge}_t} \tag{10.13}$$

10.2.4　算法流程

最后,本章设计的刑侦图像相似检索算法总结如下。

算法 10.1　基于推土机距离的刑侦图像检索

输入:刑侦图像库 D、比对样图 Q。

输出:相似检索结果。

Step 1:对于 D 中的任一图像 B_i,采用第 10.3.1 节的方法对其分块与特征提取,将它们构造成多示例包的形式,记作 $D=\{(B_i,y_i)|i=1,2,\cdots,N\}$。

Step 2:对于待比对的图像 Q,采用相同方法将其构造成多示例包的形式,记为 $Q=\{X_j|j=1,2,\cdots,m\}$。

Step 3:在刑侦图像库 D 中,根据式(10.12)或式(10.14)计算多示例包 Q 与 D 中每个包之间的相似距离。

Step 4:根据相似度由大到小的顺序,显示刑侦图像检索结果。

10.3　MATLAB 仿真程序

本节编程实现上述基于 MIL 的刑侦图像检索仿真程序时,采用的软、硬件平台为 Win7 32 位操作系统与 MATLAB 2010b 编程环境。

10.3.1　基于网格分块构造多示例包

1. 主程序

```
function Chap10_Fun1_CreateBagsMain()
    clc;close all;clear all;
    %说明:添加可搜索路径
    files=dir(cd);
    for i=1:length(files)
        if files(i).isdir & strcmp(files(i).name,'.')==0  && strcmp(files(i).
        name,'..')==0
                addpath([cd '/' files(i).name]);
        end
    end
    %%%%%%%%%%%%%%%%%%%%%%%%%%%%%%%%%%%%%%%%%%%%%%%%%%%%%%%%%%%%%%%%%%%%%%%%%%%%
```

```matlab
%说明:对所有类别的图像进行"网格分块"多示例建模,且存放在一个 mat 文件中
%%%%%%%%%%%%%%%%%%%%%%%%%%%%%%%%%%%%%%%%%%%%%%%%%%%%%%%%%%%%%%%%%%%%%%%%
%图像所在目录
PathName='刑侦图像检索测试集\';
D=dir(PathName)
load tmp\Bag.mat;    %Bag
Num=1;
for n=3:length(D)
    d=D(n).name;
    dd=[PathName d '\'];
    ff=dir([dd '* .jpg']);
    for m=1:length(ff)
        f=[dd ff(m).name];            %合成图像文件名
        Img=imread(f);
        %figure(1),imshow(Img)
        [FeaBuff]=Chap10_CreateBagUseGrid(Img);    %调用构造多示例包的函数
        Bag(Num).instance=FeaBuff;         %变成了一行对应一个特征
        Bag(Num).ImgName=f;                %图像文件名
        Bag(Num).ClassName=D(n).name;      %所属类别
        Bag(Num).id=m-2;                   %图像号
        Num=Num+1;
        if(mod(Num,5)==0)
            n
            save tmp\Bag.mat Bag       %保存图像特征与相关信息
        end
    end
end
save tmp\Bag.mat Bag       %保存图像特征与相关信息
disp('图像特征提取完成…')
```

2. 子函数

```matlab
%%%%%%%%%%%%%%%%%%%%%%%%%%%%%%%%%%%%%%%%%%%%%%%%%%%%%%%%%%%%%%%%%%%%%%%%
%子程序 1:对图像进行金字塔有重叠分块,提取每块的颜色、纹理与形状特征,建立多示例包
%%%%%%%%%%%%%%%%%%%%%%%%%%%%%%%%%%%%%%%%%%%%%%%%%%%%%%%%%%%%%%%%%%%%%%%%
function[FeaBuff]=Chap10_CreateBagUseGrid(Img)
    %若图像太大,则缩小一些
    [H W dim]=size(Img);
    if(H>480 || W>480)
```

```
        t=480/max([H W]);
        Img=imresize(Img,t,'bicubic');
end
%若图像太小,则将它扩大
if(H<=150 || W<=150)
        t=300/max([H W]);
        Img=imresize(Img,t,'bicubic');
end
% 若为类度图,则将此图像变成彩色图像
if(dim<3)
    Tm(:,:,1)= Img;Tm(:,:,2)=Img;Tm(:,:,3)=Img;
    Img=Tm;    clear Tm;
end
%自适应分块参数
[H W dim]=size(Img);
BoxSize=floor((H+W)/10);        %块的大小
stp=floor(BoxSize*0.5); %步长
%灰度化与边缘检测
Gray=rgb2gray(Img);
EDG=edge(Gray,'canny');     %边缘检测
[H W dim]=size(Img);
%开始有重叠分块
BoxNum=1;
while(H>=BoxSize && W>=BoxSize)
    for r=1:stp:H-BoxSize+1
        for c=1:stp:W-BoxSize+1
                Box=Img(r:r+BoxSize-1,c:c+BoxSize-1,:);
                gBox=Gray(r:r+BoxSize-1,c:c+BoxSize-1);
                eBox=EDG(r:r+BoxSize-1,c:c+BoxSize-1);
                w=sum(eBox(:));   %基于边缘像素的权值
                %HSV颜色矩特征
                [mu1,ta1,is1]=mome(256*rgb2hsv(Box));
                FeaC=[mu1 ta1 is1];  FeaC=FeaC./sum(FeaC);
                %旋转不变 LBP
                FeaT=LBProtationFea(gBox,3.5,16);
                FeaT=FeaT./sum(FeaT);           %归一化
                %算 Hu 不变矩特征
                FeaS=HuMoment(double(gBox));
```

```
                              FeaS=FeaS./sum(FeaS);    %归一化

                              FeaBuff(BoxNum,:)=[w FeaC FeaT FeaS];
                              BoxNum=BoxNum+1;
                    end
             end
             Img=imresize(Img,0.6,'bicubic');
             [H W dim]=size(Img);
        end
        FeaBuff(:,1)=FeaBuff(:,1)./sum(FeaBuff(:,1));      %权值归一化
%%%%%%%%%%%%%%%%%%%%%%%%%%%%%%%%%%%%%%%%%%%%%%%%%%%%%%%%%%%%%%
%子程序 2:求 HSV 颜色矩特征
%%%%%%%%%%%%%%%%%%%%%%%%%%%%%%%%%%%%%%%%%%%%%%%%%%%%%%%%%%%%%%
function[mu,ta,is]=mome(Im)
        imSize=size(Im);
        N=imSize(1)*imSize(2);
        %calculate moment features
        for i=1:3
             temp=Im(:,:,i);
             temp=temp(:); %_convert 2-dimensional matrix into a single column
             mu(i)=sum(temp)/N;
             ta(i)=sqrt(sum((temp-mu(i)).^2)/N);
             S=sum((temp-mu(i)).^3)/N;
        if S<0
           is(i)=-((-S).^(1/3));
        else
           is(i)=(S).^(1/3);
        end
        end
end
%%%%%%%%%%%%%%%%%%%%%%%%%%%%%%%%%%%%%%%%%%%%%%%%%%%%%%%%%%%%%%
%子程序 3:求图像的 LBP 纹理特征
%%%%%%%%%%%%%%%%%%%%%%%%%%%%%%%%%%%%%%%%%%%%%%%%%%%%%%%%%%%%%%
function  LbpFea=LBProtationFea(IMG,r,p)
       [row,column]=size(IMG);
       LBP=zeros(row,column);
       R=floor(r+1);
       DesImage=Expanboundary(IMG,R);
       [row,column]=size(DesImage);
```

```
template=1:p;
for t=1:p
    template(t)=2^(t-1);
end
for i=R+1:row-1-R
    for j=R+1:column-1-R
        loc=circle(r,p);
        binary=zeros(1,p);
      gray=1:p;
      for n=1:p;
            loc(1,n)=i+loc(1,n);
            loc(2,n)=j+loc(2,n);
            xl=floor(loc(1,n));
            xr=xl+1;
            yl=floor(loc(2,n));
            yr=yl+ 1;
            lm=(yr-loc(2,n))*DesImage(xl,yl)+(loc(2,n)-yl)*DesImage(xl,yr);
            rm=(yr-loc(2,n))*DesImage(xr,yl)+(loc(2,n)-yl)*DesImage(xr,yr);
            gray(n)=(xr-loc(1,n))*lm+(loc(1,n)-xl)* rm;
            if (gray(n)>=DesImage(i,j))
                    binary(n)=1;
            else
                    binary(n)=0;
            end
      end
    LBP(i-R,j-R)=sum(template.*binary);
    for k=1:p-1
            binary=[binary(2:end),binary(1)];
            uniform=sum(template.*binary);
            if (uniform<LBP(i-R,j-R))
                LBP(i-R,j-R)=uniform;
            end
      end
    end
end
%数字归到 0-128
Maxpix=128;
[Row Column]=size(LBP);
```

```
LBPImg=zeros(Row,Column);
Max=max(max(LBP));
Min=min(min(LBP));
 for  i=1:Row
        for  j=1:Column
                LBPImg(i,j)=(LBP(i,j)-Min)*Maxpix/(Max-Min);
        end
 end
%LBP 图谱直方图
LBPImg=round(LBPImg);
LbpFea=zeros(1,Maxpix);
for k=0:Maxpix-1
    LbpFea(k+1)=length(find(LBPImg==k));
end
%%%%%%%%%%%%%%%%%%%%%%%%%%%%%%%%%%%%%%%%%%%%%%%%%%%%%%%%%%%%%%%%%%%%
%子程序 4:计算图像的 Hu 矩特征
%%%%%%%%%%%%%%%%%%%%%%%%%%%%%%%%%%%%%%%%%%%%%%%%%%%%%%%%%%%%%%%%%%%%
function [HuFea]=HuMoment(image)
    %计算图像的零阶与一阶几何矩
    m00=sum(sum(image));
    m10=0;
    m01=0;
    [row,col]=size(image);
    for i=1:row
        for j=1:col
            m10=m10+i*image(i,j);
            m01=m01+j*image(i,j);
        end
    end
    u10=m10/m00;
    u01=m01/m00;
    %%%计算二阶、三阶几何矩
    m20=0;m02=0;m11=0;m30=0;m12=0;m21=0;m03=0;
    for i=1:row
        for j=1:col
            m20=m20+i^2*image(i,j);
            m02=m02+j^2*image(i,j);
            m11=m11+i*j*image(i,j);
```

```
                m30=m30+i^3*image(i,j);
                m03=m03+j^3*image(i,j);
                m12=m12+i*j^2*image(i,j);
                m21=m21+i^2*j*image(i,j);
        end
end
%%%计算二阶、三阶中心矩
y00=m00;
y10=0;
y01=0;
y11=m11-u01*m10;
y20=m20-u10*m10;
y02=m02-u01*m01;
y30=m30-3*u10*m20+2*u10^2*m10;
y12=m12-2*u01*m11-u10*m02+2*u01^2*m10;
y21=m21-2*u10*m11-u01*m20+2*u10^2*m01;
y03=m03-3*u01*m02+2*u01^2*m01;
%计算归格化中心矩
    n20=y20/m00^2;
    n02=y02/m00^2;
    n11=y11/m00^2;
    n30=y30/m00^2.5;
    n03=y03/m00^2.5;
    n12=y12/m00^2.5;
    n21=y21/m00^2.5;
%计算图像的七个Hu不变矩
h1=n20+n02;
h2=(n20-n02)^2+4*(n11)^2;
h3=(n30-3*n12)^2+(3*n21-n03)^2;
h4=(n30+n12)^2+(n21+n03)^2;
h5=(n30-3*n12)*(n30+n12)*((n30+n12)^2-3*(n21+n03)^2)+(3*n21-n03)*(n21+n03)*
    (3*(n30+n12)^2-(n21+n03)^2);
h6=(n20-n02)*((n30+n12)^2-(n21+n03)^2)+4*n11*(n30+n12)*(n21+n03);
h7=(3*n21-n03)*(n30+n12)*((n30+n12)^2-3*(n21+n03)^2)+(3*n12-n30)*(n21+n03)*
    (3*(n30+n12)^2-(n21+n03)^2);
HuFea=[h1 h2 h3 h4 h5 h6 h7];
HuFea=HuFea/sum(HuFea);   %归一化处理
```

10.3.2　相似检索 MATLAB 程序

主程序

```
function Chap10_Fun2_ImgRetrievalDemo()
    clc;close all;clear all;
    %说明:当前目录下所有的子目录加为可搜索路径
    %%%%%%%%%%%%%%%%%%%%%%%%%%%%%%%%%%%%%%%%%%%%%%%%%%%%
    files=dir(cd);
    for i=1:length(files)
        if files(i).isdir & strcmp(files(i).name,'.')==0  && strcmp(files(i).
        name,'..')==0
                addpath([cd '/' files(i).name]);
        end
    end
    %%%%%%%%%%%%%%%%%%%%%%%%%%%%%%%%%%%%%%%%%%%%%%%%%%%%
    %说明:采用推土机距离对刑侦图像相似检索仿真
    %%%%%%%%%%%%%%%%%%%%%%%%%%%%%%%%%%%%%%%%%%%%%%%%%%%%
    load tmp\Bag.mat    %把图像库的多示例包加载进来
    %1 获取样图
    ImgName='刑侦图像检索测试集\指纹\00058.jpg';
    Q_img=imread(ImgName);
    figure,imshow(Q_img),title('待查找的样图')
    %1 求出样图的特征
    [Q_ImgFea]=Chap10_CreateBagUseGrid(Q_img);        %调用构造多示例包的函数

    %2 基于推土机距离的相似检索
    %求样图与库中其他所有图像的推土机距离
    EMDDisBuff=[]; EJLDDisBuff=[];
    for n=1:length(Bag)
            Fea=Bag(n).instance;   %取出第 n 幅图像的特征
            [EMD]=SimBag(Q_ImgFea,Fea);
            EMDDisBuff=[EMDDisBuff EMD];
    end
    %3 基于推土机距离检索结果
    [v idx]=sort(EMDDisBuff);
    %将最相似的 20 幅图像显示出来
    figure,title('基于推土机距离的相似检索结果')
    for n=1:20
```

```
    subplot(4,5,n)
    %把对应的图像显示出来
    fn=Bag( idx(n) ).ImgName ;
    Im=imread(fn);
    imshow(Im)
end
disp('相似检索完成… ');
%%%%%%%%%%%%%%%%%%%%%%%%%%%%%%%%%%%%%%%%%%%%%%%%%
%%子程序 1:求图像包的推土机距离
%%%%%%%%%%%%%%%%%%%%%%%%%%%%%%%%%%%%%%%%%%%%%%%%%
function [EMDDis]=SimBag(Fea1,Fea2)
w1=Fea1(:,1);  % 权值
w2=Fea2(:,1);
Fea1=Fea1(:,2:size(Fea1,2)); %特征
Fea2=Fea2(:,2:size(Fea2,2));
num_A=size(Fea1,1);
num_B=size(Fea2,1);
%代价矩阵
C=zeros(num_A,num_B);
for i=1:num_A
    for j=1:num_B
        C(i,j)=sum((Fea1(i,:)-Fea2(j,:)).^2);
    end
end
%求推土机距离
[N M]=size(C);
Flow=zeros(N,M);
e=0;EE=0;
while((1-EE)>0.002)
    [v rows]=min(C);
    [v cols]=min(v);
    rows=rows(cols);
    if(w1(rows)>=w2(cols))
        w1(rows)=w1(rows)-w2(cols);
        Flow(rows,cols)=Flow(rows,cols)+w2(cols);
        e=e+w2(cols)*v;
        EE=EE+w2(cols);
        w2(cols)=0;
        C(:,cols)=inf;
```

```
    else
        e=e+w1(rows)*v;
        w2(cols)=w2(cols)-w1(rows);
        Flow(rows,cols)=Flow(rows,cols)+w1(rows);
        EE=EE+w1(rows);
        w1(rows)=0;
        C(rows,:)=inf;
    end
end
EMDDis=e;    %推土机距离
```

10.3.3　使用方法

第一步:刑侦图像多示例建模。首先,将刑侦图像试验集放在 m 文件工作目录中的"刑侦图像检索测试集"子目录中;然后启动 MATLAB 2010,且打开Chap10_Fun1_CreateBagsMain.m;再运行此 m 文件对所有图像进行"分块"与"特征提取",建立多示例包且保存到"tmp"子目录中的 mat 文件之中。

第二步:相似检索测试。打开 Chap10_Fun2_EMDSimDemo.m 文件并运行,在此 m 文件首先打开用户的查询样图,并建立成多示例包;然后,计算此样图与库中所有图像对应多示例包之间的推土机距离,进行相似排序。仿真运行结果如图 10.4所示。

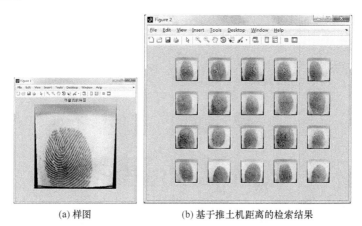

　　　　　(a) 样图　　　　　　　　　　(b) 基于推土机距离的检索结果

图 10.4　刑侦图像相似检索运行结果示意图

10.4　试验结果与分析

为了验证上述图像检索方法的可行性,建立包含 5 种不同类型的刑侦图像测试数据集,即轮胎纹路、汽车、鞋印图、指纹与作案工具,每类 100 幅,共 500 幅图像,部分检索结果如下。

(1)刑侦类型 1:轮胎纹路检索结果。根据库中图像与样图的相似度,某次检索结果的前 20 幅图像如图 10.5 所示。

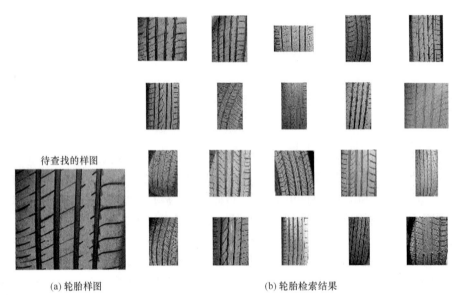

(a)轮胎样图　　　　　　　　　　　　　(b)轮胎检索结果

图 10.5　轮胎纹路检索结果举例

(2)刑侦类型 2:车辆图像检索结果。根据库中图像与样图的相似度,某次检索结果的前 20 幅图像如图 10.6 所示。

(a)车辆样图　　　　　　　　　　　　　(b)车辆检索结果

图 10.6　车轮检索结果举例

(3)刑侦类型 3:脚印花纹图像检索结果。根据库中图像与样图的相似度,某次检索结果的前 20 幅图像如图 10.7 所示。

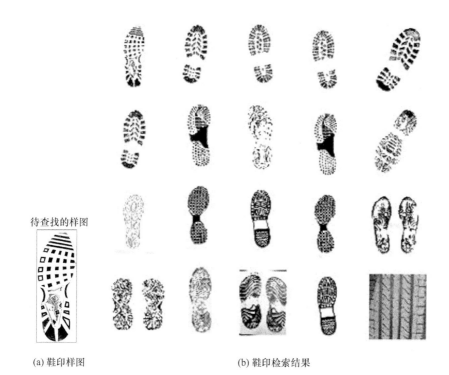

待查找的样图

(a) 鞋印样图　　　　　　　　　　(b) 鞋印检索结果

图 10.7　鞋印检索结果举例

（4）刑侦类型 4：指纹图像检索结果。根据库中图像与样图的相似度，某次检索结果的前 20 幅图像如图 10.8 所示。

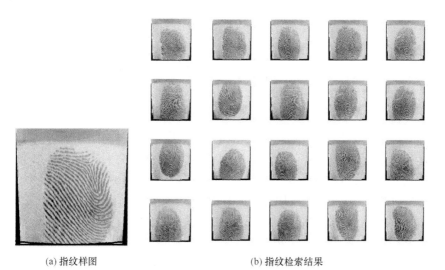

(a) 指纹样图　　　　　　　　　　(b) 指纹检索结果

图 10.8　指纹检索结果举例

（5）刑侦类型 5：作案工具图像检索结果。根据库中图像与样图的相似度，某次检索结果的前 20 幅图像如图 10.9 所示。

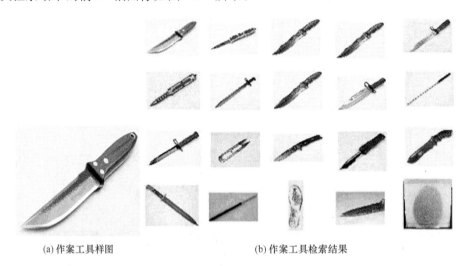

(a)作案工具样图　　　　　　　　　　(b)作案工具检索结果

图 10.9　作案工具图像检索结果举例

从上述试验结果可见：在刑侦图像检索时，由于推土机距离能自动地在两幅图像的不同子块之间完成最佳匹配，从而更好地反映图像之间的整体相似度，且对图像分块精度不太敏感，使得本章设计的检索算法效果较好。

10.5　本章小结

在 MIL 框架下，本章设计了一种刑侦图像相似性检索（比对）方法，主要工作如下：①设计了一种新的示例构造方法，即"有重叠网格划分"方法，将图像分成不同的子块，提取颜色、纹理与形状特征，构造包中示例；②在图像比对应用问题中，采用推土机距离来度量多示例包之间的相似性，是一种切实有效的图像比对方法。本章的工作是将 MIL 引入刑侦图像相似检索问题，为刑侦图像分析应用需求提供一条新的思路与解决方案，对相关领域工作及应用具有重要参考价值。

本章的工作也存在一些不足，即图像库中的图像类别少且图像数量也不多，相关算法还有待在更大的图像集或其他应用领域进一步验证。总之，由于 MIL 训练样本的特殊性，在图像检索应用中，示例包的构造方法以及 MIL 学习算法仍具有很多探索的空间，是一个值得进一步研究的课题。

参 考 文 献

[1] 刘颖,黄源,高梓铭. 刑侦图像检索中的特征提取及相似性度量[J]. 西安邮电大学学报,

2014,19(6):11-16

[2] 黄源.基于区域语义模板的刑侦图像检索算法研究[D].西安:西安邮电大学硕士学位论文,2014

[3] 兰蓉,贾世英.基于纹理与颜色特征融合的刑侦图像检索算法[J].西安邮电大学学报,2016,21(2):57-62

[4] 高毅,陈青,叶泸键,等.足迹边缘弧度变化区分足别的量化研究[J].中国人民公安大学学报(自然科学版),2013,77(3):6-10

[5] 刘家浩.鞋印图像识别算法的研究及系统实现[D].大连:大连海事大学硕士学位论文,2012

[6] Chen Y X,Hariprasad S,Luo B,et al. iLike:bridging the semantic gap in vertical image search by integrating text and visual features[J]. IEEE Transactions on Knowledge and Data Engineering,2014,25(10):2257-2270

[7] Gong Y C,Lazebnik S,Gordo A,et al. Iterative quantization:a procrustean approach to learning binary codes for large-scale image retrieval[J]. IEEE Transactions on Pattern Analysis and Machine Intelligence,2014,35(10):2916-2929

[8] Mensink T,Verbeek J,Perronnin F,et al. Distance-based image classification:generalizing to new classes at near-zero cost[J]. IEEE Transactions on Pattern Analysis and Machine Intelligence,2014,35(11):2624-2637

[9] Li Z C,Liu J,Xu C S,et al. MLRank:multi-correlation learning to rank for image annotation[J]. Pattern Recognition,2014,46(10):2700-2710

[10] Sun C S,Lam K M. Multiple-kernel,multiple-instance similarity features for efficient visual object detection[J]. IEEE Transactions on Image Processing,2014,22(8):3050-3061

[11] Li D X,Peng J Y,Li Z,et al. LSA based multi-instance learning algorithm for image retrieval[J]. Signal Processing,2011,91(8):1993-2000

[12] 李大湘,赵小强,李娜.图像语义分析的 MIL 算法综述[J].控制与决策,2013,28(4):481-488

[13] Dietterich T G,Lathrop R H,Lozano-Perez T. Solving the multiple instance problem with axis-parallel rectangles[J]. Artificial Intelligence,1997,89(12):31-71

[14] 曾璞,吴玲达,文军.利用空间金字塔分块与 PLSA 的场景分类方法[J].小型微型计算机系统,2009,30(6):1133-1136

[15] Elfiky N M,Gonzàlez J,Roca F X. Compact and adaptive spatial pyramids for scene recognition[J]. Image and Vision Computing,2012,30(2):492-500

[16] Li D X,Li N,Wang J,et al. Pornographic images recognition based on spatial pyramid partition and multi-instance ensemble learning[J]. Knowledge-Based Systems,2015,84(8):214-223

[17] Li B P,Yang C,Zhang Q,et al. Condensation-based multi-person detection and tracking with HOG and LBP[C]. Proceeding of the IEEE International Conference on Information and Automation Hailar,2014:267-272

[18] Ojala T,Pietikainen M,Maenpaa T. Multiresolution gray-scale and rotation invariant texture

classification with local binary patterns[J]. IEEE Transactions on Pattern Analysis and Machine Intelligence,2002,24(6):971-987

[19] 马臣. 基于 LBP 与形状上下文的足迹比对算法研究[D]. 大连:大连海事大学硕士学位论文,2014

[20] Hu M K. Visual pattern recognition by moment invariant[J]. IEEE Transactions on Information Theory,1962,(8):179-187

[21] 李大湘,吴倩,李娜. 图像分块及惰性多示例学习鞋印图像识别[J]. 西安邮电大学学报,2016,21(1):59-62

[22] 李大湘,彭进业,贺静芳. 基于 EMD-CkNN 多示例学习算法的图像分类[J]. 光电子·激光,2010,21(2):302-306

[23] Rubner Y,Tomasi C,Guibas L J. The earth mover's distance as a metric for image retrieval[J]. International Journal of Computer Vision,2000,40(2):99-121

第11章　基于 MIL 的红外图像人脸识别及实现

针对红外人脸识别问题,本章设计出一种新的基于 SIFT 特征与多示例学习(MIL)相结合的算法。该算法将图像当做多示例包,SIFT 描述子当做包中的示例;然后,利用聚类的方法对训练集中的所有 SIFT 描述子进行聚类,建立"词汇字典";再根据"视觉词汇"在多示例训练包中出现的频率,建立"词-文档"矩阵,采用潜在语义分析(LSA)的方法获得多示例包(图像)的潜在语义特征,将 MIL 问题转化成标准的有监督学习问题,即在潜在语义空间用支持向量机(SVM)求解 MIL问题。基于 OTCBVS 数据集的对比试验结果表明,所提算法是可行的,且识别率明显高于其他方法。

11.1　引　　言

相对于可见光人脸图像,红外人脸图像反映的是人脸的温度分布,具有抗干扰能力强、独立于可见光源、防伪装和受环境光照变化影响小等优点,近年来,红外图像的人脸识别问题已成为生物识别技术研究的热点[1-4]。

目前,很多红外人脸识别算法被提出,最常用的方法大体可分成三类[5]。第一,热轮廓匹配法。该类方法可分成基本形状匹配[6]和本征脸[7]两种,前者的基本原理是:因为红外人脸的形状是由脸部复杂的血管网络产生的,每个人的脸部形状是唯一的,所以,利用红外脸部热轮廓,通过形状匹配则可实现人脸识别。后者的原理是:热红外本征脸往往都包括较多的高频信息,较之可见光图像,其鉴别信息更能集中于较低维度的子空间,因此,本征脸技术也成功地运用于红外人脸识别问题。第二,解剖结构法[8]。这类方法使用的技术有对称波形和人脸编码两种,前者是基于每个人的脸部对称部分是唯一的,并利用个体的不对称差异进行识别;而后者则使用一维或二维的人脸条形码进行识别,条形码利用不同个体的对称波形所引起的偏差度来产生。第三,线性鉴别分析法。文献[9]提出了一种基于 Fisher判别准则的线性辨别分析(LDA)人脸识别方法;文献[10]提出了一种基于改进的 2DPCA 红外图像人脸识别方法,该方法为了弥补传统 2DPCA 存在的缺陷,在特征提取中也加入了 Fisher 思想。最近,融合可见光与红外光的人脸识别方法也被提出[11],试验结果表明其识别率与适应能力均有所提高。

由于红外图像中人脸器官的边缘轮廓和细节等特征都比较模糊,影响识别性能的机理还不是很清楚[1-4]。针对上述问题,本章设计并仿真出一种基于尺度不变特征转换(scale invariable feature transformation,SIFT)描述子[12]与多示例学习

(MIL)[13]相结合的红外人脸识别方法[14]。

11.2　SIFT 算法原理及描述子

2004 年,Lowe[12]提出了一种基于尺度空间的 SIFT 关键点特征提取算法,该算法的主要思想是在尺度空间寻找极值点,并提取 SIFT 描述子对图像局部特征进行描述,且对图像中物体的缩放、旋转与仿射变换具有不变性。SIFT 的主要特点如下[15-18]。

(1) SIFT 特征是图像的局部特征,其对平移、旋转、尺度缩放、亮度变化保持不变性,对光照变化、视角变化、仿射变换、噪声也保持一定程度的稳定性,具有较强的鲁棒性。

(2) 独特性(distinctiveness)好,信息量丰富,适用于在海量特征数据库中进行快速、准确的匹配,在特征匹配时可以以一个很高的概率正确匹配。

(3) 多量性,即使少数的几个物体也可以产生大量的 SIFT 特征向量,这对于目标识别非常重要。

(4) 高速性,经优化的 SIFT 匹配算法甚至可以达到实时的要求。

(5) 可扩展性,可以很方便地与其他形式的特征向量进行联合。

11.2.1　关键点检测

为了检测图像的 SIFT 关键点,主要步骤如下[15-18]。

1. 尺度空间

为了使图像特征具有尺度不变性,特征点的检测是在多尺度空间完成的,其目的是模拟图像数据的多尺度特征。因为高斯卷积核是实现尺度变换的唯一变换核,并且是唯一的线性核,所以一幅二维图像 $I(x,y)$ 的尺度空间定义为

$$L(x,y,\sigma)=G(x,y,\sigma) * I(x,y) \tag{11.1}$$

式中,$G(x,y,\sigma)$ 是尺度可变高斯函数,定义为

$$G(x,y,\sigma)=\frac{1}{2\pi\sigma^2}e^{-(x^2+y^2)/2\sigma^2} \tag{11.2}$$

式中,符号 * 表示卷积;(x,y) 为图像的像素位置;σ 为尺度空间因子,值越小表示图像被平滑得越少,相应的尺度也就越小。大尺度对应于图像的概貌特征,小尺度对应于图像的细节特征。

为了有效地在尺度空间检测到稳定的关键点,利用不同尺度的高斯差分核与图像卷积,定义高斯差分尺度空间(DoG scale-space)为

$$\begin{aligned}D(x,y,\sigma)&=(G(x,y,k\sigma)-G(x,y,\sigma)) * I(x,y)\\&=L(x,y,k\sigma)-L(x,y,\sigma)\end{aligned} \tag{11.3}$$

选择高斯差分函数主要有两个原因:第一,其计算效率高;第二,其可作为尺度归一化的拉普拉斯高斯函数 $\sigma^2 \nabla^2 G$ 的一种近似。DoG 算子计算简单,是尺度归一化的 LoG 算子的近似。

2. 构建图像金字塔

图像金字塔共 O 组,每组有 S 层,下一组的图像由上一组图像降采样得到。图 11.1 展示了构造 $D(x, y, \sigma)$ 的一种有效方法。

(a) 金字塔图像示意图[15]

(b) 高斯差分图像示意图

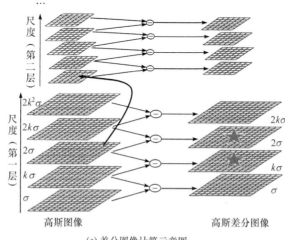

(c) 差分图像计算示意图

图 11.1　高斯金字塔差分图像计算示意图

（1）首先采用不同尺度因子的高斯核对图像进行卷积以得到图像的不同尺度空间，将这一组图像作为金字塔图像的第一层。

（2）接着对第一层最上面的那幅图像以 2 倍像素距离进行下采样，得到金字塔图像的第二层中的第一幅图像，对该图像采用不同尺度因子的高斯核进行卷积，以获得金字塔图像中第二层的一组图像。

（3）再对第二层最上面的那幅图像以 2 倍像素距离进行下采样，得到金字塔图像的第三层中的第一幅图像，对该图像采用不同尺度因子的高斯核进行卷积，以获得金字塔图像中第三层的一组图像。这样依此类推，从而获得金字塔图像的每一层中的一组图像，如图 11.1(a)所示。

（4）对图 11.1(a)得到的每一层相邻的高斯图像相减，就得到高斯差分图像，如图 11.1(b)所示。图 11.1(c)中的右列显示了将每组中相邻图像相减所生成的高斯差分图像的结果，限于篇幅，图中只给出了第一层和第二层高斯差分图像的计算。

3. 空间极值点检测

因为高斯差分函数是归一化的高斯拉普拉斯函数的近似，所以可以从高斯差分金字塔分层结构提取出图像中的极值点作为候选的特征点。对 DoG 尺度空间每个点与相邻尺度和相邻位置的点逐个进行比较，得到的局部极值位置即特征点所处的位置和对应的尺度。为了寻找尺度空间的极值点，每一个采样点要和它所有的相邻点比较，看其是否比它的图像域和尺度域的相邻点大或者小。如图 11.2 所示，中间的检测点与其同尺度的 8 个相邻点和上下相邻尺度对应的 9×2 个点共 26 个点比较，以确保在尺度空间和二维图像空间都检测到极值点。

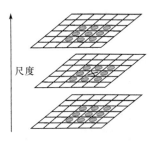

图 11.2　DoG 尺度空间局部极值检测示意图

因为需要同相邻尺度进行比较，所以在一组高斯差分图像中只能检测到 $S-2$ 个尺度的极值点，而其他尺度的极值点检测则需要在图像金字塔的其他层高斯差分图像中进行。依此类推，最终在图像金字塔中不同层的高斯差分图像中完成不同尺度极值的检测。

4. 精确确定极值点位置

1) 去除低对比度的极值点

因为 DoG 算子会产生较强的边缘响应,所以通过上述方法产生的极值点并不都是稳定的特征点。则通过拟合三维二次函数以精确确定关键点的位置和尺度(达到亚像素精度),同时去除低对比度的关键点和不稳定的边缘响应点,以增强匹配稳定性,提高抗噪声能力。

获取关键点处拟合函数

$$D(X) = D + \frac{\partial D^{\mathrm{T}}}{\partial X} X + \frac{1}{2} X^{\mathrm{T}} \frac{\partial^2 D}{\partial X^2} X \tag{11.4}$$

求导并令方程等于零,可以得到极值点

$$\hat{X} = -\frac{\partial^2 D^{-1}}{\partial X^2} \frac{\partial D}{\partial X} \tag{11.5}$$

对应极值点,方程的值为

$$D(\hat{X}) = D + \frac{1}{2} \frac{\partial D^{\mathrm{T}}}{\partial X} \hat{X} \tag{11.6}$$

$D(\hat{X})$ 的值对于剔除低对比度的不稳定特征点十分有用,通常将 $|D(\hat{X})| < 0.03$ 的极值点视为低对比度的不稳定特征点,进行剔除。同时,在此过程中获取了特征点的精确位置以及尺度。一个定义不好的高斯差分算子的极值在横跨边缘的地方有较大的主曲率,而在垂直边缘的方向有较小的主曲率。

2) 去除边缘响应

DoG 函数的(欠佳的)峰值点在横跨边缘的方向有较大的主曲率,而在垂直边缘的方向有较小的主曲率。主曲率可以通过计算在该点位置尺度的 2×2 的 Hessian 矩阵 H 得到,导数由采样点相邻差来估计:

$$H = \begin{bmatrix} D_{xx} & D_{xy} \\ D_{xy} & D_{yy} \end{bmatrix} \tag{11.7}$$

式中,D_{xx} 表示 DoG 金字塔中某一尺度的图像 x 方向求导两次。D 的主曲率和 H 的特征值成正比,为了避免直接地计算这些特征值,而只是考虑它们之间的比率。

令 α 为最大特征值,β 为最小的特征值,则

$$\begin{aligned}
\alpha &= r\beta \\
\mathrm{Tr}(H) &= D_{xx} + D_{yy} \\
\mathrm{Det}(H) &= D_{xx} \times D_{yy} - D_{xy} \times D_{xy} \\
\frac{\mathrm{Tr}(H)^2}{\mathrm{Det}(H)} &= \frac{(\alpha + \beta)^2}{\alpha\beta} = \frac{(r+1)^2}{r}
\end{aligned} \tag{11.8}$$

因为 $(r+1)^2/r$ 在两特征值相等时达到最小,随着 r 的增长而增长。Lowe 在论文

中建议 r 取 10。当

$$\frac{\mathrm{Tr}\,(H)^2}{\mathrm{Det}(H)} < \frac{(r+1)^2}{r} \tag{11.9}$$

成立时,将该关键点保留,反之则视作边缘响应点剔除。

11.2.2　关键点描述

1. 关键点方向分配

通过尺度不变性求极值点,可以使其具有缩放不变的性质,利用关键点邻域像素的梯度方向分布特性,可以为每个关键点指定参数方向,从而使描述子对图像旋转具有不变性[15-18]。利用关键点邻域像素的梯度及方向分布的特性,可以得到梯度模值和方向为

$$m(x,y) = \sqrt{(L(x+1,y)-L(x-1,y))^2 + (L(x,y+1)-L(x,y-1))^2}$$
$$\theta(x,y) = \arctan((L(x,y+1)-L(x,y-1))/L(x+1,y)-L(x-1,y))) \tag{11.10}$$

式中,尺度 L 为每个关键点各自所在的尺度。在以关键点为中心的邻域窗口内采样,并用直方图统计邻域像素的梯度方向。梯度直方图是 $0°\sim360°$,其中每 $10°$ 一个方向,总共 36 个方向。直方图的峰值则代表了该关键点处邻域梯度的主方向,即作为该关键点的方向。

在计算方向直方图时,需要用一个参数 σ 等于关键点所在尺度 1.5 倍的高斯权重窗对方向直方图进行加权,图 11.3 中用圆形表示,圆形中心处的权值最大,离中心越远则权值越小。如图 11.3 所示,该示例中为了简化给出了 8 个方向的方向直方图计算结果,实际原文中采用 36 个方向的直方图。

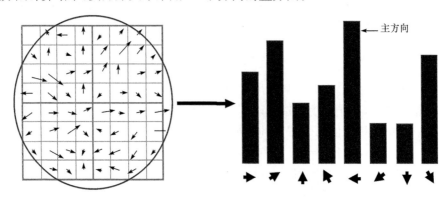

图 11.3　关键点主方向分配示意图

方向直方图的峰值则代表了该特征点处邻域梯度的方向,以直方图中最大值作为该关键点的主方向。为了增强匹配的鲁棒性,只保留峰值大于主方向峰值

80%的方向作为该关键点的辅方向。因此,对于同一梯度值的多个峰值的关键点位置,在相同位置和尺度将会有多个关键点被创建但方向不同。仅有 15%的关键点被赋予多个方向,但可以明显地提高关键点匹配的稳定性。

最后,关键点方向分配实现步骤总结如下[15-18]:

(1) 确定计算关键点直方图的高斯函数权重函数参数;

(2) 在以关键点为中心的邻域内,生成含有 36 柱的方向直方图,梯度方向角取值范围为 0°~360°,即其中每 10°一个柱;

(3) 对方向直方图进行两次平滑;

(4) 求取关键点方向(可能是多个方向);

(5) 对方向直方图的 Taylor 展开式进行二次曲线拟合,精确关键点方向。

通过上述方法,图像的关键点已检测完毕,每个关键点有三个信息,即位置、所处尺度、方向,由此可以确定一个 SIFT 特征区域。

2. 生成特征描述符

对于每一个关键点,拥有三个信息:位置、尺度以及方向。接下来就是为每个关键点建立一个描述符,使其不随各种变化而改变,如光照变化、视角变化等。并且描述符应该有较高的独特性,以便于提高特征点正确匹配的概率。

首先将坐标轴旋转为关键点的方向,以确保旋转不变性。

接下来以关键点为中心取 8×8 的窗口。图 11.4 左部分的中央黑点为当前关键点的位置,每个小格代表关键点邻域所在尺度空间的一个像素,箭头方向代表该像素的梯度方向,箭头长度代表梯度模值。

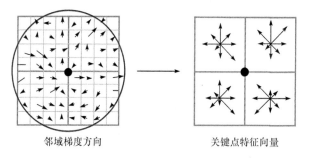

邻域梯度方向　　　　　　　　　关键点特征向量

图 11.4　由关键点邻域梯度信息生成特征向量示意图

图中的圈代表高斯加权的范围(越靠近关键点的像素梯度方向信息贡献越大)。然后在每 4×4 的小块上计算 8 个方向的梯度方向直方图,绘制每个梯度方向的累加值,即可形成一个种子点,如图 11.4 右部分所示。此图中一个关键点由 2×2 共 4 个种子点组成,每个种子点有 8 个方向向量信息。这种邻域方向性信息联合的思想增强了算法抗噪声的能力,同时对于含有定位误差的特征匹配也提供了较好的容错性。

实际计算过程中，为了增强匹配的稳健性，Lowe 建议对每个关键点使用 4×4 共 16 个种子点来描述，这样对于一个关键点就可以产生 128 个数据，即最终形成 128 维的 SIFT 特征向量。此时 SIFT 特征向量已经去除了尺度变化、旋转等几何变形因素的影响，再继续将特征向量的长度归一化，则可以进一步去除光照变化的影响。

最后，SIFT 算法主要步骤总结如下[15-18]：

(1) 检测尺度空间极值点；

(2) 精确定位极值点，得到关键点，并确定关键点的位置和所处的尺度；

(3) 为每个关键点指定方向参数(使用极值点邻域梯度的主方向作为该关键点的方向特征，以实现算子对尺度和方向的无关性)；

(4) 关键点描述子的生成。

利用 SIFT 算法从图像中提取出的 SIFT 描述子，可用于对图像中的物体或对象进行匹配或识别。图 11.5 给出了两幅红外人脸图像检测出来的 SIFT 关键点，其中，交叉点"+"表示关键点的位置，线段的箭头表示方向，长度表示模值。

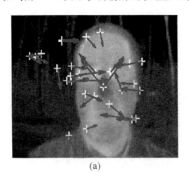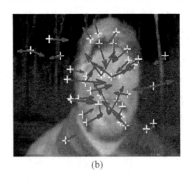

(a)　　　　　　　　　　　　　　　　(b)

图 11.5　检测 SIFT 关键点的示例图像

11.3　基于 MIL 的红外人脸识别算法

由 11.2 节可知，任一幅红外图像，通常都会检测出几十个甚至上百个 SIFT 关键点，并且不同的图像，关键点的数量也不等，如果要用传统的有监督学习方法(如 SVM 方法)进行人脸识别，在收集训练样本时，则需要对每个关键点对应的 SIFT 描述子进行标号，这样不但工作量巨大烦琐，而且在那么多关键点中，哪些点与待识别的人脸是相关的，哪些是无关的，往往难以鉴定。针对此问题，本章采用 MIL 方法进行解决。

11.3.1　MIL 建模

1997 年,Dietterich 等[13]在药物活性预测(drug activity prediction)的研究工作中提出了 MIL 的概念。在传统的机器学习框架中,训练样本与概念标号是一一对应的,而在 MIL 问题中,训练样本称为包,每个包含有多个示例,示例没有概念标号,只有包具有概念标号,若包中至少有一个示例是正例,则该包被标记为正,若包中所有示例都是反例,则该包被标记为负。MIL 算法就是通过对训练包的学习,得到一个能对未知包进行预测的分类器。近十年以来,很多经典的 MIL 算法被提出,具体请参阅文献[19]和[20]。例如,要训练一个用于识别"张三"的 MIL 分类器,若将整个图像当做包,关键点对应的 SIFT 描述子当做包中的示例,把含有"张三"的图像对应的包标为正,其他图像对应的包标为负,就可用 MIL 的方法来进行训练与识别。具体过程如图 11.6 所示。

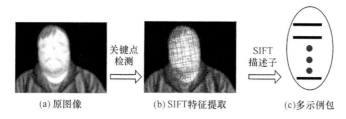

(a) 原图像　　　　　　(b) SIFT特征提取　　　　　(c) 多示例包

图 11.6　基于 SIFT 的多示例建模示意图

11.3.2　LSA-MIL 算法原理

为了将 MIL 问题转化成有监督学习问题进行求解,本章将多示例包(图像)当做"文档",包中示例量化成的"视觉字"当做"词",采用潜在语义分析(LSA)的方法[21,22]获得多示例包(图像)的"潜在语义特征",实现将多示例包转化成单个样本的目的,再结合支持向量机,设计出一种新的 MIL 算法,即 LSA-MIL 算法。

1. 视觉词汇表的建立

假设红外人脸识别多示例训练集记为 $D=\{B_1,B_2,\cdots,B_N\}$,训练包对应的标号为 $y=\{y_1,y_2,\cdots,y_N\}$,其中 $y_i\in\{-1,+1\}$,$i=1,2,\cdots,N$,$+1$ 表示正包,-1 表示负包。设第 i 个包 B_i 含有 n_i 个示例(SIFT 描述子),其中第 j 个示例记作 $x_{ij}\in R^{128}$,$j=1,2,\cdots,n_i$。将训练集 D 中所有包的所有示例排在一起,记为

$$\text{Set}=\{x_t\,|\,t=1,2,\cdots,P\} \tag{11.11}$$

式中,$P=\sum\limits_{i=1}^{N}n_i$ 表示示例的总数。

本章采用 K-Means 聚类方法对示例集 Set 进行聚类,建立"视觉词汇表"。K-

Means 算法是一种广泛应用于科学研究和工业中的经典聚类算法[23,24]。具体地说就是：根据已知的数据，计算各观察个体或者变量之间亲疏关系的统计量，再根据某种准则，将观察个体或变量进行合并，使同一类内差别较小，而类与类之间的差别较大，即把相似的变量或观察个体归为一类，也称为一个集群，而有较大差异的则归到不同的类别中。

　　K-Means 算法的核心思想是：把 T 个数据对象划分为 K 个聚类，使每个聚类中的数据点到该聚类中心的平方和最小。K-Means 算法流程如图 11.7 所示，大致过程如下[23,24]：

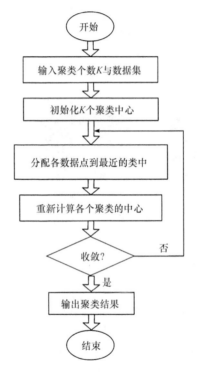

图 11.7　K-Mean 聚类算法流程示意图

　　输入：聚类个数 K、包含 T 个数据对象的数据集。
　　输出：K 个聚类中心。
　　（1）从 T 个数据对象中任意选取 K 个对象作为初始聚类中心；
　　（2）分别计算出每个对象到各个聚类中心的距离，把对象分配到距离最近的聚类中；
　　（3）所有对象分配完成后，重新计算 K 个聚类的中心；
　　（4）与前一次计算得到的 K 个聚类中心作比较，如果聚类中心发生变化，转（2），否则转（5）；

（5）输出聚类中心，聚类结束。

K-Mean 算法作为一种非常经典的聚类方法，是数据挖掘技术中一种非常常用的算法，它的计算复杂度为 $O(nKt)$，其中 n 为对象个数，K 为聚类个数，t 为迭代次数，通常有 $t \leqslant n$，$K \leqslant n$，因此它的复杂度通常也用 $O(n)$ 表示。K-Mean 算法的优点是：可以处理大数据集，具有较高的效率与相对可伸缩能力，且稳定性与健壮性都比较好。

从 K-Means 聚类算法的基本步骤可以看出，K-Means 算法聚类效果主要受以下几个因素影响。

（1）聚类个数 K 的确定。K-Means 算法的输入参数 K 对最终聚类结果有很大的影响。由于聚类的最终结果，无论是每个类内观测的个数，还是每个类别最终的质心，都依赖于 K 值的选择。对于任何类型的聚类算法，都没有一种令人十分满意的方法来确定聚类个数。在实际中聚类个数 K 大多数情况下都是根据操作人员的业务经验和统计指标来确定。由于聚类问题变量往往是高维的，K 值的确定并没有一个完整意义上的理论依据作为支撑。

（2）异常值处理。异常值的存在大大扭曲了聚类的效果，因此在聚类分析之前必须以恰当的方式处理异常值。

（3）距离的选择与变量的标准化。K-Means 算法的步骤（2）用欧氏距离来度量距离。采用不同的距离函数将会产生不同的聚类结果。欧氏距离是实践中最常用的距离之一，欧氏距离与变量的量纲有关，方差较大的变量，在计算距离时的贡献也大。因此，在进行聚类分析之前，往往需要先对变量进行标准化处理，消除量纲的不同对聚类结果产生的影响。有很多种方法可以对变量进行标准化处理，最常用的转换方法是标准差标准化，即将变量标准化为均值为 0，标准差为 1，从而消除量纲的影响。

（4）初始凝聚点的选择。初始凝聚点大体可以分为两种类型：用合成点作为初始凝聚点和用实际观测作为初始凝聚点，前者需要经过计算才能获得，而后者可以从数据集中直接进行随机抽取，后者与前者相比，初始凝聚点的代表性往往要更高。

初始凝聚点是一批有代表性的点，它们将形成类的中心，初始凝聚点直接决定了初始分类，对分类结果有着很大的影响，由于初始凝聚点的不同，其最终分类结果（每一类的个数以及类的质心）也会出现不同。最好的选择是 K 个初始凝聚点间的距离尽可能大。如果初始凝聚点选择好，不需要几次迭代就可以得到较好的聚类结果。

因为具有相同视觉特征的图像局部区域对应的 SIFT 描述子，在特征空间将会聚集在一起，所以本书采用 K-Means 方法将 Set 中元素聚成 K 类，由于每个聚类中心通常都代表一组具有相同视觉特征的图像区域,称为"视觉词汇",记为 w_i;然后,将这 K 个"视觉词汇"放在一起,称为"字典",记为

$$W=\{w_1,w_2,\cdots,w_K\} \tag{11.12}$$

2. 构造"词-文档"矩阵

采用向量空间模型的方法,按照 SIFT 描述子(示例)与"视觉词汇"的欧氏距离最小原则,将多示例包中的每个示例(SIFT 描述子)量化成一个"视觉词汇",则每个多示例包可表示成一个列向量[14,22],即

$$B_j=(s_{1,j},s_{2,j},\cdots,s_{K,j})^{\mathrm{T}} \tag{11.13}$$

式中,$s_{i,j}$ 采用 TF-IDF 加权[25]的方式计算得到,即

$$s_{i,j}=\mathrm{tf}_{i,j}\times\log_2(1+N/\mathrm{df}_i) \tag{11.14}$$

式中,$\mathrm{tf}_{i,j}$ 表示"视觉字"w_i 在多示例包 B_j 出现的次数(频率);df_i 表示训练集中包含"视觉字"w_i 的多示例包的个数;N 表示训练集中全部多示例包的总数。$s_{i,j}$ 反映了"视觉词汇"w_i 在多示例包(图像)B_j 中的重要程度。

将训练集中的所有多示例包对应的列向量排在一起,则得到"词-文档矩阵",记为

$$H_{K\times N}=[B_1,B_2,\cdots,B_N]=\begin{bmatrix} s_{1,1} & s_{1,2} & \cdots & s_{1,N} \\ s_{2,1} & s_{2,2} & \cdots & s_{2,N} \\ \vdots & \vdots & & \vdots \\ s_{K,1} & s_{K,2} & \cdots & s_{K,N} \end{bmatrix} \tag{11.15}$$

式中,$H_{M\times N}$ 每一行对应一个"视觉词汇";每一列对应一个多示例包(图像)。为了将特征项的变化范围控制在相同的区间内,提高其分类性能,将 $H_{M\times N}$ 按列进行归一化,即

$$s_{i,j}=s_{i,j}\Big/\sum_{i=1}^{K}s_{i,j} \tag{11.16}$$

3. 潜在语义特征提取

潜在语义分析(LSA)作为一种自然语言处理方法[21,22],根据奇异值分解(SVD)定理,"词-文档"矩阵 $H_{M\times N}$ 可分解为 3 个矩阵的乘积的形式,即

$$H_{K\times N}=U_{K\times n}S_{n\times n}(V_{N\times n})' \tag{11.17}$$

式中,K 为原特征空间的维数;N 为文档总数;$n=\min(K,N)$;U 和 V 分别为与矩阵 H 的奇异值对应的左、右奇异向量矩阵,且有 $U^{\mathrm{T}}U=V^{\mathrm{T}}V=I$;$S$ 是将矩阵 H 的奇异值按递减排列构成的对角矩阵。如果只取 $S_{n\times n}$ 中的前 T 个最大的奇异值,以及 $U_{M\times n}$ 与 $V_{N\times n}$ 的前 T 列,即 $U_{K\times T}$,$S_{T\times T}$ 与 $(V_{N\times T})'$,则可得到矩阵 $H_{K\times N}$ 在 T 阶

最小二乘意义上的最佳近似,即

$$H_{K \times N} = U_{M \times T} S_{T \times T} (V_{N \times T})'　　　　　　(11.18)$$

通常,式(11.18)称为截断的奇异值分解。这样,可得到 $H_{K \times N}$ 降维后的矩阵,即

$$\overline{H}_{T \times N} = S_{T \times T} (V_{N \times T})'　　　　　　(11.19)$$

这样一来,特征空间则从原来的 K 维降为 T 维,$\overline{H}_{T \times N}$ 中的每一列就是训练集中每个多示例包(图像)的"潜在语义特征"。

设 $B = [s_1, s_2, \cdots, s_K]'$ 为任意一个训练集之外的新包,其潜在语义特征为

$$\phi(B) = (U_{K \times T})' B　　　　　　(11.20)$$

这是由以下公式推导得出的:

$$A = USV' \Rightarrow U'A = U'USD' \Rightarrow U'A = SV'　　　　　　(11.21)$$

式中,$U_{K \times T}$ 中 T 个列向量所张成的空间称为潜在语义空间,可视为对原向量空间的压缩,$U_{K \times T}$ 中的 T 个列向量就是潜在语义空间的基。

4. LSA-MIL 算法步骤

通过式(11.19)的空间转换,相当于将包嵌入成"潜在语义空间"中的一个点,变成了单个样本,若为正包,对应的样本标为正;若为负包,则标为负,将 MIL 转化成一个标准的有监督学习问题。为了用支持向量机的方法在"潜在语义空间"得到最优分类面,其分类学习问题可转化为如下对偶二次规划问题[26-28]:

$$\begin{cases} \max \quad L(\alpha) = \sum_{j=1}^{N} \alpha_i - \frac{1}{2} \sum_{i=1}^{N} \sum_{j=1}^{N} y_i y_j \alpha_i \alpha_j K(\phi(B_i), \phi(B_j)) \\ \text{s. t.} \quad \sum_{i=1}^{N} y_i \alpha_i = 0, \quad 0 \leqslant \alpha_i \leqslant C, \quad i = 1, 2, \cdots, N \end{cases}　　(11.22)$$

式中,K 为核函数;C 为惩罚因子。不妨设 α^* 为式(11.22)的一个最优解,则支持向量机分类器为

$$\text{label}(B) = \text{sign}\left(\sum_{i=1}^{N} y_i \alpha_i^* K(\phi(B_i), \phi(B)) + b^* \right)　　　　(11.23)$$

为了得到 b^*,可选任一个包 B_j,代入式(11.24)计算得到,其中 α_j^* 应满足 $C > \alpha_j^* > 0$ 条件。

$$y_j \left(\sum_{i=1}^{N} y_i \alpha_i^* K(\phi(B_i), \phi(B_j)) + b^* \right) - 1 = 0　　　　(11.24)$$

最后,本书提出的人脸识别算法总结如下。

算法 11.1　LSA-MIL 人脸识别算法

(1) LSA-MIL 训练。

输入:训练集 $D = \{(B_1, y_1), \cdots, (B_N, y_N)\}$,$K$ 和 T 值。

输出:潜在语义空间基 $U_{K \times T}$ 和支持向量机分类器。

Step1:SIFT 描述子提取。对 $\forall B_i \in D$,采 SIFT 算法检测关键点,并提取 SIFT 描述子。

Step2:构造"词-文档"矩阵 $H_{K \times N}$。①采用 K-Means 方法将所有 SIFT 描述子聚成 K 类,获得"视觉词汇"与"字典";②根据式(11.13)~式(11.16),得到归一化的"词-文档"矩阵 $H_{K \times N}$。

Step3:在语义特征提取。①对 $H_{K \times N}$ 进行奇异值分解,然后分别截取 $U_{K \times n}$ 中的前 T 列,记作 $U_{K \times T}$,其列向量则为潜在语义空间的基;②初始化 $\text{TrainSet} = \varnothing$;③对任意的 $B_i \in D$,用式(11.20)计算它的"潜在语义特征" $\phi(B_i)$,将 $(\phi(B_i), y_i)$ 加入 TrainSet。

Step4:采用 LibSVM 工具箱,由 TrainSet,训练支持向量机分类器 (α^*, b^*)。

(2) LSA-MIL 识别。对新图像 $B = \{x_j | j = 1, 2, \cdots, n\}$,其中 n 表示关键点的个数,x_j 表示关键点对应的 SIFT 描述子;由式(11.20)计算其"潜在语义特征";再根据式(11.23),用支持向量机分类器 (α^*, b^*) 进行识别。

11.4　MATLAB 仿真程序

在编程实现上述基于 MIL 的红外人脸识别仿真程序时,用到的 SIFT 描述子工具下载于网址 http://www.cs.ubc.ca/~lowe/keypoints/,LibSVM 工具箱下载于网址 http://www.csie.ntu.edu.tw/~cjlin/libsvm/,后续 MATLAB 仿真程序运行平台为 Win7 32 位操作系统与 MATLAB 2010b 编程环境。

11.4.1　构造多示例包

主程序

```
function Chap11_CreateBagUseSIFT()
    clc;close all;clear all;
    %说明:下面这些句子是将当前目录下所有的子目录加为可搜索路径
    %%%%%%%%%%%%%%%%%%%%%%%%%%%%%%%%%%%%%%%%%%%%%%%%%%%%%
    files=dir(cd);
    for i=1:length(files)
        if files(i).isdir & strcmp(files(i).name,'.')==0  && strcmp(files(i).
        name,'..')==0
            addpath([cd '/' files(i).name]);
```

```
        end
    end
```

%%
%说明：采用 SIFT 方法检测每幅人脸图像关键点，并提取 SIFT 描述子
%　　存放在一个 dat 文件中
%%

```
ImgFilePath='ImageDB\';              %图像所在目录
FeaWritePath='FeatureSIFT\Fea_';     %dat 文件保存目录
%将图像库中的每幅图像，提取 SIFT 特征
for n = 0:1199
    imgName= [ImgFilePath num2str(n) '.jpg']; % 图像名
    %调用 SIFT 工具箱进行特征提取
    descr1=SiftMainFun(imgName);
    %记下特征
    descr1=descr1'; %变成了一行对应一个 SIFT 特征
    txtfile=[FeaWritePath num2str(n) '.dat']; %建立 dat 文件
    [r dim]=size(descr1);
    fid=fopen(txtfile,'w');
    for nn=1:r
        for x=1:dim-1
            fprintf(fid,'%0.8f ',descr1(nn,x));
        end
        fprintf(fid,'% 0.8f\n',dim,descr1(nn,dim));
    end
    fclose(fid);
    if mod(n,10)==0 %提示处理进度
        imgName
    end
end
disp('图像构造多示例包完成……')
```

注：上述函数存放在 Chap11_CreateBagUseSIFT. m 文件中。

11.4.2　计算潜在语义特征

主程序：利用训练多示例包建立 LSA 模型，并提取训练包与测试包的潜在语义特征，将多示例包变成单个样本，则 MIL 问题转化成标准的有监督学习问题，用支持向量机进行求解。

%%

```
%主函数:计算多示例包的潜在语义特征
%%%%%%%%%%%%%%%%%%%%%%%%%%%%%%%%%%%%%%%%%%%%%%%%%%%%%%%%%
function [TrainData,TestData,TrainLabel,TestLabel]=LSA_Fea_fun(Trainbag,Testbag)
%1 将训练包中所有示例取出来
InstSet=[]; %示例集
InstNum=[]; %每个中有几个示例
TrainLabel=[];
for n=1:length(Trainbag)
    F=Trainbag(n).instance;  %变成一行对应一个示例
    rows=size(F,1);
    InstNum=[InstNum rows]; %计算每个图像有几个示例
    InstSet=[InstSet;F];
    TrainLabel=[TrainLabel Trainbag(n).label];
end
%2 聚类
X=InstSet';  %变成一列对应一个样本
nclus=500;   %聚成 500 类
cluster_options.maxiters=100;
cluster_options.verbose=0;
[CX,sse]=vgg_kmeans(X,nclus,cluster_options);  %CX 是一列是不一个聚类中心

%3 将每图像量化成视"词-文档"矩阵
[ni A]=VQ(CX,InstNum,X);  %词频量化
%归一化处理"词-文档"矩阵
[M N]=size(A);
for m=1:M
    for n=1:N
        if(ni(m)==0)
            B(m,n)=0;
        else
            B(m,n)=log2(1+A(m,n))*(1+log2(N/ni(m)));
        end
    end
end
%归一化 (按列进行)
S=sum(B);
S=repmat(S,nclus,1);
B=B./S;
```

```
%4 SVD 分解(LSA)
[U,S,V]=svd(B,0);
T=min(100,size(B,2));  %取最前面的 T 个特征值
UU=U(:,1:T);
SS=S(1:T,1:T);
VV=V(:,1:T);
TrainData=VV*SS;  %一行为一个图像的特征


%5 测试包数据生成
InstSet=[];
InstNum=[];TestLabel=[];
for n=1:length(Testbag)
    F=Testbag(n).instance;  %变成一行对应一个示例
    rows=size(F,1);
    InstNum=[InstNum rows]; %计算每个图像有几个示例
    InstSet=[InstSet;F];
    TestLabel=[TestLabel Testbag(n).label];
end
X=InstSet';  %一列对应一个样本
%量化"词-文档"矩阵
[nni A1]=VQ(CX,InstNum,X);
[M1 N1]=size(A1);
for m=1:M
    for n=1:N1
        if(ni(m)==0)
            B1(m,n)=0;
        else
         B1(m,n)=log2(1+A1(m,n))*(1+log2(N/ni(m)));
        end
    end
end


%归一化(按列进行)
S=sum(B1);
S=repmat(S,nclus,1);
B1=B1./S;


%在潜在语义空间的投影
```

```
TestData=B1'*UU*SS^(-1);
disp('LSA 数据处理成功结束……')
%%%%%%%%%%%%%%%%%%%%%%%%%%%%%%%%%%%%%%%%%%%%%%%%%%%%%%%%%%%%%%%
%子程序 1:利用视觉字典,生成词- 文档矩阵
%参数:  CX 为聚类中心(一列一个中心),InstNum 为每个包有几个示例,X 为要量化的数据(一
%       列一个样本),  ni 属于每个视觉词汇的文档数,wd_Matrix 为词-文档矩阵
%%%%%%%%%%%%%%%%%%%%%%%%%%%%%%%%%%%%%%%%%%%%%%%%%%%%%%%%%%%%%%%
function [ni wd_Matrix]=VQ(CX,InstNum,X)
    wd_Matrix=[];
    %Loop over all images ….
    Codebook_Size=size(CX,2);
    ni=zeros(1,Codebook_Size);
    nImages=length(InstNum);
    for i=1:nImages
        %   Find number of points per image
        nPoints =InstNum(i);
        %Set distance matrix to all be large values
        distance=Inf*ones(nPoints,Codebook_Size);
        y0=sum(InstNum(1:i-1))+1;
        y1=sum(InstNum(1:i));
        descriptor=X(:,y0:y1);
        %   Loop over all centers and all points and get L2 norm btw. the two.
        for p=1:nPoints
            for c=1:Codebook_Size
            distance(p,c)=norm(CX(:,c)-double(descriptor(:,p)));
        end
    end
    %%% 寻找每个点最邻近的中心
    [tmp,descriptor_vq]=min(distance,[],2);
    L=unique(descriptor_vq);
    for m=1:length(L)
        x=L(m);
            ni(x)=ni(x)+1;
        end
        %Now compute histogram over codebook entries for image
        histogram=zeros(1,Codebook_Size);
        for p=1:nPoints
```

```
                histogram(descriptor_vq(p))=histogram(descriptor_vq(p))+1;
            end
            wd_Matrix=[wd_Matrix,histogram'];
    end
end
```

注：上述函数存放在 Chap11_FaceRecMain. m 文件中。

11. 4. 3　训练与识别

1. 主函数

```
functionLdx_FaceRecMain()
close all;clear all;clc;
%%%说明:下面这些句子是将当前目录下所有的子目录加为可搜索路径 files=dir(cd);
for i=1:length(files)
    if files(i).isdir & strcmp(files(i).name,'.')==0 && strcmp(files(i).
    name,'..')==0
            addpath([cd '/' files(i).name]);
    end
end
%%%%%%%%%%%%%%%%%%%%%%%%%%%%%%%%%%%%%%%%%%%%%%%%%%%%%%%%%%%%%%%%%%%%%
%功能说明:用 LSA 方法将 MIL 问题转化成有监督学习问题,再用标准的 SVM 进行求解
%%%%%%%%%%%%%%%%%%%%%%%%%%%%%%%%%%%%%%%%%%%%%%%%%%%%%%%%%%%%%%%%%%%
% 图像与/SIFT 特征所在路径
ImgFilePath='ImageDB\';              %图像所在目录
FeaPath='FeatureSIFT\Fea_';          %dat 文件保存目录


%%%%%%%%%%%%%%%%%%%%%%%%%%%%%%%%%%%%%%%%%%%%%%%%%%%%%%%%%%%%%%%%%%%%%
%功能说明:每个人的多示例包随机分成两等份,一份训练、 一份测试
%%%%%%%%%%%%%%%%%%%%%%%%%%%%%%%%%%%%%%%%%%%%%%%%%%%%%%%%%%%%%%%%%%%%%
%1 构造训练与测试集
TrainN=1; TestN=1;
for ID=0:11
    RandN=randperm(100);   %产生随机数
    for n=1:50  %前 50 个包用于训练
        P=ID*100+RandN(n);
        Fea=load([FeaPath num2str(P-1) '.dat']);   %从 dat 文件得到 SIFT 特征
        TrainBags(TrainN).label=ID;          %标号
        TrainBags(TrainN).instance=Fea;    %示例
        TrainBags(TrainN).ImgName=[ImgFilePath num2str(P-1) '.jpg'];%图像文件名
```

```
            TrainN=TrainN+1;
        end
    for n=51:100   %后 50 个包用于测试
            P=ID*100+RandN(n);
            Fea=load([FeaPath num2str(P-1) '.dat']);   %从 dat 文件得到 SIFT 特征
            TestBags(TestN).label=ID;         %标号
            TestBags(TestN).instance=Fea;   %示例
            TestBags(TestN).ImgName=[ImgFilePath num2str(P-1) '.jpg'];%图像文
件名
            TestN=TestN+1;
        end
end
```

%2 提取多示例包的 LSA 特征
[TrainData,TestData,TrainLabel,TestLabel]=LSA_Fea_fun(TrainBags,TestBags);
%3 调用 SVM 进行训练与预测
[ypred]= LibSvmTrainAndTest_fun (TrainData,TrainLabel ',TestData,TestLabel
');
%4 统计识别精度

```
Accuracy=zeros(12,12);
for Id=0:11
    for n=1:50
        P=Id*50+n;
        pre=ypred(P)+ 1;   %识别结果
        Accuracy(Id+1,pre)=Accuracy(Id+1,pre)+1;
    end
end
disp('识别混淆矩阵为:');%Confusion matrix
Accuracy
disp('主程序运行成功!!!')
```

2. 子程序

%%
%子程序:训练 SVM 分类器与测试
%参数:TrainData 是训练数据(一行对应一个样本),TrainL 是样本对应的标号
%   TestData 测试数据
%%
function predict_label = LibSvmTrainAndTest_fun (TrainData,train_labels,

```
TestData,test_labels)
%1 SVM 训练
cmd=['-s 1 -t 2 -c ',num2str(20000),' -g ',num2str(0.01)];
%调用 LibSVM 工具箱进行训练
model=svmtrain(train_labels,TestData,cmd);
%2 SVM 预测,并给出精度 accuracy
[predict_label,accuracy]=svmpredict(test_labels,test_wine,model );
%3 以图形方式,显示预测结果
figure;
hold on;
plot(test_labels,'ko');
plot(predict_label,'r+');
xlabel('测试样本','FontSize',12);
ylabel('类别标签','FontSize',12);
set(gca,'YTick',[-1:1:11]);   %坐标轴最小值,步长,最大值
y=linspace(-1,1,11);
legend(['人脸真实类别号'],['预测类别号']);
clc
str=['测试人脸集的真实分类和预测分类图,识别精度:' num2str(accuracy(1)) ' %']
title(str,'FontSize',12);%说明你的图上没有 7 条曲线标注多了的意思。
grid off;
disp('LibSvm 训练预测成功结束……')
```

注:上述这两个函数存放在 Chap11_FaceRecMain. m 文件中。

11.4.4　使用方法

第一步:红外人脸图像多示例建模。

首先,将 1200 幅人脸图像放在当前目录中的"ImageDB"子目录中;然后,启动 MATLAB 2010,且打开 Chap11_ CreateBagUseSIFT. m;再运行此 m 文件对红外人脸图像进行 SIFT 描述子特征提取,并保存到"FeatureSIFT"子目录中的 dat 文件之中。

第二步:人脸识别 MIL 分类器的训练与测试。

打开 Chap11_ FaceRecMain. m 文件并运行,此 m 文件首先利用训练包构造潜在语义分析模型,并提取训练与测试包的潜在语义特征;然后,训练支持向量机多类分类器进行红外人脸识别测试并统计精度。仿真运行结果如图 11.8 所示。

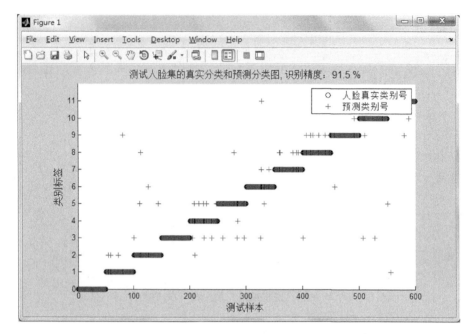

图 11.8　人脸识别仿真程序运行示意图

11.5　试验结果与分析

11.5.1　人脸库与试验方法

为了验证 LSA-MIL 方法在红外人脸识别中的有效性,选用来自 OTCBVS DataSet4 数据集的 1200 幅红外人脸图像,建立试验人脸图像数据库进行测试与比较[14]。仿真过程中选用了该人脸图像数据库的 12 个人,每人 100 幅大小均为 320×240 像素的 JPG 格式图像,分别有正面、左右侧面和戴眼镜等不同姿态的图像。部分样图如图 11.9 所示。

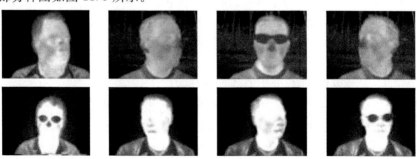

图 11.9　OTCBVS 数据集的图像样例[14]

试验中采用 Libsvm 进行有监督学习,选用 RBF 核函数,设置尺度因子 $g=$ 0.001,惩罚因子 $C=1000$,具体方法是:从每个人的图像中随机选取 50 幅,共 600 幅图像构成备用训练集,剩下的 600 幅图像构成测试集。针对"潜在语义特征"提取时的参数 K 与 T,试验发现,当 K 取 500,T 取 100 时,LSA-MIL 算法的稳定性很好,且识别率最高。后述试验中均采用上述参数。

11.5.2 对比试验及分析

按上述的试验方法,将 LSA-MIL 和 PCA、LDA[9]、2DPCA[10]、DD-SVM[26] 以及 MILES[27] 等算法进行对比试验。因为试验中涉及随机构造训练集,所以对图像库进行了 10 次随机划分,构造备用训练集与测试集,同一个试验均重复 10 次,最终识别率的均值与均方差如表 11.1 所示。

表 11.1   不同算法在 OTCBVS 人脸图像数据库上的比较试验

算法	识别率的均值与均方差/%
本书 LSA-MIL	91.1±1.5
PCA	79.2±2.3
2DPCA	83.5±2.2
LDA	85.6±1.8
MILES	88.1±1.6
DD-SVM	86.3±1.6

注:表中的数据是 10 次随机试验的统计结果

如表 11.1 所示,LSA-MIL 算法总体上优于其他人脸识别算法,主要原因是:通过 DoG 算子检测的关键点主要集中在脸部区域,这样,SIFT 描述子则描述了人脸的外表及轮廓等局部特征,并且 SIFT 描述子具有旋转、尺度、光照与仿射不变性,在目标识别方面具有极强的鲁棒性与稳定性,同时,利用潜在语义分析方法发现多示例包(图像)的潜在语义模型,通过该模型将多示例包嵌入低维的潜在语义空间,不但可以降维,缩小问题的规模,而且还可以消减原"词-文档"矩阵中包含的"噪声"因素,凸显了词与文档之间的语义关系,能很好地描述图像中所包含的对象语义。而 PCA、LDA 和 2DPCA 等人脸识别方法在可见光人脸识别中,具有很好的性能,这是因为它们都能很好地将图像的纹理、形状和结构等信息保留下来,从全局对人脸进行描述,而红外人脸图像中,人脸器官的边缘和细节特征往往不存在或非常模糊。图 11.10 是某次仿真试验识别结果的混淆矩阵,其中对角线上的数据表示正确识别的个数,非对角上的数据表示错误识别的次数。

50	0	0	0	0	0	0	0	0	0	0	0
0	46	3	0	0	0	0	0	0	1	0	0
0	0	45	1	0	2	1	0	1	0	0	0
0	0	0	50	0	0	0	0	0	0	0	0
0	0	1	3	40	6	0	0	0	0	0	0
0	0	0	3	1	45	0	0	1	0	0	0
0	0	0	1	0	1	45	2	0	0	0	1
0	0	0	0	0	0	0	45	5	0	0	0
0	0	0	1	0	0	0	0	43	6	0	0
0	0	0	0	0	0	1	0	0	48	1	0
0	0	0	2	0	0	0	0	0	1	46	1
0	1	0	0	0	1	0	0	0	1	1	46

图 11.10　仿真试验识别结果

11.6　本 章 小 结

本章结合 SIFT 描述子与 MIL 的优势,设计了一种新的红外人脸识别方法,与传统的人脸识别方法相比,SIFT 描述子能够很好地描述图像的局部特征,利用 MIL 训练包的性质,用户只要对整个图像给定一个标号,而不必对具体区域或关键点进行标注,这样极大地简化了训练样本的手工标注过程,提高了分类器的训练效率。基于 OTBCVS 图像库的对比试验结果表明,本章提出的 LSA-MIL 算法优于其他方法,是一种行之有效的红外人脸识别方法。待继续进行的工作有:①对算法进行优化选择,或设计自适应的方法或策略;②在更大的红外人脸图像数据库中进行仿真试验与测试。

参 考 文 献

[1] 曹凤杰. 红外图像人脸识别方法研究[D]. 西安:西安电子科技大学硕士学位论文,2010

[2] 周羽. 红外图像人脸识别研究[D]. 大连:大连理工大学硕士学位论文,2008

[3] 李江. 红外图像人脸识别方法研究[D]. 合肥:国防科学技术大学博士学位论文,2005

[4] 谢志华,伍世虔,方志军. 基于血流图的小波域分块 DCT＋FLD 红外人脸识别方法[J]. 计算机科学,2009,36(12):290-293

[5] 谢刚. 红外图像人脸识别方法研究进展[J]. 计算机工程与设计,2008,29(18):4801-4803

[6] Selinger A,Diego A. Appearance-Based Facial Recognition Using Visible and Thermal Imagery:A Comparative Study[R]. Technical Report 02-01,Equinox Corporation,2002

[7] Socolinsky D A,Wolff L B,Neuheisel J D. Illumination invariant face recognition using thermal infrared imagery[C]. Proceedings of the IEEE Computer Society Conference on Computer Vision and Pattern Recognition(CVPR),Kauai,2001,1:527-534

［8］ Prokoski F J. History,current status,and future of infrared identification［C］. Proceedings IEEE Workshop on Computer Vision Beyond the Visible Spectrum:Methods and Applications,Hilton Head,2000:5-14

［9］ 李江,郁文贤,匡刚要. 红外图像人脸识别方法［J］. 国防科技大学学报,2006,28(2):73-76

［10］ 孙玉胜,靳敬永. 基于改进 2DPCA 的红外图像人脸识别方法［J］. 激光与红外,2008, 38(12):1274-1276

［11］ 华顺刚,曾令宜,苏铁明,等. 基于线性降维技术和 BP 神经网络的热红外人脸图像识别［J］. 大连理工大学学报,2010,50(1):62-66

［12］ Lowe D G. Distinctive image features from scale-invariant keypoints［J］. International Journal of Computer Vision,2004,60(2):91-110

［13］ Dietterich T G,Lathrop R H,Tomas L P. Solving the multiple instance problem with axis-parallel rectangles ［J］. Artificial Intelligence,1997,89(12):31-71

［14］ 李大湘,赵小强,刘颖,等. 融合 SIFT 与 MIL 的红外人脸识别方法［J］. 西安邮电大学学报, 2012,17(4):15-20

［15］ 纪华,吴元昊,孙宏海,等. 结合全局信息的 SIFT 特征匹配算法［J］. 光学精密工程,2009, 17(2):439-444

［16］ 冯炜. 图像场景分类的关键技术研究［D］. 北京:北京交通大学硕士学位论文,2008

［17］ 张旭亚. 基于特征提取和机器学习的医学图像分析［D］. 南京:南京邮电大学硕士学位论文,2011

［18］ 李大湘,吴倩,李娜. 基于 SIFT 与 PMK 的鞋印图像比对算法［J］. 现代计算机,2016, 539(4):64-67

［19］ 蔡自兴,李枚毅. 多示例学习及其研究现状［J］. 控制与决策,2004,19(6):607-611

［20］ 李大湘,赵小强,李娜. 图像语义分析的 MIL 算法综述［J］. 控制与决策,2013,28(4): 481-488

［21］ Dumais S T,Furnas G W,Landauer T K,et al. Using latent semantic analysis to improve information retrieval ［C］. Proceedings of CHI'88 Conference on Human Factors in Computing Systems,1988:281-2851

［22］ 李大湘,彭进业,李展. 集成模糊 LSA 与 MIL 的图像分类算法［J］. 计算机辅助设计与图形学学报,2010,22(10):1796-1802

［23］ 张建辉. K-means 聚类算法研究及应用［D］. 武汉:武汉理工大学硕士学位论文,2007

［24］ 崔丹丹. K-Means 聚类算法的研究与改进［D］. 合肥:安徽大学硕士学位论文,2012

［25］ Deerwester S,Dumais S T,Furnas G W,et al. Indexing by latent semantic analysis［J］. Journal of the American Society for Information Science,1990,41(6):391-407

［26］ Chen Y X,Wang J Z. Image categorization by learning and reasoning with regions［J］. Journal of Machine Learning Research,2004,5(8):913-939

［27］ Chen Y X,Bi J B,Wang J Z. MILES:multiple-instance learning via embedded instance selection［J］. IEEE Transactions on Pattern Analysis and Machine Intelligence,2006,28 (12): 1931-1947

［28］ Li D X,Peng J Y,Li Z,et al. LSA based multi-instance learning algorithm for image retrieval ［J］. Signal Processing,2011,91(8):1993-2000

第 12 章　基于 MIL 的图像分类算法及实现

本章在多示例学习(MIL)的框架下设计一种图像分类算法。首先,采用"图像分割"方法对图像进行自动分割,再分别提取每个分割区域的颜色、纹理与形状等底层视觉特征,将图像构造成多示例包的形式;然后,采用"视觉空间投影"方法将多示例包转化成单个样本,将 MIL 问题转化成有监督学习问题;最后,采用支持向量机(SVM)方法求解 MIL 问题,并给出用 MATLAB 编写的程序与分类仿真结果。

12.1　引　　言

近年来,随着多媒体、计算机、通信、互联网技术的迅速发展以及数码成像产品的普及与应用,在互联网和企事业单位的信息中心(如电视、博物馆、数字图书馆等),图像数量在呈爆炸式增长。如何顺应图像资源的发展趋势,对海量图像资源实现有效管理和合理利用,已经成为信息检索领域一个极具挑战性且亟待解决的问题,使图像分类技术成为当今图像语义分析领域的一个研究热点[1-3]。

要用计算机对图像内容进行分析以实现图像自动分类,主要包括以下几个基本环节[4-6]。

(1) 图像预处理:对图像进行平滑与增强等处理,以改善图像的视觉效果,达到提高后续分类识别精度。

(2) 特征提取:就是提取图像的各种视觉特征(如颜色、纹理与形状等),用特征向量数字化的形式对图像内容进行客观描述。

(3) 机器学习:通常都是采用机器学习的方法,对训练集中的图像特征进行学习,得到一个分类器,在图像底层视觉特征与高层语义之间建立联系,以根据图像中包含的场景、事件、目标对象等实现图像自动分类。

针对图像分类应用需求,在本章的算法设计过程中,图像被当做包,局部区域的视觉特征当做包中的示例,在 MIL[7] 的框架下研究与实现一种图像分类算法。主要内容如下所述。

1. 构造多示例包

构造多示例包作为本章 MIL 图像分类算法的第一个环节,就是研究如何把图像构造成多示例包的形式,以便于在 MIL 框架下实现图像分类算法;然后,MIL

算法通过对多个包所组成的训练集进行学习而得相应分类器,用于对训练集之外的图像进行检索仿真测试。

2. 计算多示例包的元数据特征

为了将 MIL 问题转化成有监督学习问题,采用聚类的方法构造一个目标空间,通过定义的非线性投影函数,将多示例包嵌入成目标空间的一个点,从而将多示例包转化成单个样本,将 MIL 问题转化成标准的有监督学习问题。

3. 用支持向量机求解 MIL 问题

当 MIL 问题转化成有监督学习问题后,采用直推式支持向量机的方法,通过对训练包的投影特征进行学习,得到一个能对未知图像进行预测的分类器,利用该分类器对用户感兴趣的图像进行检索。

12.2 基于 MIL 的图像分类算法原理

12.2.1 基于图像分割构造多示例包

图像分类应用中多示例包的构造方法对 MIL 图像分类算法性能有一定影响,最常用的多示例包构造方法有基于图像分割和图像分块的方法。本章将采用 NCut 图像分割方法[8,9],对图像进行自动分割并提取每个分割区域的视觉特征构造多示例包。其基本过程如图 12.1 所示。

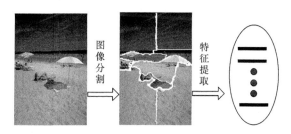

图 12.1 基于图像分割多示例包构造过程示意图[5]

1. NCut 图像分割

2000 年 Shi 等提出一种基于谱聚类的图像分割方法,即 NCut 方法[8]。该方法将图像的像素作为顶点,根据像素的亮度和空间位置关系确定像素之间的相似权重,建立无向图 $G=(V,E)$,将图像分割问题转化为图 G 的划分问题,即将 V 分成 m 个互不相交的子集 $V_1,V_2,\cdots,V_m$,使得每个子集 V_i 中具有较高的相似度,不同的子集 V_i,V_j 之间具有较低的相似度。

　　针对此问题,Shi 提出了将图划分成两个子图 A,B 的 normalized cut(NCut)目标函数,即

$$\min \text{NCut}(A,B) = \frac{\text{cut}(A,B)}{\text{asso}(A,V)} + \frac{\text{cut}(A,B)}{\text{asso}(B,V)} \tag{12.1}$$

$$\text{asso}(A,V) = \sum_{i \in A, j \in V} w_{ij} \tag{12.2}$$

$$\text{asso}(B,V) = \sum_{i \in B, j \in V} w_{ij} \tag{12.3}$$

$$\text{cut}(A,B) = \sum_{i \in A, j \in B} w_{ij} \tag{12.4}$$

式中,$\text{asso}(A,V)$ 是 A 中的点到 V 中的点的权重之和;$\text{asso}(B,V)$ 类似;$\text{cut}(A,B)$ 是子图 A,B 间的边权重之和。同理,对于给定的一种分割,定义组内的总正则化一致性(total normalized association)函数为

$$\text{Nasso}(A,B) = \frac{\text{asso}(A,A)}{\text{asso}(A,V)} + \frac{\text{asso}(B,B)}{\text{asso}(B,V)} \tag{12.5}$$

显然,$\text{NCut}(A,B)$ 与 $\text{Nasso}(A,B)$ 存在如下本质联系[8,9]:

$$\text{NCut}(A,B) = 2 - \text{Nasso}(A,B) \tag{12.6}$$

由式(12.6)可见,这样的目标函数不仅满足类间相似度小,也满足类内相似度大的划分准则。

　　求在式(12.1)的约束下的最优解是一个 NP 难问题,文献[8]给出了一个求次优解的方法,即考虑问题的连续放松形式,这样便可将原问题转换成求图的 Laplacian 矩阵的谱分解问题。

　　2. 特征提取

　　为了同时表示图像的颜色与结构特征,本章提取每个分割区域的颜色、纹理与形状特征,作为分割区域的底层视觉特征描述,具体方法如下。

　　1) HSV 颜色非均匀量化直方图

　　RGB 颜色空间与人眼的感知差别很大,本章采用更符合人眼色彩视觉特征的 HSV 颜色模型,首先将图像的 r,g,b 值转换为 h,s,v 值($h \in [0,360]$,$v \in [0,1]$,$s \in [0,1]$),然后根据 HSV 模型的特性进行如下改进的非均匀量化[10,11]。

　　(1) 黑色:对于亮度 $v < 0.1$ 的颜色认为是黑色。

　　(2) 白色:对于饱和度 $s < 0.1$ 且亮度 $v > 0.9$ 的颜色认为是白色。

　　(3) 彩色:把位于黑色与白色区域之外的颜色依色度(hue)的不同,以[20,40,75,155,190,270,295,316]为分界点,划分为 8 个区间,再结合饱和度 s 以 0.6 为分界点,分成两种,则形成 16 种不同的彩色信息。

　　总之,通过上述方法将 HSV 颜色空间量化成 18 种代表色,有效地压缩了颜色特征,且能更好地符合人眼对颜色的感知特性。然后,统计每个分割区域该 18

种颜色出现的频率,从而得到 18 维的 HSV 颜色直方图,用于描述图像区域的颜色特征,记为 Fea_C$=\{c_i|i=1,2,\cdots,18\}$。

2) 小波纹理特征

对于二维图像信号,可以分别在水平方向和垂直方向进行滤波的方法实现二维小波多分辨率塔式分解。在每个层次上,二维的信号分解为四个子波段,根据频率特征分别称为 LL、LH、HL 和 HH。最后,基于小波变换的纹理特征提取算法步骤总结如下[12]:

(1) 将彩色图像转化为灰度图像;

(2) 进行四层小波分解;

(3) 求分解后每个子带小波系数的均值和标准差。设小波分解后的子带为 $f_i'(x,y)(M\times N),i=1,2,\cdots,13$,则

$$u_i = \frac{1}{M\times N}\sum_{j=1}^{M}\sum_{k=1}^{N}|f_i'(x,y)| \tag{12.7}$$

$$\sigma_i = \sqrt{\frac{\sum_{j=1}^{M}\sum_{k=1}^{N}(|f_i'(x,y)|-u_i)^2}{M\times N}} \tag{12.8}$$

(4) 得到特征向量 T:将各个子带小波系数的均值和标准差作为图像的纹理特征向量中的各个分量,则特征向量为

$$T=[u_1,\sigma_1,u_2,\sigma_2,\cdots,u_{13},\sigma_{13}] \tag{12.9}$$

(5) 特征归一化:由上述 26 个特征向量的物理意义和取值范围不同,为了防止检索时产生很大的偏差,所以需要进行归一化。设原始特征向量为 $[f_1,f_2,\cdots,f_N]$,设归一化的特征向量为 $[F_1,F_2,\cdots,F_N]$,则

$$F_i = \frac{f_i}{\sum_{i=1}^{N}f_i} \tag{12.10}$$

3) 梯度方向角直方图

参照第 9 章所述方法,用 Sobel 算子计算图像每个像素处的梯度方向角,并且将梯度方向角 θ 的取值区间 $[0,2\pi]$ 分成 8 等份,然后统计每个图像分块中梯度方向角直方图,作为该分块的形状特征,记为

$$H(j) = s(j)\bigg/\sum_{t=1}^{8}s(t) \tag{12.11}$$

式中,$s(j)$ 表示图像分块中梯度方向角处于第 j 个等份内的像素点数。

总之,通过上述图像分割与三种特征提取,每幅图像都将转化成一个多示例

包。在该建模过程中,对于任意一幅图像 IMG,设其被分割成 m 个区域$\{R_j: j=1,2,\cdots,m\}$,则图像 IMG 所对应的多示例包记为

$$\text{Bag} = \{X_j: j=1,\cdots,m\} \tag{12.12}$$

式中,X_j 分别表示第 j 个分块的颜色、纹理与形状特征。由此图像分类问题转化成 MIL 问题。

12.2.2　计算多示例包的投影特征

为了将 MIL 问题转化成有监督学习问题,采用第 6 章描述的"视觉空间投影"方法来计算多示例包的"投影特征",将多示例包转化成单个的表征向量。在第 6 章的"视觉空间投影"方法中,因为采用 K-Mean 聚类方法来生成"视觉字",则 K 值作为一个重要参数对算法性能影响较大,而用户很难判定最优的 K 值是多少。所以,本章仿射传播(affinity propagation, AP)聚类方法[13]对训练包中的所有示例进行聚类,提取"视觉字"用来构造"视觉投影空间"[14-16]。

AP 聚类是 2007 年由 Frey 和 Dueck 在 *Science* 杂志上提出的一种新的聚类算法,该算法将信任传播思想用于数据点之间的信息交换,为每个数据点找到类代表点,从而完成聚类,其目的是找到最优的类代表点集合(一个类代表点对应为实际数据集中的一个数据点 exemplar)使得所有数据点到最近的类代表点的相似度之和最大。

AP 聚类算法的基本思想是根据各数据点之间的相似度进行聚类,并将这些相似度组成 $N \times N$ 的相似度矩阵 S(其中 N 为有 N 个数据点)。以 S 矩阵对角线上的数值确定聚类中心,AP 算法不需要事先指定聚类数目,相反它将所有的数据点都作为潜在的聚类中心,称为 exemplar。通过迭代过程不断更新每一个点的吸引度和归属度值,直到产生 m 个高质量的 exemplar,同时将其余的数据点分配到相应的聚类中。AP 算法中传递两种类型的消息(responsiility 和 availability)。$r(i,k)$ 表示从点 i 发送到候选聚类中心 k 的数值消息,反映 k 点是否适合作为 i 点的聚类中心。$a(i,k)$ 则表示从候选聚类中心 k 发送到 i 的数值消息,反映 i 点是否选择 k 作为其聚类中心。$r(i,k)$ 与 $a(i,k)$ 越强,则 k 点作为聚类中心的可能性就越大,并且 i 点隶属于以 k 点为聚类中心的聚类的可能性也越大。

AP 聚类算法的一般步骤如下:

(1) 计算 N 个数据点之间的相似度值;

(2) 将这些相似度值组成 $N \times N$ 的相似度矩阵 S(其中 N 为有 N 个数据点);

(3) 选取 P 值(一般取 S 的中值);

(4) 设置一个最大迭代次数;

(5) 开始迭代过程后,计算每一次的 r 值和 a 值,根据 $r(k,k)+a(k,k)$ 值来判断是否为聚类中心。

最后,当迭代次数超过最大值(即 max 值)或者当聚类中心连续多次迭代不发生改变(即 convits 值)时终止计算。

设 $D = \{(B_1, y_1), (B_2, y_2), \cdots, (B_N, y_N)\}$ 为多示例包(图像),其中 y_i 表示图像(负包)的类别标号。设第 i 个图像 B_i 分成 n_i 个块,$x_{ij} \in R^d$ 表示每个块对应的底层视觉特征,其中 $j = 1, 2, \cdots, n_i$。将 D 中所有图像所有分块区域对应的视觉特征放在一起,记为 $S = \{x_t \mid t = 1, 2, \cdots, T\}$,其中 $T = \sum_{i=1}^{N} n_i$ 表示视觉特征的总数。然后,采用 AP 方法对 S 中的元素进行自动聚成(假设聚成了 K 类),类似于第 6 章所述,称每个聚类中心为视觉字(visual word,VW),记为 v_i;以这 K 个视觉字为轴,构造的空间称为视觉语义投影空间,简称"视觉投影空间",记为 $\Omega = \{v_1, v_2, \cdots, v_K\}$。则图像 $B_i = \{x_{ij} \mid j = 1, 2, \cdots, n_i\}$ 在"视觉空间"Ω 的投影特征定义为

$$\phi(B_i) = [s(v_1, B_i), s(v_2, B_i), \cdots, s(v_K, B_i)] \tag{12.13}$$

式中,$s(v_k, B_i) = \max_{j=1,2,\cdots,n_i} \exp(-\alpha \parallel x_{ij} - v_k \parallel^2)$,$k = 1, 2, \cdots, K$;$\alpha$ 为设定的常数(试验中取 5)。通过式(12.13)的投影函数计算(即空间转换),相当于将多示例包(图像)嵌入成"视觉空间"中的一个点,变成单个训练样本,从而将 MIL 问题转化成一个标准的有监督学习问题,则后续的支持向量机方法可用于训练图像分类器。

12.2.3　投影特征分析

在图像分类应用中,用户希望同类图像属于相同场景类型或包含相同目标对象,即"场景语义"或"对象语义"应该相同。场景语义属于复合语义,单个区域是无法表达的,往往要由多个区域共同作用才能表达。例如,beach 场景,一般是由 sky、sea 与 sands 等区域共同表达的;而对象语义则属于简单语义,图像中的一个具体区域就能够表达。例如,属于 horse 的图像区域,就能表达 horse 这样的简单语义[14]。

现在以复合语义为例(简单语义视为复合语义的特例),在二维平面设置如下 5 个数据正态分布模型:$N_1 \sim N([0,0], E)$,$N_2 \sim N([3,3], E)$,$N_3 \sim N([-3,3], E)$,$N_4 \sim N([-3,-3], E)$,$N_5 \sim N([3,-3], E)$,其中 $N([\mu_0, \mu_1], E)$ 表示均值为 $[\mu_0, \mu_1]$、协方差矩阵为单位阵 E 的二维正态分布。假设每个模型产生的数据表示一组视觉特征相同的图像区域内产生的底层视觉特征向量。若某幅图像中同时存在来自 N_1 和 N_2 的视觉特征向量,则可以表达复合语义 w_1 是用户感兴趣的图像,否则,是不感兴趣的图像。使用这个模型,产生 100 幅感兴趣图像的视觉特征向量,100 幅不感兴趣图像的视觉特征向量,且每幅图像平均产生 5 个特征向量(即图像平均分割成 5 个区域)。因为不感兴趣的图像可以有一个特征来自 N_1 或 N_2,所以感兴趣的图像中的特征与不感兴趣的图像中的特征就混在一起,利用

各个维度上数据的最大与最小值,将原数据都归到[0,1]区间,200 幅图像的所有特征向量(二维的)如图 12.2(a)所示(每幅图像平均对应有 5 个不同的点)[14]。

　　若采用 AP 方法,理想状态下应聚成 5 类,则聚类中心(即视觉语义)就是每个数据模型的中心点,如图 12.2(a)中的"□"位置所示,记为 $v_1 \sim v_5$,由式(2.3)得到的图像投影特征应该是一个五维的特征向量。现在,只选用视觉语义 v_1 与 v_2 作为投影轴,投影特征如图 12.2(b)所示。

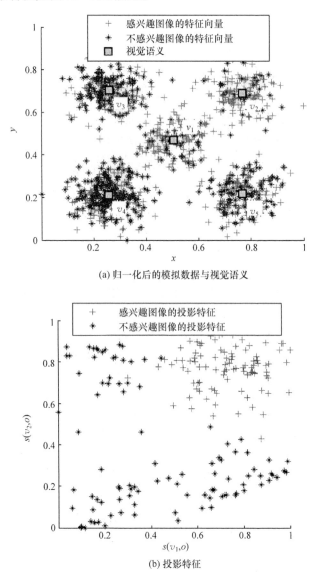

(a) 归一化后的模拟数据与视觉语义

(b) 投影特征

图 12.2　聚类产生视觉语义及投影特征分析示意图

由于感兴趣的图像必须同时包含来自 N_1 与 N_2 的特征,也就是说,感兴趣的图像与视觉语义 v_1,v_2 的相关概率都很大,体现在 v_1 与 v_2 轴上的投影值也都很大;而不感兴趣的图像不会同时包含来自 N_1 与 N_2 的特征,即在 v_1 与 v_2 轴上的投影值不可能同时都大。这样,由图 12.2(b)可以看出,感兴趣与不感兴趣的图像在只由 v_1 与 v_2 构成的投影空间中,用支持向量机就能很容易地完成分类工作。

12.2.4 有监督学习求解 MIL 问题

支持向量机[17]是 Cortes 和 Vapnik 于 1995 年首先提出的,它在解决小样本、非线性及高维模式识别等问题中表现出了许多特有的优势,并且能够推广应用到函数拟合等其他机器学习问题中。支持向量机方法是根据有限的样本信息在模型的复杂性和学习能力之间寻求最佳的折中方法,而后在统计学习理论的视觉语义维理论以及结构风险最小原理的基础上所建立的,以期获得最好的推广能力。

支持向量机的主要思想可概括为以下两点[18-20]。

(1)它在特征空间中建构最优的分割超平面基于结构风险最小化理论,从而使得学习器得到全局最优化,并且在整个样本空间中的期望风险以某个概率满足一定的上界。

(2)它针对线性可分情况进行分析,对于线性不可分的情况,通过使用非线性映射的算法将低维输入空间线性不可分的样本转化为高维特征空间使其线性可分,从而在高维特征空间能够采用线性算法对样本的非线性特征进行线性可分处理。

支持向量机方法,简单地说,就是升维和线性化。升维,即把样本向高维空间映射,一般情况下它会增加计算的复杂性,甚至会引起“维数灾难”,因此人们很少问津。但是对于在分类、回归等问题中,很可能在低维样本空间无法进行线性处理的样本集,在高维特征空间中却能够通过一个线性超平面实现线性划分(或回归)。总体来说,支持向量机方法的原理是通过一个非线性映射 p,把样本空间映射到一个高维乃至无穷维的特征空间中,使得原来样本空间中的非线性可分问题转化为在特征空间中的线性可分问题,其一般的升维都会带来计算的复杂化,支持向量机方法巧妙地解决了这个难题:通过应用核函数的展开定理,就不需要知道非线性映射的显式表达式;由于它是在高维特征空间中建立线性学习机,所以与线性模型相比,在某种程度上可以避免“维数灾难”,而且几乎不增加计算的复杂性。这一切都要归功于核函数的展开和计算理论。

选择不同的核函数,可以生成不同的支持向量机,常用的核函数有以下四种[18-20]:

(1)径向基函数 $K(x,y)=\exp(-|x-y|^2/d^2)$;

(2)二层神经网络核函数 $K(x,y)=\tanh[a(x \cdot y)+b]$;

(3) 线性核函数 $K(x,y)=x \cdot y$；

(4) 多项式核函数 $K(x,y)=[(x \cdot y)+1]d$。

通过上述方法计算每个包(图像)投影特征,这个投影特征就是多示例包(图像)的最终表征向量,如果这个图像是感兴趣图像,则此投影特征就标号为"+1",否则就标号为"-1"。这样一来,就可以用有监督学习的方法(如支持向量机与直推式支持向量机等)来训练图像分类器。

本章设计的基于 MIL 的图像分类算法,主要步骤总结如下。

1. MIL 训练

输入:训练图像集 $D=\{(B_1,y_1),\cdots,(B_N,y_N)\}$(其中 $y_i \in \{-1,+1\}$ 表示概念标号)和 K 值。

输出:支持向量机分类器(α^*,b^*)和投影空间 R。

Step1:图像分割及特征提取。对 $\forall B_i \in D$,用 NCut 方法对其进行分割,设分割成 n_i 个区域,记 $B_i=\{x_{ij} \mid j=1,2,\cdots,n_i\}$,其中 $x_{ij} \in R^d$ 表示底层视觉特征。

Step2:生成视觉语义,构造投影空间 Pr。① 将 D 中所有图像 B_i 分割区域所对应的视觉特征 x_{ij} 排在一起,记为 Inset $=\{x_t \mid t=1,2,\cdots,T\}$,其中 $T=\sum_{i=1}^{N} n_i$ 表示视觉特征的总数;② 利用 AP 方法,将 S 中所有的特征向量聚成 K 类,称聚类中心 v_k 为视觉语义,称这 K 个视觉语义组成的集合为投影空间,记作 Pr $=\{v_k \mid k=1,2,\cdots,K\}$。

Step3:计算投影特征。① 初始化 $A=\Phi$;② 对 $\forall B_i \in D$,用式(12.13)计算其投影特征 $\Phi(B_i)$,将$(\Phi(B_i),y_i)$加入 A,其中 y_i 为包 B_i 的标号。

Step4:训练支持向量机分类器。由 A 训练出标准的支持向量机分类器(α^*,b^*)。

2. MIL 检索预测

对未知图像 $B=\{x_j \mid j=1,2,\cdots,n_i\}$,其中 n 表示分割区域的数目,x_j 表示分割区域的视觉特征,用式(12.13)在 Pr 中计算出投影特征 $\Phi(B)$；再根据式(12.16),用支持向量机分类器(α^*,b^*)对其进行类别预测。

12.3 MATLAB 仿真程序

本节编程实现上述基于 MIL 的图像分类算法时,用到 NCut 图像分割与 LibSVM 工具箱,分别下载于网址 http://www.timotheecour.com/software/ncut/ncut.html(2015)与 http://www.csie.ntu.edu.tw/~cjlin/libsvm/(2015),

后续 MATLAB 仿真程序运行平台为 Win7 32 位操作系统与 MATLAB 2010b 编程环境。

12.3.1　构造多示例包 MATLAB 程序

1. 主函数

```
function Chap12_Fun1_CreateBagUseNCutImgSeg()
clc;close all;clear all;
%说明:将当前目录下所有的子目录加为可搜索路径
files=dir(cd);
for i=1:length(files)
    if files(i).isdir & strcmp(files(i).name,'.')==0  && strcmp(files
    (i).name,'..')==0
            addpath([cd '/' files(i).name]);
    end
end
%%%%%%%%%%%%%%%%%%%%%%%%%%%%%%%%%%%%%%%%%%%%%%%%%%%%%%%%%%%%%
%说明:首先采用 NCut 方法对图像进行分割,再提取每个分块的颜色、形状与纹理特征
%%%%%%%%%%%%%%%%%%%%%%%%%%%%%%%%%%%%%%%%%%%%%%%%%%%%%%%%%%%%%
ImgFilePath='Corel1K 图像集\';        %图像所在目录
%预计将图像分割成几块
nbSegments=8;   %指定图像分割的块数
%将图像库中的每幅图像,构造成多示例包
for n=0:999
    imgName=[ImgFilePath num2str(n) '.jpg'];%图像名
    %NCut 分割
    [picH picW I]=imread_ncut(imgName,120,120);
    Img=imread(imgName);
    %figure(1),imshow(Img),title('原图像')
    %分割方法
    [SegLabel,NcutDiscrete,NcutEigenvectors,NcutEigenvalues,W,imageEdg-
    es]=NcutImage(I,nbSegments);
    SegLabel=imresize(SegLabel,[picH,picW],'bicubic');
    SegLabel=round(SegLabel);
    %特征提取
    [FeaBuff]=Region_fea(Img,SegLabel);   %调用函数构造 MIL 包
    %记下特征提取结果
    Bags(n+1).instance=FeaBuff;       %一行对应一个示例
    Bags(n+1).ImgName=imgName;        %图像文件名
```

```
    if mod(n,5)==0
        imgName
        save Mat 数据文件\Bag_NCut.mat Bags    %提取的特征存放起来
    end
end
save Mat 数据文件\Bag_NCut40D.mat Bags    %提取的特征存放起来
disp('图像构造多示例包完成……')
```

2. 子函数

```
%%%%%%%%%%%%%%%%%%%%%%%%%%%%%%%%%%%%%%%%%%%%%%%%%%%%%%%%%%%%
%子函数1:提到每个分割区域的颜色、纹理与形状特征
%%%%%%%%%%%%%%%%%%%%%%%%%%%%%%%%%%%%%%%%%%%%%%%%%%%%%%%%%%%%
function [FeaBuff]=Region_fea(Img,SegLabel)
    [H W dim]=size(Img);
    L=unique(SegLabel);
    BoxNum=1;
    %对每一个块,提取特征
    for nn=1:length(L)
        n=L(nn);
        %当此分割区域像素太少,则忽略它
        idx=find(SegLabel==n);
        if(length(idx)<(H*W)*0.05)
            continue;
        end
        [ColorFea]=LdxHSV_Hist(Img,SegLabel,n);      %18D 归一化 HSVM 直方图
        [ShapeFea]=LdxAngle_Hist(Img,SegLabel,n);    %8D 归一化梯度方向角直方图
        [TextureFea]=Ldxwavelet3(Img,SegLabel,n); %14 D 小波纹理特征
        FeaBuff(BoxNum,:)=[ColorFea TextureFea TextureFea];
        BoxNum=BoxNum+1;
    end
%%%%%%%%%%%%%%%%%%%%%%%%%%%%%%%%%%%%%%%%%%%%%%%%%%%%%%%%%%%%
%子函数2:计算分割区域的 HSV 颜色方向角直方图特征(非均匀量分成18维)
%%%%%%%%%%%%%%%%%%%%%%%%%%%%%%%%%%%%%%%%%%%%%%%%%%%%%%%%%%%%
function [Fea]=LdxHSV_Hist(Im,SegLabel,L)
%说明:对第 L 个分割块,提取其 HSV 直方图特征
Fea=zeros(1,18);
```

```
[H W dim]=size(Im);
Thsv=rgb2hsv(Im);    %从 RGB 颜色空间转化为 HSV 颜色空间
sumpix=1;
for i=1:H
    for j=1:W
        if(SegLabel(i,j)==L)
            sumpix=sumpix+1;
            v=Thsv(i,j,3);
            s=Thsv(i,j,2);
            h=Thsv(i,j,1)*360;
            t=0;
            if(v<0.1)
                t=0;
            elseif(s<0.1 && v>0.9)
                t=1;
            else
                t2=0;
                if(s<0.6)
                    t2=0;
                else
                    t2=1;
            end
            t3=0;
            if((h>=0 &&h<20) ||(h>=316 && h<=360))
                t3=0;
            elseif(h>=20 && h<40)
                t3=1;
            elseif (h>=40 && h<75)
                t3=2;
            elseif(h>=75 && h<155)
                t3=3;
            elseif(h>=155 && h<190)
                t3=4;
            elseif(h>=190 && h<270)
                t3=5;
            elseif(h>=270 && h<295)
                t3=6;
            elseif(h>=295 && h<316)
```

```
                            t3=7;
                        end
                    t=8*t2+t3+2;
                end
            Fea(t+1)=Fea(t+1)+1.0;
        end
    end
end
Fea=Fea/sumpix;%归一化处理
%%%%%%%%%%%%%%%%%%%%%%%%%%%%%%%%%%%%%%%%%%%%%%%%%%%%%%%%%%%%%%
%子函数3:提到每个分割区域的梯度方向角直方图特征(均匀量化成八维)
%%%%%%%%%%%%%%%%%%%%%%%%%%%%%%%%%%%%%%%%%%%%%%%%%%%%%%%%%%%%%%
function [AngHist]=LdxAngle_Hist(Im,SegLabel,L)
%说明:对第 L 个分割块,提取梯度方向角直方图特征
dim=8;
AngHist=zeros(1,8);
G=double(rgb2gray(Im));
[H W]=size(G);
sumpix=1;
for ii=3:H-3
    for jj=3:W-3
    if(SegLabel(ii,jj)==L)
        dx=G(ii,jj+2)-G(ii,jj);
        dy=G(ii+2,jj)-G(ii,jj);
        if((dy*dy+dx*dx)>50)
            ang=angle(dx+dy*i);%返回 0-360 间的角度
            ang=(ang/pi)*180;
            if(ang<0)
                ang=ang+360;
            end
            ang=ang-(360.0/(dim*2.0));
            if(ang<0)
                ang=ang+360;
            end
            p=floor(ang/(360/dim));
            if(p>7)
                p=7;
            end
```

```
                AngHist(p+1)=AngHist(p+1)+1.0;
                sumpix=sumpix+1;
            end
        end
    end
end
AngHist=AngHist/sumpix;%归一化处理
%%%%%%%%%%%%%%%%%%%%%%%%%%%%%%%%%%%%%%%%%%%%%%%%%%%%%%%%
%子函数 4:提到每个分割区域的小波纹理特征(二层小波塔式分解)
%%%%%%%%%%%%%%%%%%%%%%%%%%%%%%%%%%%%%%%%%%%%%%%%%%%%%%%%
function [Texture]=Ldxwavelet3(Im,SegLabel,L)
origSize=size(Im);
if length(origSize)==3 Im=rgb2gray(Im);end
%采用 db1 小波进行二层分解
[cA1,cH1,cV1,cD1]=dwt2(Im,'db1');
[cA2,cH2,cV2,cD2]=dwt2(cA1,'db1');
%分别采用不同子带系统进行重构
cA={cH1,cV1,cD1,cH2,cV2,cD2,cA2};
for i=1:length(cA)
    cod_cA{i}=wcodemat(cA{i},nbcol);
    [g,h]=size(cod_cA{i});
    tmp=cod_cA{i};
    tmp=tmp(:);
    a=imresize(SegLabel,[g,h],'nearest');
    idx=find(a==L);
    tmp=tmp(idx);
    mu(i)=mean(tmp);       %均值
    ta(i)=std(tmp);        %均方差
end
Texture=[mu ta];
Texture=Texture/sum(Texture);%归一化
```

12.3.2　投影特征计算 MATLAB 程序

对 MIL 包进行"视觉语义投影特征"提取,把每个多示例包变成单个样本,将 MIL 问题转化成标准的支持向量机学习问题。

1. 主函数

```
%%%%%%%%%%%%%%%%%%%%%%%%%%%%%%%%%%%%%%%%%%%%%%%%%%%%%%%%
```

```
%功能:输入训练包与测试包,计算它们的投影特征
%%%%%%%%%%%%%%%%%%%%%%%%%%%%%%%%%%%%%%%%%%%%%%%%%%%%%%%%%%%%%
function [TrainData,TestData,TrainLabel,TestLabel]=
                        Chap12_Fun2_ProjectFeaMain (Trainbag,Testbag)
    %1 将训练包中所有示例取出来
    InstSet=[];
    for n=1:length(Trainbag)
        InstSet=[InstSet;Trainbag(n).instance];
    end
    %2 开始 AP 聚类
    N=size(InstSet,1);
    DisMat=zeros(N,N);
    TSum=0;TNum=0;
    for n=1:N
        for m=n+1:N
            %求示例两两之间相似度
            %DisMat(n,m)=10/sqrt(sum((InstSet(n,:)-InstSet(m,:)).^2));
            D=sum( ( InstSet(n,:)-InstSet(m,:) ).^2) ;
            D1=sqrt(D);
            DisMat(n,m)=-D;
            DisMat(m,n)=DisMat(n,m);
        end
    end
    p=median(DisMat); %中位数
    %AP 方法由 p 控制聚成自适应类
    [idx,netsim,dpsim,expref]=apcluster(DisMat,p,'plot',0);    %调用 AP 的 MEX 函数
    C=unique(idx)
    for n=1:length(C)
        [v index]=find(idx==C(n));
        T=InstSet(v,:);
        VWT(n,:)=mean(T); %VWT 一行为一个聚类中心
    end
    %3 分别计算训练与测试包的"视觉语义投影特征"
    [TrainData TrainLabel]=Ldx_ProFea(Trainbag,VWT);
    [TestData TestLabel]=Ldx_ProFea(Testbag,VWT); %VWT 一行是一个示例
    disp('视觉投影特征提取成功结束……')
```

2. 子函数

```
%%%%%%%%%%%%%%%%%%%%%%%%%%%%%%%%%%%%%%%%%%%%%%%%%%%%%%%%%%%%%
```

```
% 子函数 1:输入多示例包及投影空间,为其计算投影特征
%%%%%%%%%%%%%%%%%%%%%%%%%%%%%%%%%%%%%%%%%%%%%%%%%%%%%%%%%%%%%
function [PrFea Tlabel]= Ldx_ProFea(Bag,VS)
    %1 语义特征向量提取(投影)
    N=length(Bag); M=size(VS,1);
    PrFea=zeros(N,M); Tlabel=[];
    for n=1:N
        inst=Bag(n).instance;
        instNum=size(inst,1);
        for m=1:M
            v=VS(m,:);
            v=repmat(v,instNum,1);
            t=(v-inst).^2;
            t=(sum(t,2)).^0.5;
            t=min(t);    % 与语义最近的示例
            PrFea(n,m)=exp(-t/0.2); %0.2 为设定的系数,对算法精度有一些影响
        end
        Tlabel=[Tlabel Bag(n).label];
    End
```

12.3.3　支持向量机训练与预测 MATLAB 程序

在多类图像分类问题中,采用"一对其余"的方法将其转化成"二类问题"用支持向量机进行训练。试验过程中,从"正类"中随机选择 40 幅图像,其他 9 类中随机选择 40 幅,共 80 幅组成训练集,对其他所有图像进行测试,计算 AUC 值用于衡量算法性能。

1. MIL 图像分类仿真主函数

```
function Chap12_Fun3_ImageClassifyDemo()
    close all;clear all;clc;
    %将当前目录下所有的子目录加为可搜索路径
    %%%%%%%%%%%%%%%%%%%%%%%%%%%%%%%%%%%%%%%%%%%%%%%%%%%%%%%%%%%%%
    files=dir(cd);
    for i=1:length(files)
        if files(i).isdir & strcmp(files(i).name,'.')==0  && strcmp(files(i).
name,'..')==0
            addpath([cd '/' files(i).name]);
        end
    end
```

```
%%%%%%%%%%%%%%%%%%%%%%%%%%%%%%%%%%%%%%%%%%%%%%%%%%%%%%%%%%%%%%%
%     bag.ClassName   --类别名
%     bag.ImgName    --图像文件名
%     bag.instance    --示例,一行为一个示例
%     bag.label      --包的标号
%图像/分割掩模图像路径
%加载图像特征
load Mat 数据文件\Bag_NCut40D.mat;
ClassName={'非洲','海滩','建筑','公交车','恐龙','大象','花','马匹','山脉','和食物'};
ImgNum=100;
N=40;    %设置训练图像的数

%图像类别名
ID=9;   %设置正类图像类别 ID(可任意设置成 1-10 的数)
%1 构造训练与测试集

%正包
PosN=randperm(ImgNum);   %正包的随机分组(前 40 幅用于训练,后 60 幅用于测试)
for n=1:ImgNum
    P=(ID-1)*100+PosN(n);
    pbag(n).label=1;   %正包
    pbag(n).ImgName=Bags(P).ImgName;        %对应图像的文件名
    pbag(n).instance=Bags(P).instance(:,1:26); %一行对应一个特征
end
%负包
n=1;
NagN=randperm(1000);
for nn=NagN
    if(nn>=((ID-1)*ImgNum+1) && nn<=((ID-1)*ImgNum+ImgNum))
        continue;%这些已在正包中了
    end
    P=nn;
    nbag(n).label=-1;   %正负
    nbag(n).ImgName=Bags(P).ImgName;
    nbag(n).instance=Bags(P).instance(:,1:26);   %一行对应一个特征
    n=n+1;
end

%2 分别从正、负包选出前 N 个作为训练集%%%%%%%%
Trainbag=pbag(1:N);
```

```
Trainbag=[Trainbag nbag(1:N)];
%%其余的全作为测试集%%%%%%%
Testbag=pbag(N+1:length(pbag));
Testbag=[Testbag nbag(N+1:length(nbag))];

%3 采用 AP 方法产生"视觉空间",且计算每个包的"投影特征"
[TrainData, TestData, TrainLabel, TestLabel]=Chap12_Fun2_ProjectFeaMain
(Trainbag,Testbag);
%4 在此函数中先训练 SVM 分类器,然后再对测试数据进行类别预测
[LabelPpred]=LibSvmTrainAndTest_fun(TrainData, TestData, TrainLabel,
TestLabel);
%5 计算 AUC1 tpr fpr 的检索精度数据
show_flg=0;
[AUC1 tpr fpr]=PlotROC_AUC(TestLabel,LabelPpred,show_flg);
figure
plot(fpr,tpr),
axis([-0.1 1.1 0 1.1]),
str=strcat(ClassName(ID),'类:ROC 曲线 AUC=',num2str(AUC1));
xlabel('错误率(fpr)'); ylabel('正确率(tpr)');
ShowTopNImg(Testbag,LabelPpred)
disp('主程序运行成功!!! ')
```

2. 相关子函数

```
%%%%%%%%%%%%%%%%%%%%%%%%%%%%%%%%%%%%%%%%%%%%%%%%%%%%%%%%%%%%%%
%子程序 1:用数据 TrainData 训练 SVM 分类器,且对 TestData 数据进行测试
%参数:TrainData 和 TestData 分别是训练与测试数据(一行对应一个样本),TrainL 和
 TestL 分
%别是样本对应的标号;ypred 为测试样本的预测结果
%%%%%%%%%%%%%%%%%%%%%%%%%%%%%%%%%%%%%%%%%%%%%%%%%%%%%%%%%%%%%%
function [ypred]=LibSvmTrainAndTest_fun(TrainData,TestData,TrainL,TestL)
%1 LibSVM 训练与测试文件构造
[r dim]=size(TrainData);
fid=fopen('tmp\SvmTrain.txt','w');
for n=1:r
    fprintf(fid,'% d ',TrainL(n));%标号
    %写入特征
    for x=1:dim-1
        fprintf(fid,'%d:%0.8f ',x,TrainData(n,x));
```

```
        end
        fprintf(fid,'% d:%0.8f',dim,TrainData(n,dim));
        fprintf(fid,'\n');%换行
end
fclose(fid);
disp('SVM 训练文件构造成功……')
[r dim]=size(TestData);
fid=fopen('tmp\SvmTest.txt','w');
Tnmu=0;
for n=1:r
        fprintf(fid,'%d ',TestL(n));%实例名
        %写入特征
        for x=1:dim-1
            fprintf(fid,'%d:%0.8f ',x,TestData(n,x));
        end
        fprintf(fid,'%d:%0.8f',dim,TestData(n,dim));
        fprintf(fid,'\n');%换行
end
fclose(fid);
disp('SVM 测试文件构造成功……')
%2 SVM 训练与测试
%尺度缩放(直接采用 Matlab 调用 EXE 命令文件的方式进行)
system(['svm\svm-scale.exe-s tmp\尺度模板 tmp\SvmTrain.txt>tmp\SvmTrain.scale']);
system(['svm\svm-scale.exe-r tmp\尺度模板 tmp\SvmTest.txt>tmp\SvmTest.scale']);
%训练
system(['svm\svm-train.exe -s 3 -t 2 -c 1000 -g 0.001 tmp\SvmTrain.scale  tmp\分
类模型.mdl']);
%预测
system(['svm\svm-predict.exe tmp\SvmTest.scale tmp\分类模型.mdl  tmp\预测结果.
txt']);
%读出预测结果
[ypred]=textread('tmp\预测结果.txt','%f',length(TestL));
disp('LibSvm 运行成功结束……')


%%%%%%%%%%%%%%%%%%%%%%%%%%%%%%%%%%%%%%%%%%%%%%%%%%%%%%%%%%%%%%%%
%子程序 2:画 ROC 曲线与计算 AUC 值
%%%%%%%%%%%%%%%%%%%%%%%%%%%%%%%%%%%%%%%%%%%%%%%%%%%%%%%%%%%%%%%%
function [AUC tpr fpr]=PlotROC_AUC(TestBag,PreLabels,show_flg)
```

```
BagNum=length(TestBag);
%1 统计正包\负包数
PosBagNums=0;NagBagNums=0;
for n=1:length(TestBag)
    tLabel=TestBag(n);%包标号
    %统计正包个数 TP,与负包个数 TN
    if(tLabel==1)
        PosBagNums=PosBagNums+1;
    else
      NagBagNums=NagBagNums+1;
    end
end
%2 改变阈值,画 ROC
fpr=[];tpr=[];
PP=sort(PreLabels,'descend');
PP=PP';
for Th=PP % (1:s:length(PP))';
    Pos=0;Nag=0;
    for n=1:BagNum
        tLabel=TestBag(n);%包标号
        LL=PreLabels(n);
        if(LL>=Th && tLabel>0)
            Pos=Pos+1;%正确检测
        end
        if(LL>=Th && tLabel<0)
          Nag=Nag+ 1;%误检测率
        end
    end
    TPr=Pos/(0.001+PosBagNums);FPr=Nag/(0.001+NagBagNums);
    fpr=[fpr FPr];tpr=[tpr TPr];
end
%3 计算 AUC 和画 ROC 曲线
tpr=[0  tpr  1];
fpr=[0  fpr  1];
n=length(tpr);
AUC=sum((fpr(2:n)-fpr(1:n-1)).* (tpr(2:n)+tpr(1:n-1)))/2;
```

%%

```
%子程序 3:根据顺序,将排在前面的 20 幅图像显示出来
%%%%%%%%%%%%%%%%%%%%%%%%%%%%%%%%%%%%%%%%%%%%%%%%%%%%%%%%
function ShowTopNImg(Testbag,yp,ImgPath)
[PP idx]=sort(yp,'descend');
Row=4;Col=5;
figure,
x=1;
for n=1:Row
    for m=1:Col
        BN=Testbag(idx(x)).ImgName;
        L=length(BN);
        s=L-4;
        c=BN(s);CC='';
        while not(c=='\')
            CC=[c CC];
            s=s-1;
            c=BN(s);
        end
        nn=str2num(CC);
        I=imread(BN);
        subplot(Row,Col,x),imshow(I),title([num2str(floor(nn/100)+ 1) '-'
        num2str(nn)])
        x=x+1;
    end
end
end
```

12.3.4　使用方法

第一步:图像多示例建模。

首先,将 1000 幅 Corel 图像放在当前目录中的"Corel 1k 图像集"文件夹中;然后,启动 MATLAB 2010,且打开 Chap12_Fun1_CreateBagUseNCutImgSeg.m;再运行此 m 文件对所有图像进行分割及特征提取,建立多示例包 Bags,且并保存到"tmp"子目录中的 Bag_NCut40D.mat 文件之中。

第二步:图像分类训练与测试。

打开 Chap12_Fun3_ImageClassifyDemo.m 文件并运行,此 m 文件首先加载 NCut40D.mat 文件中的多示例包,并将其划分成"训练"与"测试"包;然后,再调用 Chap12_Fun2_ProjectFeaMain()函数,利用 AP 方法建立"视觉空间",并提取训练与测试包的视觉投影特征;最后,采用训练包的投影特征训练支持向量机分类器,并对测试包进行分类测试。仿真程序运行得到的 ROC 曲线、AUC 值以及前 20 幅

图像分别如图 12.3 与图 12.4 所示。

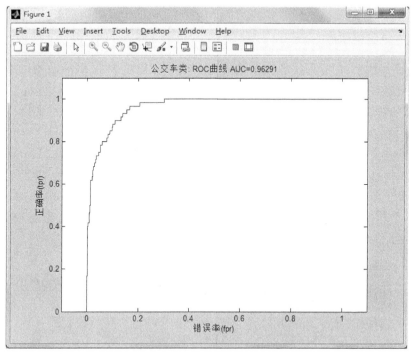

图 12.3 仿真程序计算得到的 ROC 曲线与 AUC 值

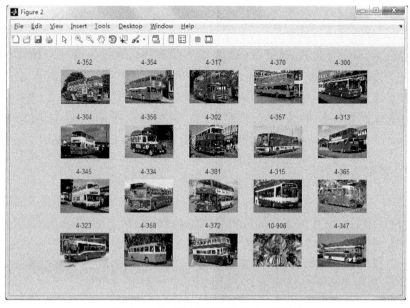

图 12.4 仿真程序得到的前 20 幅图像

12.4 试验方法与结果

12.4.1 试验图像库

为了评估上述图像分类算法的有效性,选用 MIL 测试标准图像库[21,22],即 Corel 图像库进行试验(下载于 http://www.cs.olemiss.edu/~ychen/ddsvm.html)。选用该图像库中的前 10 类,每一类均包含 100 幅彩色图像,共 1000 幅图像,用于算法仿真测试。分别是非洲(Africa)、海滩(Beach)、建筑(Building)、公交车(Buses)、恐龙(Dinosaurs)、大象(Elephants)、花(Flowers)、马匹(Horses)、山(Mountains)和食物(Food),这些图像格式均为 JPEG,分辨率为 384×256 或 256×384,部分样图如图 12.5 所示。在构造多示例包时,所采用的方法就是 12.2.2 节所描述的方法,即用 NCut 方法对图像进行分割,然后提取每个分割区域的颜色、纹理与形状等底层视觉特征,得到试验所用的数据集。

图 12.5 部分试验样图

在图像分类算法性能评价时,基于接受者操作特性(receiver operating characteristic curve,ROC)曲线,计算 ROC 曲线下的面积(area under the ROC curve,AUC)值,用来评估算法的性能(通过改变支持向量机中的参数 K 来画出 ROC 曲线)。这是由于 AUC 值更能够刻画出分类结果排序的优劣,近年来,被广泛地用于衡量图像分类算法的性能。试验中,支持向量机核函数 G 选用高斯函数 $\exp(-g \cdot \| x_i - x_j \|^2)$,支持向量机惩罚因子 $C=1000$,核函数控制因子 $g=0.01$。

12.4.2 试验结果

试验中用"一对其余"的方法来处理多类问题,即针对每一类图像都训练一个区分它和其他类别图像的支持向量机分类器,具体的方法是:在每次的试验中,从某类图像中随机选取 40 幅图像,标为感兴趣的图像,并从其他类的所有图像中随机选取 40 幅标为不感兴趣图像,组成训练集,其余所有图像组成测试集。随机运行程序,10 类图像分类结果如图 12.6 所示。

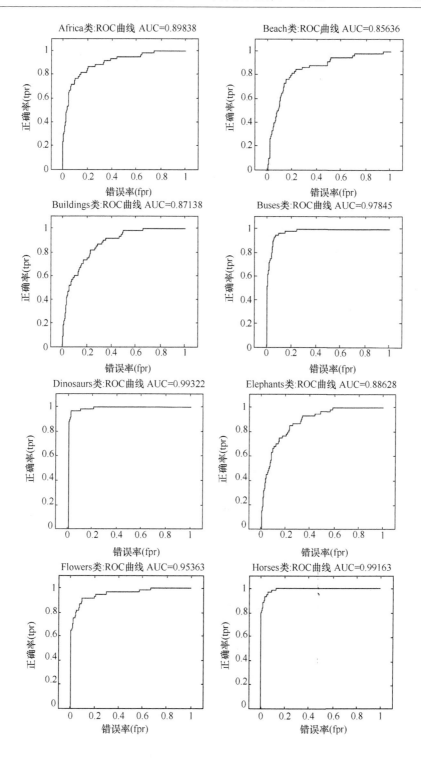

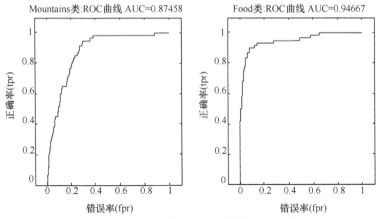

图 12.6　10 类图像的 ROC 曲线与 AUC 值

同时,根据支持向量机分类器预测置信度的高低,列出每类图像分类结果的前 20 幅图像,其中效果较好的如图 12.7 所示,较差的如图 12.8 所示。

(a) 恐龙类图像前20幅分类结果

(b) 马匹类图像前20幅分类结果

图 12.7　效果较好的分类结果

(a) 海滩类图像前20幅分类结果

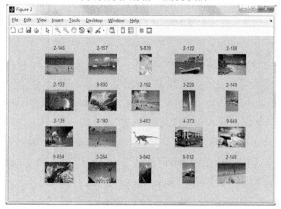

(b) 山脉类图像前20幅分类结果

图 12.8　效果较差的分类结果

12.5　本 章 小 结

　　视觉语义是联系图像底层特征与高层语义之间很好的桥梁,本章基于视觉语义,设计了一种基于 MIL 的图像分类方法,与传统的图像分类方法相比,不但可以简化训练样本的手工标注过程,而且还具有同时表达场景语义与简单语义的功能,且对图像分割精度要求不高。该算法首先采用 NCut 图像分割方法对图像进行自动分割,然后提取每个区域的颜色与纹理特征,为了构造投影空间使用 AP 聚类方法对训练集中所有的视觉特征进行聚类,称聚类中心为视觉语义,然后通过所定义的非线性函数,得到图像的投影特征;最后,用支持向量机进行学习和分类,得到图像分类器。基于 Corel 图像库的对比试验结果表明,本章设计的图像分类方法是可行的,是一种非常有效的基于语义的图像分类方法。

参 考 文 献

[1] Chen Y X, Hariprasad S, Luo B, et al. iLike: bridging the semantic gap in vertical image search by integrating text and visual features [J]. IEEE Transactions on Knowledge and Data Engineering, 2013, 25(25):2257-2270

[2] Gong Y C, Lazebnik S, Gordo A, et al. Iterative quantization: a procrustean approach to learning binary codes for large-scale image retrieval [J]. IEEE Transactions on Pattern Analysis and Machine Intelligence, 2014, 35(10):2916-2929

[3] Mensink T, Verbeek J, Perronnin F, et al. Distance-based image classification: generalizing to new classes at near-zero cost [J]. IEEE Transactions on Pattern Analysis and Machine Intelligence, 2014, 35(11):2624-2637

[4] Li D X, Wang J, Zhao X Q, et al. Multiple kernel-based multi-instance learning algorithm for image classification[J]. Journal of Visual Communication and Image Representation, 2014, 25(5):1112-1117

[5] 李大湘, 赵小强, 李娜. 图像语义分析的 MIL 算法综述[J]. 控制与决策, 2013, 28(4): 481-488

[6] Li D X. RSSVM-based multi-instance learning for image categorization[J]. International Journal of Computer Science Issues, 2012, 9(6):110-118

[7] Dietterich T G, Lathrop R H, Tomas L P. Solving the multiple instance problem with axis-parallel rectangles [J]. Artificial Intelligence, 1997, 89(12):31-71

[8] Shi J, Malik J. Normalized cuts and image segmentation[J]. IEEE Transactions on Pattern Analysis and Machine Intelligence, 2000, 22(8):888-905

[9] 席秋波. 基于 Ncut 的图像分割算法研究[D]. 成都:电子科技大学硕士学位论文, 2010

[10] 章毓晋. 图像工程——图像处理和分析(上册)[M]. 北京:清华大学出版社, 1999:168-170

[11] Swain M J, Ballard D H. Color indexing [J]. International Journal Computer Vision, 1991, 7(1):11-32

[12] 刘丽, 匡纲要. 图像纹理特征提取方法综述[J]. 中国图像图形学报, 2009, 14(4):622-635

[13] Frey B J, Dueck D. Clustering by passing messages between data points[J]. Science, 2007, 315(2):972-976

[14] 李大湘, 彭进业, 贺静芳. 基于视觉语义与 RSSVM 的图像检索[J]. 华南理工大学学报(自然科学版), 2010, 38(4):156-161, 166

[15] Li D X. RSSVM-based multi-instance learning for image categorization[J]. International Journal of Computer Science Issues, 2012, 9(6):110-118

[16] Li D X, Peng J Y. Object-based image retrieval using semi-supervised multi-instance learning[C]. 2009 2nd International Congress on Image and Signal Processing (CISP 2009), Tianjin, 2009, 5:2261-2265

[17] Vapnik V N. The Nature of Statistieal Learning Theory[M]. New York:Springer-Verlag, 1995

[18] Cristianini N,Shaw-Taylor J. 支持向量机导论[M]. 李国正,王猛,曾华军,译. 北京:电子工业出版社,2004

[19] Vapnik V N. 统计学习理论的本质[M]. 张学工,译. 北京:清华大学出版社,2000

[20] 冯霞. 基于支持向量机的图像分类和检索研究[D]. 天津:南开大学硕士学位论文,2005

[21] Chen Y X,Wang J Z. Image categorization by learning and reasoning with regions[J]. Journal of Machine Learning Research,2004,5(8):913-939

[22] Chen Y X,Bi J B,Wang J Z. MILES:multiple-instance learning via embedded instance selection[J]. IEEE Transactions on Pattern Analysis and Machine Intelligence,2006,28(12):1931-1947

第 13 章　总结与展望

面向语义的图像检索或分类问题是基于图像语义信息管理的重要研究内容之一,也是计算机视觉领域的一个主要研究热点。在传统的图像分类或检索方法中,多数是首先从图像中提取一定数量的特征,然后使用某种机器学习方法(通过统计学习的方式来建立模型是当前最有效和最普遍的方法之一,如支持向量机和神经网络等)进行处理分析从而达到分类预测的目的。这些图像分类或检索方法主要依赖于同类图像在视觉特征上的一致性,但由于"语义鸿沟"问题,这样的一致性通过现有的图像特征和机器学习方法还无法充分获得图像的语义信息,这就使得传统图像分类或检索方法还无法完全满足语义提取的要求。随着图像数量的急剧增长,如何有效地利用图像的高层语义特征进行图像语义分类和检索已经成为一个迫切需要解决的问题,也受到越来越广泛的关注。本章对全书进行总结,并对未来的研究方向做进一步的展望。

13.1　工　作　总　结

本书主要是在 MIL 的框架下,对语义分析(如图像分类或检索等)问题进行了研究,并且设计了多种 MIL 算法。主要工作如下。

(1) 设计了一些新的多示例包构造方法。首先,基于 JSEG 或 NCut 图像分割方法对图像进行自动分割;然后,提取每个分割区域的颜色、纹理等底层视觉特征,作为包(图像)中的示例,从而将图像分类或检索问题转化成 MIL 问题;最后,基于网格分块与局部点检测等方法,设计了一些更有效的多例建模方法。

(2) 提出了基于推土机距离的惰性 MIL 算法。Citation-kNN 算法是多示例学习中非常经典的惰性 MIL 算法,在度量多示例包的相似性时,由于此方法采用的是最小 Hausdorff 距离,当其用于图像分类或检索问题时,不能反映包(图像)之间的整体相似性。本书则基于推土机距离提出了两种改进方案,用来度量多示例包之间的相似距离,设计了新的惰性 MIL 算法。基于 Corel 图像集的图像分类或检索试验结果表明,较之 Citation-kNN 算法,本书方法具有更好的分类或检索精度。

(3) 提出了基于模糊支持向量机与量子粒子群优化的 MIL 算法。为了获得图像区域所对应的语义,本书提出了两种示例级的 MIL 算法。首先,针对 MIL 问题中正包示例标号存在的模糊性,利用多样性密度算法的概率模型,根据训练包中示例的分布情况,定义了一个模糊隶属度函数,自动确定正包中示例的模糊因子,提出了一种基于模糊支持向量机的 FSVM-MIL 算法,用于基于对象的图像检索问题,对比试验结果表明,此方法的识别精度不亚于其他 MIL 算法,是一种切实有效的 MIL 算法。同时,也提出了一种基于量子粒子群优化的 QPSO-MIL 算法,为求解 MIL 问题探索了一个新的思路与方向。相对于传统的多样性密度算法,QPSO-MIL 算法不但具有更强的全局寻优能力,而且效率也更高。基于 ECCV 2002 图像库的试验结果表明,QPSO-MIL 算法相对其他 MIL 算法,标注准确率更高,是一种有效的图像标注方法,且相对于传统的有监督机器学习算法,不需要用户对训练样本进行精确的手工标注,提高了图像标注的效率。

(4) 提出了基于视觉空间投影的 MIL 算法。该算法首先利用"点密度"最大化方法对训练包中的所有示例进行分析,提取"视觉语义",用来构造"视觉投影空间";然后定义了一个非线性映射函数,将每个包嵌入成"视觉投影空间"中的一个点,从而将 MIL 问题转化成标准的有监督学习问题;最后,使用粗糙集方法对"视觉投影空间"进行约简,以消除与分类无关的冗余信息,再用半监督的直推式支持向量机方法来训练分类器;基于 SIVAL 图像集的对比试验结果表明,该算法训练与预测效率更高,且性能优于其他 MIL 算法。

(5) 提出了基于模糊潜在语义分析的 MIL 算法。该算法的基本思路是:首先将多示例包(图像)当做文档,"视觉字"当做词汇;再根据"视觉字"与示例之间的距离,定义了模糊隶属度函数,建立模糊"词-文档"矩阵;然后采用潜在语义分析方法获得多示例包(图像)的模糊潜在语义模型,通过该模型将每个多示例包转化成单个样本;最后,为了利用未标注图像来提高分类精度,采用半监督的直推式支持向量机来训练分类器。基于 Musk 与 Corel 图像库进行对比试验表明,潜在语义分析方法不但可以降维,缩小问题的规模,而且还可以消减原模糊"词-文档"矩阵中包含的"噪声"因素,凸显了图像与区域之间的潜在语义关系,对图像中所包含的各种高层语义具有极好的描述能力。

(6) 提出了基于混合高斯模型和多示例学习的跟踪算法,用于目标跟踪。

(7) 提出了基于极限学习机的 MIL 集成学习算法,用于色情图像识别。

(8) MIL 算法仿真试验。基于上述 MIL 算法方面的研究成果,在 MATLAB 环境中对主要 MIL 算法思路与方法编写了仿真程序,进行了应用试验。

13.2　进一步研究与展望

针对图像语义分析问题,本书的研究工作主要是在 MIL 的框架中对 MIL 算法进行了研究。作者认为在以下几个方面有待进一步研究。

（1）探索新的 MIL 算法，以提高其预测精度与训练效率。与传统的有监督学习不同，在 MIL 问题中，训练样本称为包，包中包含数量不等的示例，学习过程中只知道包的标号，不知道示例的标号。由于 MIL 问题中训练样本具有这种特殊的性质，可以考虑对传统的有监督学习方法进行改进或变形，用来处理 MIL 问题；也可考虑对 MIL 问题进行变形，从而将多示例问题转化成有监督学习问题，从而达到求解的目的，以获得更高的预测精度与学习效率。

（2）探索包内示例数目对分类性能的影响。在 MIL 框架中，每个包中示例的数量是差别很大的。例如，在 Musk2 数据集中，最小的包中只有 1 个示例，而样本最多的包中有 1044 个示例，包中示例数量差别很大。而从试验结果可以看出，在 Musk1 数据集上预测精度稍高一些，这是由于在 Musk1 数据集中，包中示例数量的差别相对小点。那么，包中示例的数量对 MIL 算法的性能有怎样的影响呢？这个问题值得我们进一步探讨与分析。

（3）探索正示例数量的不平衡问题。根据 MIL 中对正包的定义，即当一个包标为正包时，其中至少包含一个真正的正示例。对于 MIL 算法，因为事先并不能知道正包中真正为正示例的个数，通常情况下，当正包中真正为正的示例个数过少时，影响了预测结果的准确性。因此，在 MIL 中，数据的不平衡性对算法性能的影响值得人们去研究。

（4）探索多示例多标签学习问题。多示例多标签的概念是周志华首次提出的。这个问题很重要，因为在很多实际问题，如图像检索中，每幅图像的不同局部区域可能对应不同的语义概念，所以每幅图像可能对应着多个不同的语义标签。而多示例多标签的问题在此之前并没有人研究过，针对此问题，周志华提出了两种多示例多标签学习算法。第一种方法是把包的标签直接合并到特征空间中，从而多示例多标签问题转化成多示例问题，而另一种方法是先聚类，然后把聚类中心的距离当成包的特征来处理而将包变成单个样本，从而将多示例多标签问题转化成多示例问题或转化成多标签学习问题，然后用已有的多标签学习方法去解决。

针对多示例多标签问题，周志华的这两种解决方法的出发点都非常好，每次只试图解决多示例或多标签问题中的一个，然后再去解决另外一个。但是，他们给出的方法仍存在一些缺陷。首先，作者把包的标签转化成数值而当成特征去处理，这样做会造成不同的标签间有很强的序关系。而且，这个方法忽略了标签本身具有很强的相关性这个问题。对于第二种方法，想法大概来自 DD-SVM，但是，把包向量化的过程比较经验化，缺乏理论上的推断。因此，这个问题仍然值得人们继续研究。

（5）探索 MIL 中的特征选择和降维问题。在机器学习中，特征选择和降维是研究的一个重点问题。但是，对于 MIL，如何进行特征选择和空间变换仍然没有人关注。最早的多样性密度类方法在寻找概念点的同时可以进行降维，但是后来的方法尽管在性能上对多样性密度算法有了一些改进,但是,都没有系统深入地考虑特征选择和降维的问题对 MIL 的影响。传统的机器学习方法研究经验告诉人们,对样本进行特征选择和降维对提高算法的性能有比较大的帮助。因此,如何在MIL 问题中考虑特征选择和降维是一个很有意义的研究方向。

(6) 探索多视图的 MIL 问题。多视图(multi-view)问题描述的是一个样本的特征可以分为几个组,可以通过结合这几个组的特征来获得更好的分类性能。这个问题在很多实际应用中存在,例如,在网页的分类中,网页的特征可以分为网页的文本内容特征和网页的链接特征。而在引言里已经说,将文本分类问题当成多示例学习的问题来处理也更加合理。此外,可以考虑随机子空间(random sub-space)方法是否可以用来提高 MIL 的分类正确率。